微积分

韩玉良 于永胜 李宏艳 编著

清华大学出版社
北京

内 容 简 介

本书是为高等院校经济、管理类专科学生编写的教材。全书分为 9 章，内容包括：准备知识、极限与连续、导数与微分、中值定理与导数的应用、不定积分、定积分、级数、多元函数的微分学、重积分。

本书可作为高等学校经济、管理类专科生的教材。

版权所有，侵权必究。举报：010-62782989，beiqinquan@tup.tsinghua.edu.cn。

图书在版编目（CIP）数据

微积分 / 韩玉良，于永胜，李宏艳编著. --北京：清华大学出版社，2012.1（2021.8重印）
ISBN 978-7-302-27452-0

Ⅰ. ①微… Ⅱ. ①韩… ②于… ③李… Ⅲ. ①微积分－高等学校－教材 Ⅳ. ①O172

中国版本图书馆 CIP 数据核字（2011）第 249231 号

责任编辑：刘　颖
责任校对：刘玉霞
责任印制：沈　露

出版发行：清华大学出版社
网　　址：http://www.tup.com.cn, http://www.wqbook.com
地　　址：北京清华大学学研大厦 A 座　　　邮　编：100084
社 总 机：010-62770175　　　　　　　　　　邮　购：010-62786544
投稿与读者服务：010-62776969, c-service@tup.tsinghua.edu.cn
质 量 反 馈：010-62772015, zhiliang@tup.tsinghua.edu.cn
印 装 者：三河市龙大印装有限公司
经　　销：全国新华书店
开　　本：185mm×230mm　　　印　张：16　　　字　数：339 千字
版　　次：2012 年 1 月第 1 版　　　印　次：2021 年 8 月第 11 次印刷
定　　价：46.00 元

产品编号：044482-04

前言

为适应时代的发展,科技的进步,我国人才培养规模和策略发生了很大变化,相应的教育理念和模式也在不断地调整.作为传统教育科目的数学受到了很大冲击,改革与探索势在必行.目前已出版的财经类专业的微积分教材很多,但适合专科用的教材却很少,大多数专科学生使用的都是本科用的教材,这给教和学都带来不便.为此,我们编写了这本适合财经类专科学生使用的微积分教材,这也是我们在多年的教学中探索研究的成果之一.

从教学实际出发,我们的观点是,适合的才可能成为最好的,因此在编写这部教材的过程中,我们始终注意把握财经类专科学生对数学的需求和财经类专科学生的特点.教材中融入了教师们在教学中长期积累的经验和资料,采取结合数学知识的产生背景、几何展示、经济应用等更为直观更易为专科学生接受的方式来处理较难内容,以达到由浅入深的效果.精选了许多财经类专业实际应用的案例并配备了相应的应用习题,强调数学建模的思想和方法,以期达到学以致用,服务专业课程的效果.

数学思想是数学的灵魂,在介绍基本概念、基本理论和基本方法时,我们淡化了理论证明,而注重还原数学知识的发现、发展和应用过程,让数学思想贯穿始终,使学生从总体上把握对数学观念、数学思维、数学语言、数学方法的宏观认识,让学生感受到数学的美妙和严谨,提高其科技文化素质."没有留下翅膀的痕迹,我已飞过天空",泰戈尔的这行诗句或许可以用于形容素质教育的一种境界.

可以说,本书的出版是我们多年探索实践的结果,然而对数学教学的研究和探索永无止境,恳请广大读者提出宝贵意见.最后感谢清华大学出版社对本书的大力支持.

作　者

2011 年 10 月

目录

第1章 准备知识 1

    1.1 集合与符号 …………………………………… 1

    1.2 函数 …………………………………………… 5

    1.3 切线与速度、面积与路程 …………………… 15

    人物传记　牛顿 ………………………………… 19

第2章 极限与连续 21

    2.1 数列的极限 …………………………………… 21

    2.2 函数的极限 …………………………………… 25

    2.3 函数极限的性质和运算 ……………………… 30

    2.4 两个重要极限 ………………………………… 36

    2.5 无穷小与无穷大 ……………………………… 40

    2.6 连续函数 ……………………………………… 44

第3章 导数与微分 53

    3.1 导数 …………………………………………… 53

    3.2 求导法则与导数公式 ………………………… 58

    3.3 隐函数与由参数方程所确定的函数的导数 …… 65

    3.4 微分 …………………………………………… 69

    3.5 高阶导数 ……………………………………… 75

第4章 中值定理与导数的应用 79

    4.1 微分中值定理 ………………………………… 79

4.2 洛必达法则 ·· 85

4.3 函数的单调性与极值 ·· 91

4.4 函数的凹凸性与拐点 ·· 97

4.5 渐近线 ·· 101

4.6 函数图形的描绘 ··· 103

人物传记 拉格朗日 ·· 107

第 5 章 不定积分　108

5.1 不定积分的概念与性质 ······································ 108

5.2 换元积分法 ·· 112

5.3 分部积分法 ·· 122

第 6 章 定积分　126

6.1 定积分的概念 ·· 126

6.2 定积分的基本性质 ··· 129

6.3 微积分基本定理 ··· 132

6.4 定积分的换元积分法 ·· 137

6.5 定积分的分部积分法 ·· 141

6.6 定积分在几何中的应用 ······································ 143

人物传记 莱布尼茨 ·· 151

第 7 章 级数　152

7.1 级数的概念与性质 ··· 152

7.2 正项级数 ··· 156

7.3 一般级数,绝对收敛 ··· 161

7.4 幂级数 ··· 164

人物传记 阿贝尔 ··· 169

第 8 章 多元函数的微分学　171

8.1 二元函数的基本概念 ·· 171

8.2 二元函数的极限和连续 ······································ 175

8.3 偏导数 …………………………………………………………………… 178

8.4 全微分 …………………………………………………………………… 180

8.5 复合函数和隐函数的偏导数 …………………………………………… 183

8.6 二元函数的极值 ………………………………………………………… 188

第9章 重积分　194

9.1 简单的曲面与空间曲线 ………………………………………………… 194

9.2 二重积分的概念和性质 ………………………………………………… 206

9.3 二重积分的计算 ………………………………………………………… 209

9.4 利用极坐标计算二重积分 ……………………………………………… 214

部分习题答案　218

附录A　积分表　227

附录B　极坐标　236

附录C　常用曲线　244

附录D　常用公式　246

第 1 章

准备知识

本章为课程的学习做准备,先介绍一些在数学中广泛应用的术语和记号,然后介绍几个启发微积分基本概念的典型问题.

1.1 集合与符号

1. 集合

集合这一概念描述如下: 一个集合是由确定的一些对象汇集的总体. 组成集合的这些对象被称为集合的**元素**. 通常用大写字母 $A, B, C, \cdots$ 表示集合,用小写字母 $a, b, c, \cdots$ 表示集合的元素.

x 是集合 E 的元素这件事记为 $x \in E$(读作 x 属于 E);

y 不是集合 E 的元素这件事记为 $y \notin E$(读作 y 不属于 E).

如果集合 E 的任何元素都是集合 F 的元素,则称 E 是 F 的**子集合**,简称为**子集**,记为
$$E \subset F (读作 E 包含于 F),$$
或者
$$F \supset E (读作 F 包含 E).$$
如果集合 E 的任何元素都是集合 F 的元素,并且集合 F 的任何元素也都是集合 E 的元素(即 $E \subset F$ 并且 $F \subset E$),则称集合 E 与集合 F **相等**,记为
$$E = F.$$
为了方便起见,引入一个不含任何元素的集合——空集 $\varnothing$. 另外还约定: 空集 $\varnothing$ 是任何集合 E 的子集,即 $\varnothing \subset E$.

2. 数集

全体自然数的集合,全体整数的集合,全体有理数的集合,全体实数的集合和全体复数的集合都是经常遇到的集合,约定分别用字母 $\mathbb{N}, \mathbb{Z}, \mathbb{Q}, \mathbb{R}$ 和 $\mathbb{C}$ 来表示这些集合,即

$\mathbb{N} = \{0, 1, 2, \cdots\}$ 表示全体自然数的集合;

$\mathbb{Z}=\{0,\pm 1,\pm 2,\cdots\}$ 表示全体整数的集合；

$\mathbb{Q}=\left\{\dfrac{p}{q}\,\bigg|\,q\neq 0, p,q\in\mathbb{Z}\text{ 且不可约}\right\}$ 表示全体有理数的集合；

$\mathbb{R}=\{x\,|\,x\in\mathbb{Q}\text{ 或 }x\text{ 为无理数}\}$ 表示全体实数的集合；

$\mathbb{C}=\{x+iy\,|\,x,y\in\mathbb{R}\}$ 表示全体复数的集合.

另外，将正整数、正有理数和正实数的集合分别记为 $\mathbb{Z}^+$, $\mathbb{Q}^+$ 和 $\mathbb{R}^+$，显然有
$$\mathbb{N}\subset\mathbb{Z}\subset\mathbb{Q}\subset\mathbb{R}\subset\mathbb{C}$$
和
$$\mathbb{Z}^+\subset\mathbb{N}\subset\mathbb{Q}^+\subset\mathbb{R}^+.$$

集合可以通过罗列其元素或指出其元素应满足的条件等办法来给出. 例如
$$\{1,2,3,4,5\}$$
表示由 $1,2,3,4,5$ 这 5 个数字组成的集合，而 $\{x\in\mathbb{R}\,|\,x>3\}$ 表示大于 3 的实数组成的集合. 又如：2 的平方根的集合可以记为 $\{x\in\mathbb{R}\,|\,x^2=2\}$ 或 $\{-\sqrt{2},\sqrt{2}\}$.

在本课程中经常遇到以下形式的实数集的子集.

(1) 区间

为了书写简练，将各种**区间**的符号、名称、定义列成表格，如表 1.1 所示 ($a,b\in\mathbb{R}$ 且 $a<b$).

表 1.1

符号		名称	定义
(a,b)	有限区间	开区间	$\{x\,|\,a<x<b\}$
$[a,b]$		闭区间	$\{x\,|\,a\leqslant x\leqslant b\}$
$(a,b]$		半开区间	$\{x\,|\,a<x\leqslant b\}$
$[a,b)$		半开区间	$\{x\,|\,a\leqslant x<b\}$
$(a,+\infty)$	无限区间	开区间	$\{x\,|\,x>a\}$
$[a,+\infty)$		闭区间	$\{x\,|\,x\geqslant a\}$
$(-\infty,a)$		开区间	$\{x\,|\,x<a\}$
$(-\infty,a]$		闭区间	$\{x\,|\,x\leqslant a\}$

(2) 邻域

设 $a\in\mathbb{R}$, $\delta>0$. 数集 $\{x\,|\,|x-a|<\delta\}$ 表示为 $U(a,\delta)$，即
$$U(a,\delta)=\{x\,|\,|x-a|<\delta\}=(a-\delta,a+\delta),$$
称为 a 的 δ **邻域**. 当不需要注明邻域的半径 δ 时，常把它表示为 $U(a)$, 简称 a 的邻域.

数集 $\{x\,|\,0<|x-a|<\delta\}$ 表示为 $\overset{\circ}{U}(a,\delta)$，即

$$\mathring{U}(a,\delta) = \{x \mid 0 < |x-a| < \delta\} = (a-\delta, a+\delta)\setminus\{a\},$$

也就是在 a 的 δ 邻域 $U(a,\delta)$ 中去掉 a，称为 a 的 δ **去心邻域**. 当不需要注明邻域半径 δ 时，常将它表示为 $\mathring{U}(a)$，简称 a 的去心邻域.

3. 逻辑符号

微积分的语言是文字叙述和数学符号共同组成的，其中有些数学符号是借用数理逻辑的符号，使用这些数理逻辑的符号能使定义、定理的表述简明、准确. 数学语言的符号化是现代数学发展的一个趋势. 本书将普遍使用这些符号.

(1) 连词符号

符号"$\Rightarrow$"表示"蕴涵"或"推得"，或"若……，则……".

符号"$\Leftrightarrow$"表示"必要充分"，或"等价"，或"当且仅当".

例如：设 A, B 是两个陈述句，可以是条件，也可以是命题. 则 $A \Rightarrow B$ 表示若命题 A 成立，则命题 B 成立；或命题 A 蕴涵命题 B；称 A 是 B 的充分条件，同时也称 B 是 A 的必要条件. 具体的例子如，n 是整数 $\Rightarrow n$ 是有理数. $A \Leftrightarrow B$ 表示命题 A 与命题 B 等价；或命题 A 蕴涵命题 $B(A \Rightarrow B)$，同时命题 B 也蕴涵命题 $A(B \Rightarrow A)$；或 $A(B)$ 是 $B(A)$ 的必要充分条件.

再如：$A \subset B \Leftrightarrow$ 任意 $x \in A$，有 $x \in B$.

(2) 量词符号

符号"$\forall$"表示"任意"，或"任意一个"，此符号来自于"all"首字母的大写的上下反转.

符号"$\exists$"表示"存在"，或"能找到"，此符号来自于"exist"首字母的大写的左右反转.

应用上述的数理逻辑符号表述定义、定理比较简练明确. 例如，数集 A **有上界**、**有下界**和**有界**的定义：

$$\text{数集 } A \text{ 有上界} \Leftrightarrow \exists b \in \mathbb{R}, \forall x \in A, \text{有 } x \leqslant b.$$

$$\text{数集 } A \text{ 有下界} \Leftrightarrow \exists a \in \mathbb{R}, \forall x \in A, \text{有 } a \leqslant x.$$

$$\text{数集 } A \text{ 有界} \Leftrightarrow \exists M > 0, \forall x \in A, \text{有 } |x| \leqslant M.$$

设有命题"集合 A 中任意元素 a 都有性质 $P(a)$"，用符号表示为

$$\forall a \in A, \text{有 } P(a).$$

显然，这个命题的否命题是"集合 A 中存在某个元素 a_0 没有性质 $P(a_0)$"，用符号表示为

$$\exists a_0 \in A, \text{没有 } P(a_0).$$

这两个命题互为否命题. 由此可见，否定一个命题，要将原命题中的"$\forall$"改为"$\exists$"，将"$\exists$"改为"$\forall$"，并将性质 P 否定. 例如，数集 A 有上界与数集 A 无上界是互为否命题，用符号表示就是：

$$\text{数集 } A \text{ 有上界} \Leftrightarrow \exists b \in \mathbb{R}, \forall x \in A, \text{有 } x \leqslant b.$$

$$\text{数集 } A \text{ 无上界} \Leftrightarrow \forall b \in \mathbb{R}, \exists x_0 \in A, \text{有 } b < x_0.$$

4. 其他符号

(1) max 与 min

符号"max"表示"最大"(它是 maximum(最大)的缩写).

符号"min"表示"最小"(它是 minimum(最小)的缩写).

例如：设 $a_1, a_2, \cdots, a_n$ 是 n 个数. 则：
$$\max\{a_1, a_2, \cdots, a_n\}$$
表示 n 个数 $a_1, a_2, \cdots, a_n$ 中的最大数；
$$\min\{a_1, a_2, \cdots, a_n\}$$
表示 n 个数 $a_1, a_2, \cdots, a_n$ 中的最小数.

(2) $n!$ 与 $n!!$

符号"$n!$"表示"不超过 n 的所有正整数的连乘积"，读作"n 的阶乘"即
$$n! = n(n-1)\cdots 3 \cdot 2 \cdot 1, \quad 7! = 7 \cdot 6 \cdot 5 \cdot 4 \cdot 3 \cdot 2 \cdot 1.$$

符号"$n!!$"表示"不超过 n 并与 n 有相同奇偶性的正整数的连乘积"，读作"n 的双阶乘"，即
$$(2k-1)!! = (2k-1)(2k-3)\cdots 5 \cdot 3 \cdot 1,$$
$$(2k-2)!! = (2k-2)(2k-4)\cdots 6 \cdot 4 \cdot 2,$$
$$9!! = 9 \cdot 7 \cdot 5 \cdot 3 \cdot 1, \quad 12!! = 12 \cdot 10 \cdot 8 \cdot 6 \cdot 4 \cdot 2.$$

规定：$0! = 1$.

(3) 连加符号 $\sum$ 与连乘符号 $\prod$

在数学中，常遇到一连串的数相加或一连串的数相乘，例如 $1 + 2 + \cdots + n$ 或者 $m(m-1)\cdots(m-k+1)$ 等. 为简便起见，人们引入连加符号 $\sum$ 与连乘符号 $\prod$：
$$\sum_{i=1}^{n} x_i = x_1 + x_2 + \cdots + x_n,$$
$$\prod_{i=1}^{n} x_i = x_1 x_2 \cdots x_n.$$

这里的指标 i 仅仅用以表示求和或求乘积的范围，把 i 换成别的符号 j, k 等，也同样表示同一和或同一乘积，例如
$$\sum_{j=1}^{n} x_j = x_1 + x_2 + \cdots + x_n = \sum_{i=1}^{n} x_i,$$
$$\prod_{j=1}^{n} x_j = x_1 x_2 \cdots x_n = \prod_{i=1}^{n} x_i.$$

人们通常把这样的指标称为"哑指标".

下面举几个例子说明连加符号 $\sum$ 与连乘符号 $\prod$ 的应用.

例 1.1 阶乘 $n!$ 的定义可以写成

$$n! = \prod_{j=1}^{n} j.$$

例 1.2 二项式定理可以表示为

$$(a+b)^n = \sum_{j=0}^{n} C_n^j a^j b^{n-j} = \sum_{k=0}^{n} C_n^k a^{n-k} b^k,$$

其中

$$C_n^k = \frac{n(n-1)\cdots(n-k+1)}{k!} = \frac{n!}{k!(n-k)!}.$$

1.2 函数

在自然科学、工程技术和某些社会科学中,函数是被广泛应用的数学概念之一,其重要意义远远超出了数学范围. 在数学中函数处于基础的核心地位. 函数是微积分的研究对象.

1. 函数概念

在一个自然现象或技术过程中,常常有几个量同时变化,它们的变化并非彼此无关,而是互相联系着,这是物质世界的一个普遍规律.

例 1.3 真空中自由落体,物体下落的时间 t 与下落的距离 s 互相联系着. 如果物体距地面的高度为 h, $\forall t \in \left[0, \sqrt{\dfrac{2h}{g}}\right]$[①],都对应一个距离 s. 已知 t 与 s 之间的对应关系为

$$s = \frac{1}{2}gt^2,$$

其中 g 是重力加速度,是常数.

例 1.4 球的半径 r 与该球的体积 V 互相联系着:$\forall r \in [0, \infty)$ 都对应一个球的体积 V. 已知 r 与 V 的对应关系是

$$V = \frac{4}{3}\pi r^3,$$

其中 π 是圆周率,是常数.

例 1.5 某地某日时间 t 与气温 T 互相联系着(如图 1.1),对 13 时至 23 时内任意时

---

① 当 $t = \sqrt{\dfrac{2h}{g}}$ 时,由 $s = \dfrac{1}{2}gt^2$ 有 $s = h$,即物体下落到地面.

间 t 都对应着一个气温 T. 已知 t 与 T 的对应关系用图 1.1 中的气温曲线表示. 横坐标表示时间 t, 纵坐标表示气温 T, 曲线上任意点 $P(t,T)$ 表示在时间 t 对应着的气温 T.

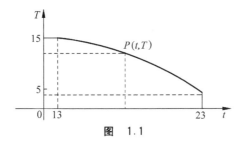

图 1.1

例 1.6 在标准大气压下, 温度 T 与水的体积 V 互相联系着. 实测如表 1.2, 对数集 $\{0,2,4,6,8,10,12,14\}$ 中每个温度 T 都对应一个体积 V, 已知 T 与 V 的对应关系用表 1.2 来表示.

表 1.2

温度/℃	0	2	4	6	8	10	12	14
体积/cm³	100	99.990	99.987	99.990	99.998	100.012	100.032	100.057

上述 4 个实例, 分属于不同的学科, 实际意义完全不同. 但是, 从数学角度看, 它们有一个共同的特征: 都有一个数集和一个对应关系, 对于数集中任意数 x, 按照对应关系都对应 $\mathbb{R}$ 中惟一一个数. 于是有如下的函数概念.

定义 1.1 设 A 是非空数集. 若存在对应关系 f, 对 A 中任意数 $x(\forall x \in A)$, 按照对应关系 f, 对应惟一一个 $y \in \mathbb{R}$, 则称 f 是定义在 A 上的**函数**, 表示为
$$f: A \to \mathbb{R},$$
数 x 对应的数 y 称为 x 的**函数值**, 表示为 $y=f(x)$. x 称为**自变量**, y 称为**因变量**. 数集 A 称为函数 f 的**定义域**, 函数值的集合 $f(A)=\{f(x) | x \in A\}$ 称为函数 f 的**值域**.

根据函数定义不难看到, 上述例题皆为函数的实例.

关于函数概念的几点说明:

(1) 用符号 "$f: A \to \mathbb{R}$" 表示 f 是定义在数集 A 上的函数, 十分清楚、明确. 在本书中, 为方便起见, 约定将 "f 是定义在数集 A 上的函数", 用符号 "$y=f(x), x \in A$" 表示. 当不需要指明函数 f 的定义域时, 又可简写为 "$y=f(x)$", 有时甚至笼统地说 "$f(x)$ 是 x 的函数(值)".

(2) 根据函数定义, 虽然函数都存在定义域, 但常常并不明确指出函数 $y=f(x)$ 的定义域, 这时认为函数的定义域是自明的, 即定义域是使函数 $y=f(x)$ 有意义的实数 x 的集合 $A=\{x | f(x) \in \mathbb{R}\}$. 例如函数 $f(x)=\sqrt{1-x^2}$, 没有指出它的定义域, 那么它的定义域就是

使函数 $f(x)=\sqrt{1-x^2}$ 有意义的实数 x 的集合,即闭区间 $[-1,1]=\{x\mid \sqrt{1-x^2}\in\mathbb{R}\}$.

具有具体实际意义的函数,它的定义域要受实际意义的约束. 例如,上述例 1.4,半径为 r 的球的体积 $V=\dfrac{4}{3}\pi r^3$ 这个函数,从抽象的函数来说,r 可取任意实数;从它的实际意义来说,半径 r 不能取负数,因此它的定义域是区间 $[0,\infty)$.

(3) 函数定义指出:$\forall x\in A$,按照对应关系 f,对应惟一一个 $y\in\mathbb{R}$,这样的对应就是所谓的单值对应. 反之,一个 $y\in f(A)$ 就不一定只有一个 $x\in A$,使 $y=f(x)$. 例如函数 $y=\sin x$. $\forall x\in\mathbb{R}$,对应惟一一个 $y=\sin x\in\mathbb{R}$,反之,对 $y=1$,有无限多个 $x=2k\pi+\dfrac{\pi}{2}\in\mathbb{R}$,$k\in\mathbb{Z}$,按照对应关系 $y=\sin x$,x 都对应 1,即
$$\sin\left(2k\pi+\dfrac{\pi}{2}\right)=1,\quad k\in\mathbb{Z}.$$

(4) 在函数 $y=f(x)$ 的定义中,要求对应于 x 值的 y 值是惟一确定的,这种函数也称为**单值函数**. 如果取消惟一这个要求,即对应于 x 值,可以有两个以上确定的 y 值与之对应,那么函数 $y=f(x)$ 称为**多值函数**. 例如函数 $y=\pm\sqrt{r^2-x^2}$ 是多(双)值函数.

为了便于讨论,总设法避免函数的多值性. 在一定条件下,多值函数可以分裂为若干**单值支**. 例如,双值函数 $y=\pm\sqrt{r^2-x^2}$ 就可以分成两个单值支:一支是不小于零的 $y=+\sqrt{r^2-x^2}$,另一支是不大于零的 $y=-\sqrt{r^2-x^2}$. 已知方程 $x^2+y^2=r^2$ 的图形是中心在原点、半径为 r 的圆周,这同时也就是双值函数 $y=\pm\sqrt{r^2-x^2}$ 的图形. 两个单值支就相当于把整个圆周分为上下两个半圆周. 所以只要把各个分支弄清楚,由各个分支合起来的多值函数也就了如指掌. 今后如果没有特别声明,所讨论的都限于单值函数.

再看几个函数的例子.

例 1.7 $\forall x\in\mathbb{R}$,对应的 y 是不超过 x 的最大整数. 显然,$\forall x\in\mathbb{R}$,都对应惟一一个 y. 这是一个函数(如图 1.2),表示为 $y=[x]$,即 $[2.5]=2,[3]=3,[0]=0,[-\pi]=-4$.

例 1.8 有一些函数具有"分段"的表达式,例如,图 1.3~图 1.5 所示的函数.

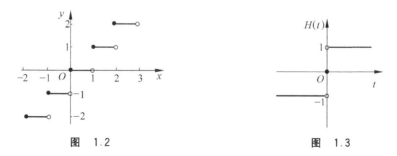

图 1.2   图 1.3

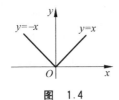
图 1.4

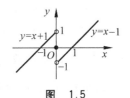
图 1.5

(1) 符号函数 $H(t)=\begin{cases}-1, & t<0,\\ 0, & t=0,\\ 1, & t>0.\end{cases}$

(2) $y=|x|=\begin{cases}x, & x\geqslant 0,\\ -x, & x<0;\end{cases}$ (3) $y=\begin{cases}x+1, & x<0,\\ 0, & x=0,\\ x-1, & x>0.\end{cases}$

2. 几类具有特殊性质的函数

(1) 有界函数

定义 1.2 设函数 $f(x)$ 在数集 A 有定义,若函数值的集合
$$f(A)=\{f(x)\mid x\in A\}$$
有界,即 $\exists M>0, \forall x\in A$,有 $|f(x)|\leqslant M$,则称函数 $f(x)$ 在 A **有界**,否则称 $f(x)$ 在 A **无界**.

例如,函数 $y=\sin x$ 在 $(-\infty,+\infty)$ 内是有界的,因为对 $\forall x\in \mathbb{R}$,都有 $|\sin x|\leqslant 1$. 函数 $y=\dfrac{1}{x}$ 在 $(0,2)$ 上是无界的,在 $[1,\infty)$ 上是有界的.

(2) 单调函数

定义 1.3 设函数 $f(x)$ 在数集 A 有定义,若 $\forall x_1,x_2\in A$ 且 $x_1<x_2$,有
$$f(x_1)<f(x_2) \quad (f(x_1)>f(x_2)),$$
则称函数 $f(x)$ 在 A **严格单调增加**(**严格单调减少**). 上述不等式改为
$$f(x_1)\leqslant f(x_2) \quad (f(x_1)\geqslant f(x_2)),$$
则称函数 $f(x)$ 在 A **单调增加**(**单调减少**).

例如,函数 $y=x^3$ 在 $(-\infty,+\infty)$ 内是严格单调增加的. 函数 $y=2x^2+1$ 在 $(-\infty,0)$ 内是严格单调减少的,在 $[0,+\infty)$ 内是严格单调增加的. 因此,在 $(-\infty,+\infty)$ 内,$y=2x^2+1$ 不是单调函数.

(3) 奇函数与偶函数

定义 1.4 设函数 $f(x)$ 定义在数集 A,若 $\forall x\in A$,有 $-x\in A$,且
$$f(-x)=-f(x) \quad (f(-x)=f(x)),$$

则称函数 $f(x)$ 是**奇函数**（**偶函数**）.

如果点 (x_0, y_0) 在奇函数 $y=f(x)$ 的图像上,即 $y_0=f(x_0)$,则
$$f(-x_0)=-f(x_0)=-y_0,$$
即 $(-x_0,-y_0)$ 也在奇函数 $y=f(x)$ 的图像上,于是奇函数的图像关于原点对称.

同理可知,偶函数的图像关于 y 轴对称.

例如,函数 $y=x^4-2x^2$,$y=\sqrt{1-x^2}$,$y=\dfrac{\sin x}{x}$ 等均为偶函数；函数 $y=\dfrac{1}{x}$,$y=x^3$,$y=x^2\sin x$ 等均为奇函数.

(4) 周期函数

定义 1.5 设函数 $f(x)$ 定义在数集 A,若 $\exists l>0, \forall x\in A$,有 $x\pm l\in A$,且
$$f(x\pm l)=f(x),$$
则称函数 $f(x)$ 是**周期函数**,l 称为函数 $f(x)$ 的一个**周期**.

若 l 是函数 $f(x)$ 的周期,则 $2l$ 也是它的周期.不难用归纳法证明,若 l 是函数 $f(x)$ 的周期,则 $nl(n\in\mathbb{Z}^+)$ 也是它的周期.若函数 $f(x)$ 有最小的正周期,通常将这个最小正周期称为函数 $f(x)$ 的**基本周期**,简称为**周期**.

例如,$y=\sin x$ 就是周期函数,周期为 2π.再如,常函数 $y=1$ 也是周期函数,任意正的实数都是它的周期.

3. 复合函数与反函数

(1) 复合函数

由两个或两个以上的函数用所谓"中间变量"传递的方法能产生新的函数.例如函数
$$z=\ln y \quad 与 \quad y=x-1,$$
由"中间变量" y 的传递生成新函数
$$z=\ln(x-1).$$
在这里,z 是 y 的函数,y 又是 x 的函数,于是通过中间变量 y 的传递得到 z 是 x 的函数.为了使函数 $z=\ln y$ 有意义,必须要求 $y>0$,为使 $y=x-1>0$,必须要求 $x>1$.于是对函数 $z=\ln(x-1)$ 来说,必须要求 $x>1$.

定义 1.6 设函数 $z=f(y)$ 定义在数集 B 上,函数 $y=\varphi(x)$ 定义在数集 A 上,G 是 A 中使 $y=\varphi(x)\in B$ 的 x 的非空子集,即
$$G=\{x\mid x\in A,\varphi(x)x\in B\}\neq\varnothing,$$
$\forall x\in G$,按照对应关系 φ,对应惟一一个 $y\in B$,再按照对应关系 f,对应惟一一个 z,即 $\forall x\in G$ 对应惟一一个 z,于是在 G 上定义了一个函数,表示为 $f\circ\varphi$,称为函数 $y=\varphi(x)$ 与 $z=f(y)$ 的**复合函数**,即
$$(f\circ\varphi)(x)=f[\varphi(x)],\quad x\in G,$$

y 称为中间变量. 今后经常将函数 $y=\varphi(x)$ 与 $z=f(y)$ 的复合函数表示为
$$z = f[\varphi(x)], \quad x \in G.$$
例如,函数 $z=\sqrt{y}$ 的定义域是区间 $[0,+\infty)$,函数 $y=(x-1)(2-x)$ 的定义域是 $\mathbb{R}$. 为使其生成复合函数,必须要求
$$y = (x-1)(2-x) \geqslant 0, \quad 即 \quad 1 \leqslant x \leqslant 2,$$
于是,$\forall x \in [1,2]$,函数 $y=(x-1)(2-x)$ 与 $z=\sqrt{y}$ 生成了复合函数
$$z = \sqrt{(x-1)(2-x)}.$$
以上是两个函数生成的复合函数. 不难将复合函数的概念推广到有限个函数生成的复合函数. 例如,三个函数
$$u = \sqrt{z}, \quad z = \ln y, \quad y = 2x+3,$$
生成的复合函数是
$$u = \sqrt{\ln(2x+3)}, \quad x \in [-1,+\infty).$$
我们不仅能够将若干个简单的函数生成为复合函数,而且还要善于将复合函数"分解"为若干个简单的函数. 例如函数
$$y = \tan^5 \sqrt[3]{\lg(\arcsin x)},$$
是由 5 个简单函数 $y=u^5, u=\tan v, v=\sqrt[3]{w}, w=\lg t, t=\arcsin x$ 所生成的复合函数.

(2) 反函数

在高中代数中已经学习了反函数,如对数函数是指数函数的反函数,反三角函数是三角函数的反函数. 鉴于反函数的重要性,需要复习反函数的概念及其图像.

在圆的面积公式(函数)
$$S = \pi r^2$$
中,半径 r 是自变量,面积 S 是因变量,即对任意半径 $r \in [0,+\infty)$,对应惟一一个面积 S. 这个函数还有一个性质:对任意面积 $S \in [0,+\infty)$,按此对应关系,也对应惟一一个半径 r,即
$$r = \sqrt{\frac{S}{\pi}}.$$
函数 $r=\sqrt{\dfrac{S}{\pi}}$ 就是所谓函数 $S=\pi r^2$ 的反函数.

在函数定义中,已知函数 $y=f(x)$,对任意 $x \in X$,按照对应关系 f,$\mathbb{R}$ 中有惟一一个 y 相对应,但对任意一个 $y \in f(X)$,不一定仅有惟一一个 $x \in X$,使 $f(x)=y$. 即一个函数不一定存在反函数.

定义 1.7 设函数 $y=f(x), x \in X$. 若对任意 $y \in f(X)$,有惟一一个 $x \in X$ 与之对应,使 $f(x)=y$,则在 $f(X)$ 上定义了一个函数,记为

$$x = f^{-1}(y), \quad y \in f(X),$$

称为函数 $y=f(x)$ 的**反函数**.

$y=f(x)$ 与 $x=f^{-1}(y)$ 互为反函数.

反函数的实质在于它所表示的对应规律,用什么字母来表示反函数中的自变量与因变量是无关紧要的.习惯上仍把自变量记作 x,因变量记作 y,则函数 $y=f(x)$ 的反函数 $x=f^{-1}(y)$ 写作 $y=f^{-1}(x)$.

$y=f^{-1}(x)$ 的图形与 $y=f(x)$ 的图形关于直线 $y=x$ 对称(图 1.6).

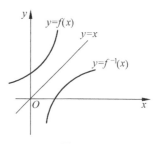

图 1.6

$x=f^{-1}(y)$ 记作 $y=f^{-1}(x)$ 并不影响函数的对应规律,例如:

函数	反函数	反函数
$y=2x+1$	$x=\dfrac{y-1}{2}$	$y=\dfrac{x-1}{2}$
$y=a^x$	$x=\log_a y$	$y=\log_a x$
$y=x^3$	$x=\sqrt[3]{y}$	$y=\sqrt[3]{x}$

由函数严格单调的定义不难证明下面的结论:

定理 1.1 若函数 $y=f(x)$ 在某区间 X 上严格单调增加(严格单调减少),则函数 $y=f(x)$ 存在反函数,且反函数 $x=f^{-1}(y)$ 在 $f(X)$ 上也严格单调增加(严格单调减少).

证明从略,作为练习.

注意 ① 定理 1.1 的条件"函数是严格单调"中"严格"两字不可忽略.如 $y=[x]$ 具有单调性,但因为它不是严格单调的函数,它不存在反函数.

② 函数是严格单调的仅是存在反函数的充分条件,如函数

$$y = \begin{cases} -x+1, & -1 \leqslant x < 0, \\ x, & 0 \leqslant x \leqslant 1, \end{cases}$$

在区间 $[-1,1]$ 上不是单调函数,但它存在反函数

$$x = f^{-1}(y) = \begin{cases} y, & 0 \leqslant y \leqslant 1, \\ 1-y, & 1 < y \leqslant 2. \end{cases}$$

4. 反三角函数

(1) 反正弦函数

反正弦函数值:设 $-1 \leqslant a \leqslant 1$,满足 $\sin\theta = a$ 的 θ 值有无穷多个,但若限制 $-\dfrac{\pi}{2} \leqslant \theta \leqslant$

$\frac{\pi}{2}$,则存在惟一的角 θ.

定义 1.8 把 $y=\sin x, x\in\left[-\frac{\pi}{2},\frac{\pi}{2}\right]$ 的反函数叫做反正弦函数,记作
$$y=\arcsin x, \quad x\in[-1,1].$$

由定义可知:反正弦函数的定义域为 $[-1,1]$,值域为 $\left[-\frac{\pi}{2},\frac{\pi}{2}\right]$,即
$$y=\arcsin x, \quad [-1,1] \to \left[-\frac{\pi}{2},\frac{\pi}{2}\right].$$

反正弦函数的图形如图 1.7 所示,$y=\arcsin x$(粗实线)与 $y=\sin x$(粗虚线)关于直线 $y=x$ 对称,是奇函数,即 $\arcsin(-x)=-\arcsin x$.

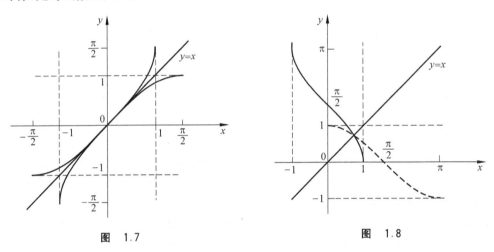

图 1.7　　　　　　　　　图 1.8

(2) 反余弦函数

反正弦函数值:设 $-1\leqslant a\leqslant 1$,满足 $\cos\theta=a$ 的 θ 值有无穷多个,但若限制 $0\leqslant\theta\leqslant\pi$,则存在惟一的角 θ.

定义 1.9 把 $y=\cos x, x\in[0,\pi]$ 的反函数叫做反余弦函数,记作
$$y=\arccos x, \quad x\in[-1,1].$$

由定义可知:反余弦函数的定义域为 $[-1,1]$,值域为 $[0,\pi]$,即
$$y=\arccos x, \quad [-1,1] \to [0,\pi].$$

反余弦函数的图形如图 1.8 所示,$y=\arccos x$(粗实线)与 $y=\cos x$(粗虚线)关于直线 $y=x$ 对称,是非奇非偶函数,且有 $\arccos(-x)=\pi-\arccos x, x\in[-1,1]$.

(3) 反正切函数

反正切函数值:设 $a\in\mathbb{R}$,满足 $\tan\theta=a$ 的 θ 值有无穷多个,但若限制 $-\frac{\pi}{2}<\theta<\frac{\pi}{2}$,则

存在惟一的角 θ.

定义 1.10 把 $y=\tan x, x\in\left(-\dfrac{\pi}{2},\dfrac{\pi}{2}\right)$ 的反函数叫做反正切函数,记作
$$y=\arctan x, \quad x\in\mathbb{R}.$$

由定义可知:反正切函数的定义域为 $\mathbb{R}$,值域为 $\left(-\dfrac{\pi}{2},\dfrac{\pi}{2}\right)$,即
$$y=\arctan x, \quad \mathbb{R}\to\left(-\dfrac{\pi}{2},\dfrac{\pi}{2}\right).$$

反正切函数的图形如图 1.9 所示,$y=\arctan x$(粗实线)与 $y=\tan x$(粗虚线)关于直线 $y=x$ 对称,且为奇函数.

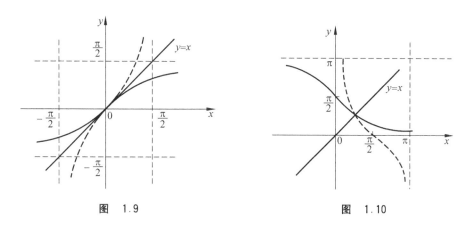

图 1.9   图 1.10

(4) 反余切函数

反余切函数值:设 $a\in\mathbb{R}$,满足 $\cot\theta=a$ 的 θ 值有无穷多个,但若限制 $0<\theta<\pi$,则存在惟一的角 θ.

定义 1.11 把 $y=\cot x, x\in(0,\pi)$ 的反函数叫做反余切函数,记作
$$y=\operatorname{arccot} x, \quad x\in\mathbb{R}.$$

由定义可知:反余切函数的定义域为 $\mathbb{R}$,值域为 $(0,\pi)$,即
$$y=\operatorname{arccot} x, \quad \mathbb{R}\to(0,\pi).$$

反余切函数的图形如图 1.10 所示,$y=\operatorname{arccot} x$(粗实线)与 $y=\cot x$(粗虚线)关于直线 $y=x$ 对称,为非奇非偶函数.

5. 初等函数

在数学的发展过程中,形成了最简单最常用的 6 类函数:

(1) 常数函数 $y=c$;

(2) 幂函数　　$y = x^a$；

(3) 指数函数　$y = a^x (a > 0$ 且 $a \neq 1)$；

(4) 对数函数　$y = \log_a x (a > 0$ 且 $a \neq 1)$；

(5) 三角函数

$y = \sin x$，$y = \cos x$，$y = \tan x$，$y = \cot x$，$y = \sec x$，$y = \csc x$；

(6) 反三角函数

$y = \arcsin x$，$y = \arccos x$，$y = \arctan x$，$y = \text{arccot } x$.

这 6 类函数称为**基本初等函数**. 由基本初等函数经过有限次的四则运算以及有限次的复合生成的函数称为**初等函数**.

习题 1.2

1. 求下列函数的定义域,并用区间符号表示：

(1) $y = \sqrt{\dfrac{1+x}{1-x}}$；

(2) $y = 2^{\frac{1}{x}}$；

(3) $y = \dfrac{x-4}{\sqrt{2+x-x^2}}$；

(4) $y = \begin{cases} -x, & -1 \leqslant x \leqslant 0, \\ x, & 0 < x < 2; \end{cases}$

(5) $y = \dfrac{1}{|x| - x}$；

(6) $y = \sqrt{3-x} + \dfrac{1}{\ln(x+1)}$.

2. 设 $f\left(x + \dfrac{1}{x}\right) = x^2 + \dfrac{1}{x^2}$，求 $f(x)$.

3. 设函数 $f(x)$ 在区间 I 有定义,如果存在 $M \in \mathbb{R}$,使 $f(x) \leqslant M, \forall x \in I$,那么称 $f(x)$ 在区间 I 有上界；如果存在 $m \in \mathbb{R}$,使 $f(x) \geqslant m, \forall x \in I$,那么称 $f(x)$ 在区间 I 有下界. 试证,函数 $f(x)$ 在区间 I 有界的充分与必要条件是函数在区间 I 既有上界又有下界.

4. 下列函数在其定义域内是否有界？证明你的结论.

(1) $f(x) = \dfrac{1}{x^2}$；

(2) $f(x) = \dfrac{1}{1+x^2}$；

(3) $f(x) = \arctan x$.

5. 下列函数中哪些是奇函数？哪些是偶函数？哪些是非奇非偶函数？

(1) $y = \tan x, x \in \left(-\dfrac{\pi}{2}, \dfrac{\pi}{2}\right)$；

(2) $y = |x-1|$；

(3) $y = \dfrac{a^x + 1}{a^x - 1}$；

(4) $f(x) = \lg(x + \sqrt{x^2+1})$；

(5) $y = \dfrac{a^x + a^{-x}}{2} (a > 0)$.

6. 设函数 $f(x)$ 在 $(-l, l)$ 内有定义,证明 $F(x) = f(x) + f(-x)$ 是偶函数,而 $G(x) =$

$f(x)-f(-x)$ 是奇函数.

1.3 切线与速度、面积与路程

1. 切线与速度

初等几何课程已经告诉我们如何作圆的切线. 但此作法依赖于圆的特殊几何性质, 并没有给出作一般曲线切线的方法. 初等几何着眼于具体研究每个特殊图形的性质. 高等数学却致力于寻求普遍的解决问题的方法. 为此, 首先引进坐标把几何问题"代数化".

考察如下的典型问题. 设 $y=f(x)$ 是在 (a,b) 上有意义的函数, 它表示 Oxy 坐标系中的一段曲线. 希望过曲线 $y=f(x)$ 上的一点 $P_0(x_0, f(x_0))$, 作这条曲线的切线 (图 1.11). 为此, 考虑曲线上的另一点 $P(x, f(x))$. 过这两点可以作一条直线 (曲线的割线) P_0P, 其斜率为

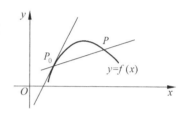

图 1.11

$$\frac{f(x)-f(x_0)}{x-x_0}.$$

当 P 点越多越靠近 P_0 点的过程中, P_0P 的终极位置就应该是曲线过 P_0 点的切线. 在以后的课程中将看到, 对于相当普遍的函数 (包括在中学学过的所有初等函数), 当 P 趋于 P_0 时, 割线 P_0P 确实有一个终极位置. 这就是说, 可以作曲线过 P_0 点的切线, 借助于下一章将要讲的极限概念, 其斜率为

$$f'(x_0) = \lim_{x \to x_0} \frac{f(x)-f(x_0)}{x-x_0}.$$

将差商 $\dfrac{f(x)-f(x_0)}{x-x_0}$ 的极限 $f'(x_0)$ 称为导数或微商.

下面考察一个属于运动学的问题. 设物体沿 Ox 轴运动, 其位置 x 是时间 t 的函数 $x=f(t)$. 如果运动比较均匀, 那么可以用平均速度反映其快慢. 在 $[t_1, t_2]$ 这一段时间里的平均速度定义为

$$\bar{v}_{[t_1, t_2]} = \frac{f(t_2)-f(t_1)}{t_2-t_1}.$$

如果物体的运动很不均匀, 那么平均速度就不能很好地反映物体运动的状况, 必须代之以在每一时刻 t_0 的瞬时速度 $v(t_0)$. 为了计算瞬时速度, 需取越来越短的时间间隔 $[t_0, t]$, 以平均速度 $\bar{v}_{[t_0, t]}$ 作为瞬时速度 $v(t_0)$ 的近似值. 让 t 趋于 t_0, 平均速度 $\bar{v}_{[t_0, t]}$ 的极限即为物体在时刻 t_0 的瞬时速度

$$v(t_0) = \lim_{t \to t_0} \frac{f(t)-f(t_0)}{t-t_0} = f'(t_0).$$

与切线问题一样,又遇到了差商 $\dfrac{f(t)-f(t_0)}{t-t_0}$ 的极限——导数(或微商)$f'(t_0)$.

例 1.9 设从时刻 0 到时刻 t 通过导线截面的电量是 $q=f(t)$. 电量的平均变化率就是平均电流强度

$$\bar{I}_{[t_1,t_2]} = \dfrac{f(t_2)-f(t_1)}{t_2-t_1}.$$

而电量的瞬时变化率则表示在时刻 t_0 的瞬时电流强度

$$I(t_0) = f'(t_0) = \lim_{t \to t_0} \dfrac{f(t)-f(t_0)}{t-t_0}.$$

例 1.10 设容器内有某种放射性元素,其质量 m 随着时间 t 而变化:$m=f(t)$. 因为放射性元素衰变的时候质量不断减少,所以质量的平均变化率总是负数

$$\dfrac{f(t_2)-f(t_1)}{t_2-t_1} < 0.$$

平均变化率的绝对值被称为平均衰变速度. 质量的瞬时变化率也是负数

$$f'(t_0) = \lim_{t \to t_0} \dfrac{f(t)-f(t_0)}{t-t_0} < 0.$$

这瞬时变化率的绝对值被称为瞬时衰变速度.

上面考察的几个问题,涉及几何学、力学、电学和物质放射性. 而在这些问题中都出现了差商的极限——导数:

$$f'(x_0) = \lim_{x \to x_0} \dfrac{f(x)-f(x_0)}{x-x_0}.$$

由此看来,对这样的极限进行研究很有必要. 关于导数的计算,已经发展了一套行之有效的方法——微分法. 这将是进一步学习的重要内容.

2. 面积与路程

现在已经会求直线段或圆所围成的平面图形的面积. 为了计算更一般的由曲线所围成的平面图形的面积,需要寻求更有效的方法.

先来看一个具体的例子. 设有这样一个平面图形,它由曲线 $y=x^2$,Ox 轴和直线 $x=b$ 围成,求这个图形的面积(图 1.12).

将 Ox 轴上的闭区间 $[0,b]$ 分成 n 等分,其中第 k 个等分是

$$\left[\dfrac{k-1}{n}b, \dfrac{k}{n}b\right].$$

相应地把上述曲线图形分成 n 个等宽的条形

$$\dfrac{k-1}{n}b \leqslant x \leqslant \dfrac{k}{n}b, \quad 0 \leqslant y \leqslant x^2, \quad k=1,2,\cdots,n.$$

每一条形的面积 s_k 介于二矩形条的面积之间

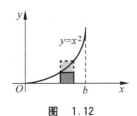

图 1.12

$$\left(\frac{k-1}{n}b\right)^2 \frac{b}{n} \leqslant s_k \leqslant \left(\frac{k}{n}b\right)^2 \frac{b}{n}.$$

因而所求的平面图形的面积 s 应该介于以下两个和数之间

$$\sum_{k=1}^{n}\left(\frac{k-1}{n}b\right)^2 \frac{b}{n} \leqslant s \leqslant \sum_{k=1}^{n}\left(\frac{k}{n}b\right)^2 \frac{b}{n}.$$

可将矩形条面积之和 $\sum_{k=1}^{n}\left(\frac{k-1}{n}b\right)^2 \frac{b}{n}$ 与 $\sum_{k=1}^{n}\left(\frac{k}{n}b\right)^2 \frac{b}{n}$ 当作曲线图形面积 s 的近似值. 所分成的矩形条越细, 这样的近似值的精确度就越高. 事实上, 有

$$\sum_{k=1}^{n}\left(\frac{k}{n}b\right)^2 \frac{b}{n} = \frac{b^3}{n^3}\sum_{k=1}^{n}k^2 = \frac{b^3}{n^3} \cdot \frac{n(n+1)(2n+1)}{6}$$
$$= \frac{b^3}{6}\left(1+\frac{1}{n}\right)\left(2+\frac{1}{n}\right),$$
$$\sum_{k=1}^{n}\left(\frac{k-1}{n}b\right)^2 \frac{b}{n} = \frac{b^3}{n^3}\sum_{k=1}^{n}(k-1)^2 = \frac{b^3}{n^3} \cdot \frac{(n-1)n(2n-1)}{6}$$
$$= \frac{b^3}{6}\left(1-\frac{1}{n}\right)\left(2-\frac{1}{n}\right),$$

当 n 无限增大时, 上面两个和数趋于共同的极限值 $\frac{b^3}{3}$. 这共同的极限值应该看作所求的面积 s. 这样, 可求得 $s=\frac{b^3}{3}$.

再来看一般的情形. 设函数 $y=f(x)$ 在闭区间 $[a,b]$ 上有定义并且非负 (即只取大于或等于 0 的值). 曲线 $y=f(x)$ 与直线 $x=a, x=b, y=0$ 围成一个图形 (见图 1.13), 下面求这个平面图形 (称之为 **曲边梯形**) 的面积 s. 为此, 用一串分点

$$a = x_0 < x_1 < \cdots < x_n = b,$$

把闭区间 $[a,b]$ 分成 n 段, 相应地把上述曲边梯形分成 n 个条形, 其中第 j 个条形为

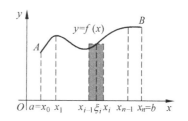

图 1.13

$$x_{j-1} \leqslant x \leqslant x_j, \quad 0 \leqslant y \leqslant f(x).$$

在闭区间 $[x_{j-1}, x_j]$ 上任取一点 ξ_j, 把高为 $f(\xi_j)$, 底长为 $\Delta x_j = x_j - x_{j-1}$ 的矩形条的面积, 当作曲边梯形的第 j 个条形的面积的近似值. 这样得到曲边梯形面积的近似值 $\sum_{j=1}^{n} f(\xi_j)\Delta x_j$.

以后将证明, 对于相当普遍的函数 f, 当分割的条形越来越窄时, 上述和式有确定的极限. 这极限应当视为所求曲边梯形的面积.

再来看一个取自物理学的例子.

设物体作变速直线运动,其速度 v 是时间 t 的函数
$$v = f(t).$$
计算这物体从时刻 a 到时刻 b 经过的路程. 为此,用一串分点
$$a = t_0 < t_1 < \cdots < t_n = b,$$
把这段时间分成 n 小段. 在第 j 段时间中物体通过的路程可以认为近似等于
$$f(\tau_j)\Delta t_j,$$
这里 τ_j 是 $[t_{j-1}, t_j]$ 中的一个时刻, $\Delta t_j = t_j - t_{j-1}$, 于是,从时刻 a 到时刻 b 物体通过的路程近似等于
$$\sum_{j=1}^{n} f(\tau_j)\Delta t_j.$$
当所分割的时间间隔越来越短时,上述和式的极限值即为物体从时刻 a 到时刻 b 通过的路程.

在上面列举的两个例子中,来源不同的两个问题可以用类似的方法讨论. 还可以举出更多的例子,所涉及的问题都归结为如下形式的和数的极限
$$\sum_{j=1}^{n} f(\xi_j)\Delta x_j.$$
当分割无限加细的时候,上述和数的极限值称为函数 $f(x)$ 的积分,记为
$$\int_a^b f(x)\mathrm{d}x.$$
早在公元前 3 世纪,古希腊时代的著名学者阿基米德就已经会计算曲线图形
$$0 \leqslant x \leqslant b, \quad 0 \leqslant y \leqslant x^2$$
的面积. 但他的方法(所谓"穷竭法")陈述起来并不那么简单清楚,所以在很长的时间里没有被人们普遍接受. 直到两千年以后,牛顿和莱布尼茨创立了微积分学,特别是把积分的计算与微分联系起来,人们才有了统一地解决多种多样的问题的简单而有效的工具.

人 物 传 记

牛　　顿

  大多数人都知道牛顿(Issac Newton,1642—1727)的名字和声誉,因为从他1727年去世至今280多年,这个万有引力定律的发现者仍然举世闻名不逊当年.他以磅礴之势对科学作出如此巨大的贡献,从而对文明生活影响之深远,超过一些国家的兴衰存亡.

  牛顿于1642年12月25日(圣诞节)出生于英格兰乌尔斯托帕的一个小村庄里.牛顿是遗腹子,又是早产儿,出生时只有3磅重.他一生忘我地献身于科学,活到85岁的高龄.

  牛顿的数学才能在早年就得到了发展,当他14岁时,就全神贯注地钻研数学,以致忽视了他在母亲的农场上的工作.牛顿青少年时写有题为《三项冠冕》的诗,表达了他为科学献身的理想.

    世俗的冠冕啊,
    我鄙视它如同脚下的尘土,
    它是沉重的,
    而最后也是一场空虚;
    可是现在我愉快地欢迎一顶荆棘的冠冕,
    尽管刺得人痛,
    但味道主要是甜;
    我看见光荣之冠在我的面前呈现,
    它充满着幸福,永恒无边.

  1660年,牛顿以"减费生"的身份考入了著名的剑桥大学三一学院,靠为学院做些杂活的收入支付学费.这所学院教授的自然科学知识当时在欧洲是首屈一指的.1665年牛顿大学毕业,获学士学位,准备留校继续深造.但就在这期间,严重的鼠疫席卷英国,剑桥大学被迫关闭,牛顿被迫两次回到故乡避灾.在家乡安静的环境里,他专心思考数学、物理学和天文学的问题,思想火山积聚多年的活力终于爆发了,智慧的洪流滚滚奔腾.在短短的18个月中,22岁到24岁的牛顿才华横溢,风华正茂,源源不竭地作出了人类思想史上无与伦比的发现:指数为负数和分数的二项式级数;微分学和积分学;作为了解太阳系结构的钥匙的万有引力定律;用三棱镜把日光分解为可见光谱,借此以解释彩虹的由来并有助于理解光的一般性质.1667年牛顿回到剑桥,次年被聘任为"主修课研究员"并获硕士学位.1669年,牛顿的老师,当时年仅39岁的著名数学家巴罗(Isaac Barrow,1630—

1677，英国数学家)为了举荐牛顿，自动辞去在剑桥的首席路卡斯教授职位，使年仅26岁的牛顿得以晋升为数学教授.

牛顿在数学上最卓越的贡献是创建微积分，正由于此，使他成了数学史上少有的杰出数学家. 据牛顿自述，他于1665年11月发明正流数(微分)术，次年5月创反流数(积分)术，1669年写成第一篇微积分论文《运用无穷多项方程的分析》，流数方法的系统叙述是在《流数术与无穷级数》一书中给出的，该书完成于1671年，出版于1736年，1687年牛顿发表了巨著《自然哲学的数学原理》.

牛顿生前还曾留下不少闪光的格言，如

"如果我看的要比笛卡儿远一点，那就是因为我站在巨人的肩上的缘故."

"我不知道在别人看来，我是怎样的人；但在我自己看来，我不过就像一个在海滨玩耍的小孩，为不时发现比寻常更为光滑的卵石或比寻常更为美丽的一片贝壳而沾沾自喜，而对于展现在我面前的浩瀚的真理的海洋，却全然没有发现."

这些既表现了牛顿谦逊的美德，却也是至理真言.

数学与科学中的巨大进展几乎总是建立在几百年中作出点滴贡献的许多人的工作基础之上，但需要有一个人来走那最高、最后的一步，这个人要能足够敏锐地从纷乱的猜测和说明中清理出前人有价值的想法，要有足够的想像力把这些碎片重新组织起来，且能足够大胆地制定出一个宏伟的计划. 牛顿就是这样一位在众多学科领域作出划时代贡献的科学巨人.

第 2 章 极限与连续

2.1 数列的极限

1. 数列极限的定义

定义在正整数集 $\mathbb{Z}^+$ 上的函数
$$f: \mathbb{Z}^+ \to \mathbb{R},$$
相当于用正整数编号的一串数
$$x_1 = f(1), x_2 = f(2), \cdots, x_n = f(n), \cdots.$$
这样的一个函数,或者说这样用正整数编号的一串实数,称之为一个**实数序列**,简称**数列**. 例如

$$\frac{1}{2}, \frac{2}{3}, \frac{3}{4}, \cdots, \frac{n}{n+1}, \cdots, \tag{2.1}$$

$$1, 3, 5, \cdots, 2n-1, \cdots, \tag{2.2}$$

$$1, 0, 1, \cdots, \frac{1-(-1)^n}{2}, \cdots, \tag{2.3}$$

$$1, \frac{1}{2}, \frac{1}{3}, \cdots, \frac{1}{n}, \cdots, \tag{2.4}$$

$$1, -\frac{1}{2}, \frac{1}{3}, -\frac{1}{4}, \cdots, (-1)^{n-1}\frac{1}{n}, \cdots, \tag{2.5}$$

$$a, a, a, \cdots, a, \cdots \tag{2.6}$$

都是数列. 一般地,数列写为
$$x_1, x_2, \cdots, x_n, \cdots.$$

数列中的每一个数叫做数列的**项**. 第 n 项 x_n 叫做数列的**一般项**或**通项**,以 $\{x_n\}$ 简记数列.

对于一个给定的数列 $\{x_n\}$,重要的不是去研究它的每一项如何,而是要知道,当 n 无限增大时(记作 $n \to \infty$),它的项的变化趋势. 就以上 6 个数列来看:

数列(2.1)的各项的值随 n 增大而增大,越来越与 1 接近;

数列(2.2)的各项,随 n 的增大,各项的值越变越大,而且无限增大;

数列(2.3)的各项的值交替取得 0 与 1 两数,而不是与某一数接近;

数列(2.4)的各项的值随 n 增大越来越与 0 接近;

数列(2.5)的各项的值在数 0 两边跳跃,越来越与 0 接近;

数列(2.6)的各项的值都相同.

当 $n \to \infty$ 时,给定数列的项 x_n 无限接近某个常数 A,则数列 $\{x_n\}$ 称为收敛数列,常数 A 称为 $n \to \infty$ 时数列的极限.例如,数列(2.1),(2.4),(2.5),(2.6)就是收敛数列,它们的极限分别为 $1, 0, 0, a$.为了进一步理解无限接近的意义,考察数列(2.5),则有:

(1) n 为奇数时,x_n 为正数;n 为偶数时,x_n 为负数;当 n 越来越大时,x_n 的绝对值越来越小.

在数轴上,点 x_n 的位置交替在原点两侧,它与原点的距离随 n 增大而愈近.

(2) 取 0 点的 ε 邻域.

① 取 $\varepsilon = 2$,数列中一切项 x_n 全部在半径为 2 的邻域内.

② 取 $\varepsilon = 0.1$,数列中除开始的 10 项外,自第 11 项 x_{11} 起的一切项

$$x_{11}, x_{12}, \cdots, x_n, \cdots$$

全在半径为 0.1 的邻域内.

③ 如取 $\varepsilon = 0.0001$,只有开始的 10 000 项在半径为 0.0001 的邻域外,自 10 001 项起,后面的一切项

$$x_{10\,001}, x_{10\,002}, \cdots, x_n, \cdots$$

都在这个邻域内,如此推下去,逐渐缩小区间长度,即不论 ε 是如何小的数,总可找到一个整数 N,使数列中除开始的 N 项以外,自 $N+1$ 项起,后面的一切项

$$x_{N+1}, x_{N+2}, x_{N+3}, \cdots$$

都在 0 的 ε 邻域内.

(3) 因为点 0 的 ε 邻域内的点与原点的距离都小于 ε,故上述结果表明:对于任意小的正数 ε,可有足够大的正整数 N,使数列中自第 $N+1$ 项 x_{N+1} 起,后面的一切项对应的点与原点的距离永远小于 ε.但点 x_n 与原点的距离为 $|x_n - 0|$,所以上面关于数列

$$\{x_n\} = \left\{ (-1)^{n-1} \frac{1}{n} \right\}$$

又可叙述为:对于任意小的正数 ε,总可以找到一个正整数 N,使当 $n > N$ 时,不等式 $|x_n - 0| < \varepsilon$ 成立,这样的一个数 0 叫做数列 $\{x_n\} = \left\{ (-1)^{n-1} \frac{1}{n} \right\}$ 当 n 无限增大时的极限.

一般地,有下面的定义.

定义 2.1 设 $\{x_n\}$ 是一个数列,a 是常数.若对于任意的正数 ε,总存在一个正整数 N,使得当 $n > N$ 时,不等式

$$|x_n - a| < \varepsilon$$

恒成立,则称常数 a 为数列 $\{x_n\}$ 当 $n\to\infty$ 时的**极限**,记为
$$\lim_{n\to\infty} x_n = a \quad \text{或} \quad x_n \to a \quad (n\to\infty).$$
这时则称数列是**收敛**的. 否则称数列是**发散**的.

已知不等式
$$|x_n - a| < \varepsilon \Leftrightarrow a - \varepsilon < x_n < a + \varepsilon.$$
于是,数列 $\{x_n\}$ 的极限是 a 的几何意义是:任意一个以 a 为中心以 ε 为半径的邻域 $U(a, \varepsilon)$ 或开区间 $(a-\varepsilon, a+\varepsilon)$,数列 $\{x_n\}$ 中总存在一项 x_N,在此项后面的所有项 $x_{N+1}, x_{N+2}, \cdots$(即除了前 N 项以外),它们在数轴上对应的点,都位于邻域 $U(a, \varepsilon)$ 或区间 $(a-\varepsilon, a+\varepsilon)$ 之中,至多能有 N 个点位于此邻域或区间之外(如图 2.1).
因为 $\varepsilon > 0$ 可以任意小,所以数列中各项所对应的点 x_n 都无限集聚在点 a 附近.

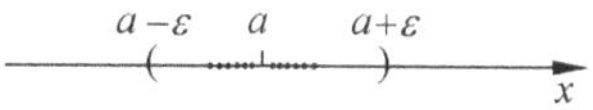

图 2.1

定义中的正整数 N 与任意给定的正数 ε 有关,当 ε 减小时,一般地说,N 将会相应地增大.

例 2.1 证明数列 $\left\{\dfrac{n}{n+1}\right\}$ 的极限是 1.

证明 任意给定 $\varepsilon > 0$,要使
$$\left|\frac{n}{n+1} - 1\right| = \frac{1}{n+1} < \varepsilon,$$
只要 $n > \dfrac{1}{\varepsilon} - 1$. 取
$$N = \left[\frac{1}{\varepsilon} - 1\right],$$
则当 $n > N$ 时,必有
$$\left|\frac{n}{n+1} - 1\right| < \varepsilon.$$
即
$$\lim_{n\to\infty} \frac{n}{n+1} = 1.$$

例 2.2 用数列极限的"$\varepsilon\text{-}N$"定义来检验:当 $|q| < 1$ 时,有
$$\lim_{n\to\infty} q^n = 0.$$

证明 $\forall \varepsilon > 0$,要使 $|q^n| = |q|^n < \varepsilon$ 成立,只需
$$n \ln|q| < \ln\varepsilon,$$
由于 $|q| < 1$,故 $\ln|q| < 0$,以负数 $\ln|q|$ 除上面不等式的两边,有
$$n > \frac{\ln\varepsilon}{\ln|q|}.$$

就是说,要使$|q^n|<\varepsilon$,n必须大于$\dfrac{\ln \varepsilon}{\ln |q|}$,根据以上分析,取$N=\left[\dfrac{\ln \varepsilon}{\ln |q|}\right]$,则当$n>N$时,必有

$$|q^n|<\varepsilon,$$

即

$$\lim_{n\to\infty}q^n=0 \quad (|q|<1).$$

2. 单调数列

定义 2.2 如果数列$\{x_n\}$满足条件

$$x_n\leqslant x_{n+1}(x_n\geqslant x_{n+1}), \quad n\in\mathbb{Z}^+,$$

则称数列$\{x_n\}$是**单调增加**的(**单调减少**的),单调增加和单调减少的数列统称为**单调数列**.

单调有界原理 单调有界数列必有极限.

例 2.3 欧拉数 e.

设 $x_n=\left(1+\dfrac{1}{n}\right)^n$,证明数列$\{x_n\}$收敛.

证明 (1) 先证数列是单调增加的.

$$x_n=\left(1+\dfrac{1}{n}\right)^n=1+\dfrac{n}{1!}\dfrac{1}{n}+\dfrac{n(n-1)}{2!}\dfrac{1}{n^2}+\dfrac{n(n-1)(n-2)}{3!}\dfrac{1}{n^3}+\cdots$$

$$+\dfrac{n(n-1)\cdots(n-n+1)}{n!}\dfrac{1}{n^n}$$

$$=1+\dfrac{1}{1!}+\dfrac{1}{2!}\left(1-\dfrac{1}{n}\right)+\dfrac{1}{3!}\left(1-\dfrac{1}{n}\right)\left(1-\dfrac{2}{n}\right)+\cdots$$

$$+\dfrac{1}{n!}\left(1-\dfrac{1}{n}\right)\left(1-\dfrac{2}{n}\right)\cdots\left(1-\dfrac{n-1}{n}\right),$$

$$x_{n+1}=\left(1+\dfrac{1}{n+1}\right)^{n+1}=1+\dfrac{1}{1!}+\dfrac{1}{2!}\left(1-\dfrac{1}{n+1}\right)+\dfrac{1}{3!}\left(1-\dfrac{1}{n+1}\right)\left(1-\dfrac{2}{n+1}\right)+\cdots$$

$$+\dfrac{1}{n!}\left(1-\dfrac{1}{n+1}\right)\left(1-\dfrac{2}{n+1}\right)\cdots\left(1-\dfrac{n-1}{n+1}\right)$$

$$+\dfrac{1}{(n+1)!}\left(1-\dfrac{1}{n+1}\right)\left(1-\dfrac{2}{n+1}\right)\cdots\left(1-\dfrac{n}{n+1}\right).$$

在这两个展开式中,除前两项相同外,后者的每个项都大于前者的相应项,且后者最后还多了一个数值为正的项,因此有

$$x_n<x_{n+1}.$$

(2) 再证数列有上界.

因 $1-\dfrac{1}{n},1-\dfrac{2}{n},\cdots,1-\dfrac{n-1}{n}$都小于1,故

$$x_n < 1 + \frac{1}{1!} + \frac{1}{2!} + \cdots + \frac{1}{n!} < 1 + 1 + \frac{1}{2} + \frac{1}{2^2} + \cdots + \frac{1}{2^{n-1}}$$

$$= 1 + \frac{1 - \frac{1}{2^n}}{1 - \frac{1}{2}} = 3 - \frac{1}{2^{n-1}} < 3.$$

根据单调有界原理,数列 $\{x_n\} = \left\{\left(1 + \frac{1}{n}\right)^n\right\}$ 有极限,将此极限记为 e,则

$$\lim_{n \to \infty} \left(1 + \frac{1}{n}\right)^n = e,$$

e 是一个无理数,它的值是

$$e = 2.718\,281\,828\,459\,045\cdots.$$

习题 2.1

1. 观察下面各数列 $\{x_n\}$ 的变化趋势,指出哪些有极限,哪些没有极限?

(1) $x_n = \frac{1}{3^n}$; (2) $x_n = 2 + \frac{1}{n^2}$;

(3) $x_n = (-1)^n n$; (4) $x_n = \frac{1 + (-1)^n}{1000}$.

2. 根据数列极限的 "ε-N" 定义,证明下列各题:

(1) $\lim_{n \to \infty} \frac{1}{\sqrt{n}} = 0$; (2) $\lim_{n \to \infty} \frac{\sqrt{n^2 + a^2}}{n} = 1$; (3) $\lim_{n \to \infty} \frac{9 - n^2}{2 + 4n^2} = -\frac{1}{4}$.

2.2 函数的极限

1. 当 $x \to \infty$ 时,函数 $f(x)$ 的极限

定义 2.3 设函数 $f(x)$ 在区间 $(a, +\infty)$ 上有定义,A 是常数. 若 $\forall \varepsilon > 0, \exists X > 0$, $\forall x > X$,有

$$|f(x) - A| < \varepsilon,$$

则称函数 $f(x)$ 当 $x \to +\infty$ 时以 A 为极限,表示为

$$\lim_{x \to +\infty} f(x) = A \quad \text{或} \quad f(x) \to A \ (x \to +\infty).$$

函数 $f(x) (x \to +\infty)$ 的极限定义与数列 $\{x_n\}$ 的极限定义很相似. 这是因为它们的自变量的变化趋势相同($x \to +\infty$ 与 $n \to +\infty$).

极限 $\lim_{x \to +\infty} f(x) = A$ 有明显的几何意义(见图 2.2). 注意

$$|f(x) - A| < \varepsilon \Leftrightarrow A - \varepsilon < f(x) < A + \varepsilon.$$

下面将极限 $\lim\limits_{x \to +\infty} f(x) = A$ 定义的分析语言与几何语言列表对比如表 2.1 所示.

表 2.1

分析语言	几何语言
$\forall \varepsilon > 0$	在直线 $y = A$ 两侧,以任意二直线 $y = A \pm \varepsilon$ 为边界,宽为 2ε 的带形区域
$\exists X > 0$	在 x 轴上原点右侧总存在一点 X
$\forall x > X$	对 X 右侧的点 x,即 $\forall x \in (X, +\infty)$
$|f(x) - A| < \varepsilon$	函数 $y = f(x)$ 的图像位于上述带形区域之内

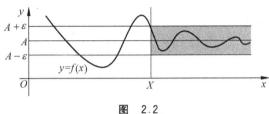

图 2.2

当自变量 $|x|$ 无限增大时,还有两种情况:一是 $x \to -\infty$;二是 $x \to \infty$(即 $|x| \to \infty$),函数 $f(x)$ 的极限定义分别给出.

定义 2.4 设函数 $f(x)$ 在区间 $(-\infty, a)$ 有定义,A 是常数,若对 $\forall \varepsilon > 0$,$\exists X > 0$,$\forall x < -X$,有

$$|f(x) - A| < \varepsilon,$$

则称函数 $f(x)$ 当 $x \to -\infty$ 时以 A 为极限,表示为

$$\lim_{x \to -\infty} f(x) = A \quad \text{或} \quad f(x) \to A \quad (x \to -\infty).$$

定义 2.5 设函数 $f(x)$ 在 $\{x \mid |x| > a\}$ 有定义,A 是常数,若对 $\forall \varepsilon > 0$,$\exists X > 0$,$\forall x$:$|x| > X$,有

$$|f(x) - A| < \varepsilon,$$

则称函数 $f(x)$ 当 $x \to \infty$ 时以 A 为极限,表示为

$$\lim_{x \to \infty} f(x) = A \quad \text{或} \quad f(x) \to A \quad (x \to \infty).$$

上述函数 $f(x)$ 的极限的 3 个定义($x \to +\infty, x \to -\infty, x \to \infty$)很相似.为了明显地看到它们的异同,将函数极限的 3 个定义对比如下:

$$\lim_{x \to +\infty} f(x) = A \Leftrightarrow \forall \varepsilon > 0, \exists X > 0, \forall x > X, \text{有} |f(x) - A| < \varepsilon.$$

$$\lim_{x \to -\infty} f(x) = A \Leftrightarrow \forall \varepsilon > 0, \exists X > 0, \forall x < -X, \text{有} |f(x) - A| < \varepsilon.$$

$$\lim_{x \to \infty} f(x) = A \Leftrightarrow \forall \varepsilon > 0, \exists X > 0, \forall x: |x| > X, \text{有} |f(x) - A| < \varepsilon.$$

注 定义 2.5 中 ε 刻画 $f(x)$ 与 A 的接近程度,X 刻画 $|x|$ 充分大的程度;ε 是任意给

定的正数，X 是随 ε 而确定的.

例 2.4 用定义证明 $\lim\limits_{x\to\infty}\dfrac{1}{x}=0$.

证明 $\forall \varepsilon>0$，要使
$$\left|\dfrac{1}{x}-0\right|=\dfrac{1}{|x|}<\varepsilon,$$
只要 $|x|>\dfrac{1}{\varepsilon}$ 就可以了. 因此，$\forall \varepsilon>0$，取 $X=\dfrac{1}{\varepsilon}$，则当 $|x|>X$ 时，有
$$\left|\dfrac{1}{x}-0\right|<\varepsilon,$$
即
$$\lim\limits_{x\to\infty}\dfrac{1}{x}=0.$$

例 2.5 证明：$\lim\limits_{x\to+\infty}\dfrac{x-1}{x+1}=1$.

证明 不妨设 $x>-1$，$\forall \varepsilon>0$，要使不等式
$$\left|\dfrac{x-1}{x+1}-1\right|=\dfrac{2}{x+1}<\varepsilon$$
成立，解得 $x>\dfrac{2}{\varepsilon}-1$（限定 $0<\varepsilon<2$）. 取 $X=\dfrac{2}{\varepsilon}-1$，于是 $\forall \varepsilon>0$，$\exists X=\dfrac{2}{\varepsilon}-1>0$，$\forall x>X$，有 $\left|\dfrac{x-1}{x+1}-1\right|<\varepsilon$. 即
$$\lim\limits_{x\to+\infty}\dfrac{x-1}{x+1}=1.$$

例 2.6 证明：$\lim\limits_{x\to-\infty}2^x=0$.

证明 $\forall \varepsilon>0$，要使 $|2^x-0|=2^x<\varepsilon$，只要 $x<\dfrac{\ln \varepsilon}{\ln 2}$ 就可以了（这里不妨设 $\varepsilon<1$），取 $X=-\dfrac{\ln \varepsilon}{\ln 2}$，于是 $\forall \varepsilon>0$，$\exists X=-\dfrac{\ln \varepsilon}{\ln 2}$，$\forall x<-X$，有 $|2^x-0|<\varepsilon$，即
$$\lim\limits_{x\to-\infty}2^x=0.$$

2. 当 $x\to x_0$ 时，函数 $f(x)$ 的极限

例 2.7 函数 $f(x)=2x+1$. 当 x 趋于 2 时，可以看到它们所对应的函数值就趋于 5（如图 2.3）.

例 2.8 函数 $f(x)=\dfrac{x^2-4}{x-2}$. 当 $x\neq 2$ 时，$f(x)=x+2$. 由此可见，当 x 不等于 2 而趋于 2 时，对应的函数值 $f(x)$ 就趋于 4（如图 2.4）.

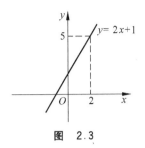
图 2.3

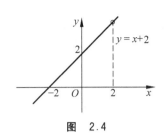
图 2.4

不难看出,上述两个例子和前面 $x\to\infty$ 时的极限存在情形相似,这里是"当 x 趋于 x_0 (但不等于 x_0)时,对应的函数值 $f(x)$ 就趋于某一确定的数 A". 这两个"趋于"反映了 $f(x)$ 与 A 和 x 与 x_0 无限接近程度之间的关系.

在例 2.7 中,由于
$$|f(x)-A|=|(2x+1)-5|=|2x-4|=2|x-2|,$$
所以要使 $|f(x)-5|$ 小于任给的正数 ε,只要 $|x-2|<\dfrac{\varepsilon}{2}$ 即可. 这里 $\dfrac{\varepsilon}{2}$ 表示 x 与 2 的接近程度,常把它记作 δ,因它与 ε 有关,所以有时也记作 $\delta(\varepsilon)$.

定义 2.6(函数极限的 ε-δ 定义) 设函数 $f(x)$ 在 x_0 的某个去心邻域内有定义,A 是常数,若 $\forall \varepsilon>0$,$\exists \delta>0$,$\forall x$:$0<|x-x_0|<\delta$,有
$$|f(x)-A|<\varepsilon,$$
则称函数 $f(x)$ 当 x 趋于 x_0 时以 A 为极限,表示为
$$\lim_{x\to x_0}f(x)=A \quad \text{或} \quad f(x)\to A\ (x\to x_0).$$

注 在此极限定义中,"$0<|x-x_0|<\delta$"指出 $x\ne x_0$,这说明函数 $f(x)$ 在 x_0 的极限与函数 $f(x)$ 在 x_0 的情况无关,其中包含两层意思:其一,x_0 可以不属于函数 $f(x)$ 的定义域,其二,x_0 可以属于函数 $f(x)$ 的定义域,但这时函数 $f(x)$ 在 x_0 的极限与 $f(x)$ 在 x_0 的函数值 $f(x_0)$ 没有任何联系. 总之,函数 $f(x)$ 在 x_0 的极限仅与函数 $f(x)$ 在 x_0 附近的 x 的函数值有关,而与 $f(x)$ 在 x_0 的情况无关.

例 2.9 证明:$\lim\limits_{x\to \frac{1}{2}}\dfrac{4x^2-1}{2x-1}=2$.

证明 $\forall \varepsilon>0$,要使不等式
$$\left|\dfrac{4x^2-1}{2x-1}-2\right|=|2x+1-2|=2\left|x-\dfrac{1}{2}\right|<\varepsilon$$
成立,只需 $\left|x-\dfrac{1}{2}\right|<\dfrac{\varepsilon}{2}$,取 $\delta=\dfrac{\varepsilon}{2}$,于是 $\forall \varepsilon>0$,$\exists \delta=\dfrac{\varepsilon}{2}>0$,$\forall x$:$0<\left|x-\dfrac{1}{2}\right|<\delta$,有
$$\left|\dfrac{4x^2-1}{2x-1}-2\right|<\varepsilon.$$

即
$$\lim_{x\to\frac{1}{2}}\frac{4x^2-1}{2x-1}=2.$$

极限 $\lim_{x\to x_0}f(x)=A$ 的几何意义：ε-δ 定义表明，任意画一条以直线 $y=A$ 为中心线，宽为 2ε 的横带(无论怎样窄)，必存在一条以 $x=x_0$ 为中心，宽为 2δ 的直带，使直带内的函数图像全部落在横带内(图 2.5).

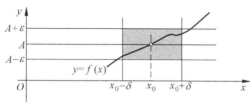

图 2.5

例 2.10 证明：$\lim_{x\to x_0}c=c$，此处 c 为一常数.

证明 这里 $|f(x)-A|=|c-c|=0$，因此对于任意给定的正数 ε，可任取一正数 δ，当 $0<|x-x_0|<\delta$ 时，能使不等式
$$|f(x)-A|=0<\varepsilon$$
成立. 所以 $\lim_{x\to x_0}c=c$.

例 2.11 证明：$\lim_{x\to x_0}x=x_0$.

证明 这里 $|f(x)-A|=|x-x_0|$，因此对于任意给定的正数 ε，可取正数 $\delta=\varepsilon$，当 $0<|x-x_0|<\delta$ 时，不等式
$$|f(x)-A|=|x-x_0|<\varepsilon$$
成立. 所以 $\lim_{x\to x_0}x=x_0$.

3. 左极限与右极限

在上述函数极限的定义中，如果仅讨论自变量 x 从 x_0 的左侧(或右侧)接近 x_0，即 $x\to x_0$ 而又始终保持 $x<x_0$ (或 $x>x_0$)的情形，这时如果 $f(x)$ 有极限，该极限称为 $f(x)$ 在点 x_0 的**左极限**(或**右极限**).

定义 2.7 设函数 $f(x)$ 在 x_0 的左邻域(右邻域)有定义，A 是常数. 若 $\forall\varepsilon>0$，$\exists\delta>0$，$\forall x: x_0-\delta<x<x_0$ ($x_0<x<x_0+\delta$)，有
$$|f(x)-A|<\varepsilon,$$
则称 A 是函数 $f(x)$ 在 x_0 的**左极限**(**右极限**). 记作

$$\lim_{x \to x_0^-} f(x) = A \quad \text{或} \quad f(x_0 - 0) = A \quad (\lim_{x \to x_0^+} f(x) = A \text{ 或 } f(x_0 + 0) = A).$$

由定义 2.7 即可得到下面的结论.

定理 2.1 $\lim_{x \to x_0} f(x) = A \Leftrightarrow \lim_{x \to x_0^-} f(x) = \lim_{x \to x_0^+} f(x) = A.$

例 2.12 设 $f(x) = \begin{cases} 1, & x < 0, \\ x, & x \geqslant 0, \end{cases}$ 研究当 $x \to 0$ 时,$f(x)$ 的极限是否存在.

解 当 $x < 0$ 时,
$$\lim_{x \to 0^-} f(x) = \lim_{x \to 0^-} 1 = 1,$$

而当 $x > 0$ 时,
$$\lim_{x \to 0^+} f(x) = \lim_{x \to 0^+} x = 0.$$

左、右极限都存在但不相等,所以,由定理 2.1 可知,当 $x \to 0$ 时 $f(x)$ 不存在极限(如图 2.6).

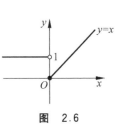

图 2.6

例 2.13 研究当 $x \to 0$ 时,$f(x) = |x|$ 的极限.

解
$$f(x) = |x| = \begin{cases} -x, & x < 0, \\ x, & x \geqslant 0. \end{cases}$$

显然 $\lim_{x \to 0^+} f(x) = \lim_{x \to 0^+} x = 0$,同理 $\lim_{x \to 0^-} f(x) = \lim_{x \to 0^-} (-x) = 0.$ 所以,由定理 2.1 可得
$$\lim_{x \to 0} |x| = 0.$$

习题 2.2

1. 根据函数极限的定义证明下列各题:

   (1) $\lim\limits_{x \to \infty} \dfrac{1 + 2x^2}{5x^2} = \dfrac{2}{5}$;   (2) $\lim\limits_{x \to -\infty} e^x = 0$;   (3) $\lim\limits_{x \to -3} \dfrac{x^2 - 9}{x + 3} = -6.$

2. 设 $f(x) = \begin{cases} x + 4, & x < 1, \\ 2x - 1, & x \geqslant 1. \end{cases}$

   求 $\lim\limits_{x \to 1^-} f(x)$ 及 $\lim\limits_{x \to 1^+} f(x)$. $\lim\limits_{x \to 1} f(x)$ 是否存在?

2.3 函数极限的性质和运算

1. 函数极限的性质

2.2 节给出了两类 6 种函数极限,即
$$\lim_{x \to +\infty} f(x), \quad \lim_{x \to -\infty} f(x), \quad \lim_{x \to \infty} f(x);$$

$$\lim_{x \to x_0} f(x), \quad \lim_{x \to x_0^-} f(x), \quad \lim_{x \to x_0^+} f(x).$$

每一种函数极限都有类似的性质和四则运算法则. 本节仅就函数极限 $\lim_{x \to x_0} f(x)$ 给出一些收敛定理及其证明,读者不难对其他 5 种函数极限以及数列极限写出相应的定理,并给出证明.

定理 2.2(惟一性)　若极限 $\lim_{x \to x_0} f(x)$ 存在,则它的极限值是惟一的.

证明　用反证法. 设 $\lim_{x \to x_0} f(x) = a, \lim_{x \to x_0} f(x) = b$,且 $a \neq b$,由极限定义,$\forall \varepsilon > 0$,对 $\frac{\varepsilon}{2}$,

$$\begin{cases} \exists \delta_1 > 0, \quad \forall x: 0 < |x - x_0| < \delta_1, \quad \text{有 } |f(x) - a| < \frac{\varepsilon}{2}, \\ \exists \delta_2 > 0, \quad \forall x: 0 < |x - x_0| < \delta_2, \quad \text{有 } |f(x) - b| < \frac{\varepsilon}{2}. \end{cases}$$

取 $\delta = \min\{\delta_1, \delta_2\}$,则当 $0 < |x - x_0| < \delta$ 时,

$$|f(x) - a| < \frac{\varepsilon}{2} \quad \text{与} \quad |f(x) - b| < \frac{\varepsilon}{2}$$

同时成立. 于是,当 $0 < |x - x_0| < \delta$ 时,有

$$|a - b| = |a - f(x) + f(x) - b| \leqslant |a - f(x)| + |f(x) - b| < \varepsilon,$$

因为 ε 是任意的,得出矛盾,所以 $a = b$.

定理 2.3(有界性)　若 $\lim_{x \to x_0} f(x) = a$,则存在某个 $\delta_0 > 0$ 与 $M > 0$,当 $0 < |x - x_0| < \delta_0$ 时,有 $|f(x)| \leqslant M$.

证明　取 $\varepsilon = 1, \exists \delta_0 > 0$,当 $0 < |x - x_0| < \delta_0$ 时,有

$$|f(x) - a| < 1,$$

因

$$|f(x)| - |a| \leqslant |f(x) - a| < 1,$$

从而

$$|f(x)| \leqslant |a| + 1.$$

取 $M = |a| + 1$,于是 $\exists \delta_0 > 0$,当 $0 < |x - x_0| < \delta_0$ 时,有

$$|f(x)| \leqslant M.$$

定理 2.4　若 $\lim_{x \to x_0} f(x) = a, \lim_{x \to x_0} g(x) = b$,且 $a > b$,则存在 $\delta > 0$,使当 $0 < |x - x_0| < \delta$ 时,$f(x) > g(x)$.

证明　对 $\varepsilon = \frac{a-b}{2}, \exists \delta_1 > 0$,当 $0 < |x - x_0| < \delta_1$ 时,有

$$|f(x) - a| < \frac{a-b}{2},$$

从而

$$f(x) > a - \frac{a-b}{2} = \frac{a+b}{2}.$$

$\exists \delta_2 > 0$,当 $0 < |x - x_0| < \delta_2$ 时,有

$$|g(x) - b| < \frac{a-b}{2}.$$

从而

$$g(x) < b + \frac{a-b}{2} = \frac{a+b}{2}.$$

令 $\delta = \min\{\delta_1, \delta_2\}$,则当 $0 < |x - x_0| < \delta$ 时,有

$$g(x) < \frac{a+b}{2} < f(x).$$

推论 1(保号性) 若 $\lim_{x \to x_0} f(x) = a$ 且 $a > 0 (a < 0)$,则存在 $\delta > 0$,当 $0 < |x - x_0| < \delta$ 时,$f(x) > 0 (f(x) < 0)$.

推论 2(保序性) 若 $\lim_{x \to x_0} f(x) = a$,$\lim_{x \to x_0} g(x) = b$,且存在 $\delta > 0$,使当 $0 < |x - x_0| < \delta$ 时,$f(x) \geqslant g(x)$,则 $a \geqslant b$.

2. 函数极限的四则运算

定理 2.5 设 $\lim_{x \to x_0} f(x) = a$,$\lim_{x \to x_0} g(x) = b$,则:

(1) $\lim_{x \to x_0}[f(x) \pm g(x)] = a \pm b = \lim_{x \to x_0} f(x) \pm \lim_{x \to x_0} g(x)$;

(2) $\lim_{x \to x_0} f(x)g(x) = ab = \lim_{x \to x_0} f(x) \lim_{x \to x_0} g(x)$;

(3) 当 $b \neq 0$ 时,$\lim_{x \to x_0} \frac{f(x)}{g(x)} = \frac{a}{b} = \frac{\lim_{x \to x_0} f(x)}{\lim_{x \to x_0} g(x)}$.

证明 只证(2),其余从略.

根据定理 2.3,由 $\lim_{x \to x_0} f(x) = a$,存在 $\delta_0 > 0$,当 $0 < |x - x_0| < \delta_0$ 时,$|f(x)| \leqslant M$.

$$\forall \varepsilon > 0, \begin{cases} \exists \delta_1 > 0, \forall x : 0 < |x - x_0| < \delta_1, \text{有 } |f(x) - a| < \varepsilon, \\ \exists \delta_2 > 0, \forall x : 0 < |x - x_0| < \delta_2, \text{有 } |g(x) - b| < \varepsilon. \end{cases}$$

取 $\delta = \min\{\delta_0, \delta_1, \delta_2\}$,则当 $0 < |x - x_0| < \delta$ 时,有

$$|f(x)g(x) - ab| = |f(x)g(x) - f(x)b + f(x)b - ab|$$
$$\leqslant |f(x)||g(x) - b| + |b||f(x) - a| < M\varepsilon + |b|\varepsilon$$
$$= (M + |b|)\varepsilon,$$

即

$$\lim_{x \to x_0} f(x)g(x) = ab = \lim_{x \to x_0} f(x) \lim_{x \to x_0} g(x).$$

注 (1) 定理 2.5 的(1)、(2)可推广到有限多个函数的和或积的情形;

(2) 作为定理 2.5 中(2)的特殊情形,有
$$\lim_{x \to x_0} cf(x) = c \lim_{x \to x_0} f(x), \quad \lim_{x \to x_0} [f(x)]^n = [\lim_{x \to x_0} f(x)]^n.$$

例 2.14 求 $\lim_{x \to 1}(2x-1)$.

解 利用极限的四则运算,即定理 2.5 之(1)得
$$\lim_{x \to 1}(2x-1) = \lim_{x \to 1} 2x - \lim_{x \to 1} 1 = 2\lim_{x \to 1} x - \lim_{x \to 1} 1 = 2 \times 1 - 1 = 1.$$

例 2.15 求 $\lim_{x \to 2} \dfrac{x^2-1}{x^3+3x-1}$.

解 利用极限的四则运算,即定理 2.5 之(3)有
$$\lim_{x \to 2} \frac{x^2-1}{x^3+3x-1} = \frac{\lim_{x \to 2}(x^2-1)}{\lim_{x \to 2}(x^3+3x-1)} = \frac{\lim_{x \to 2} x^2 - \lim_{x \to 2} 1}{\lim_{x \to 2} x^3 + \lim_{x \to 2} 3x - \lim_{x \to 2} 1}$$
$$= \frac{(\lim_{x \to 2} x)^2 - \lim_{x \to 2} 1}{(\lim_{x \to 2} x)^3 + 3\lim_{x \to 2} x - \lim_{x \to 2} 1} = \frac{2^2-1}{2^3+3 \times 2-1} = \frac{3}{13}.$$

从例 2.14 和例 2.15 可以看出,对于有理整函数(多项式)和有理分式函数(分母不为零),求其极限时,只要把自变量 x 的极限值代入函数就可以了.

设多项式
$$f(x) = a_0 x^n + a_1 x^{n-1} + \cdots + a_n,$$
则
$$\lim_{x \to x_0} f(x) = \lim_{x \to x_0} (a_0 x^n + a_1 x^{n-1} + \cdots + a_n)$$
$$= a_0 (\lim_{x \to x_0} x)^n + a_1 (\lim_{x \to x_0} x)^{n-1} + \cdots + a_n$$
$$= a_0 x_0^n + a_1 x_0^{n-1} + \cdots + a_n$$
$$= f(x_0).$$

对于有理分式函数
$$f(x) = \frac{P(x)}{Q(x)},$$
式中 $P(x), Q(x)$ 均为多项式,$Q(x_0) \neq 0$,则
$$\lim_{x \to x_0} f(x) = \lim_{x \to x_0} \frac{P(x)}{Q(x)} = \frac{\lim_{x \to x_0} P(x)}{\lim_{x \to x_0} Q(x)} = \frac{P(x_0)}{Q(x_0)} = f(x_0).$$

若 $Q(x_0) = 0$,上述结论不能用.

例 2.16 求 $\lim_{x \to 2} \dfrac{2-x}{4-x^2}$.

解 因为当 $x \to 2$ 时,函数 $\dfrac{2-x}{4-x^2}$ 的分子、分母的极限均为零,不满足商的极限运算法则的条件,故不能利用商的极限运算法则计算. 但分子、分母有公因子 $2-x$,先约去该公因子,之后可以利用商的极限运算法则.

$$\lim_{x \to 2} \frac{2-x}{4-x^2} = \lim_{x \to 2} \frac{2-x}{(2-x)(2+x)} = \lim_{x \to 2} \frac{1}{2+x} = \frac{1}{4}.$$

例 2.17 求 $\lim\limits_{x \to \infty} \dfrac{3x^3 - 4x^2 + 2}{7x^3 + 5x^2 - 3}$.

解 分子、分母极限均不存在,因此不能利用商的极限运算法则计算. 注意当 $x \to \infty$ 时,x^3 是分子、分母中趋于 ∞ 最快的项,用 x^3 除分子、分母,然后再求极限.

$$\lim_{x \to \infty} \frac{3x^3 - 4x^2 + 2}{7x^3 + 5x^2 - 3} = \lim_{x \to \infty} \frac{3 - \dfrac{4}{x} + \dfrac{2}{x^3}}{7 + \dfrac{5}{x} - \dfrac{3}{x^3}} = \frac{3}{7}.$$

例 2.18 求 $\lim\limits_{x \to \infty} \dfrac{2x^2 - 1}{3x^4 + x^2 - 2}$.

解 当 $x \to \infty$ 时,分子、分母的极限均不存在,以 x^4 除分子、分母,再求极限,

$$\lim_{x \to \infty} \frac{2x^2 - 1}{3x^4 + x^2 - 2} = \lim_{x \to \infty} \frac{\dfrac{2}{x^2} - \dfrac{1}{x^4}}{3 + \dfrac{1}{x^2} - \dfrac{2}{x^4}} = \frac{0}{3} = 0.$$

例 2.19 求 $\lim\limits_{x \to 4} \dfrac{\sqrt{x} - 2}{x - 4}$.

解 当 $x \to 4$ 时,函数 $\dfrac{\sqrt{x}-2}{x-4}$ 的分子、分母的极限均不为零,不满足商的极限运算法则的条件,故不能利用此法则计算,注意到分子是无理式,可将其有理化,试图找到并约去公因子,然后再利用商的极限运算法则进行计算. 这是常采用的方法

$$\lim_{x \to 4} \frac{\sqrt{x} - 2}{x - 4} = \lim_{x \to 4} \frac{(\sqrt{x} - 2)(\sqrt{x} + 2)}{(x - 4)(\sqrt{x} + 2)}$$

$$= \lim_{x \to 4} \frac{x - 4}{(x - 4)(\sqrt{x} + 2)}$$

$$= \lim_{x \to 4} \frac{1}{\sqrt{x} + 2} = \frac{1}{4}.$$

例 2.20 求 $\lim\limits_{x \to 0} \dfrac{\sqrt{3x+4} - 2}{\sqrt{x+1} - 1}$.

解 当 $x \to 0$ 时,函数 $\dfrac{\sqrt{3x+4}-2}{\sqrt{x+1}-1}$ 的分子、分母的极限均为零,不能利用商的极限运

算法则.注意到分子、分母均是无理式,可将分子与分母同时有理化,试图找到并约去公因子,然后再利用商的极限运算法则求极限.

$$\lim_{x\to 0}\frac{\sqrt{3x+4}-2}{\sqrt{x+1}-1}=\lim_{x\to 0}\frac{(\sqrt{3x+4}-2)(\sqrt{3x+4}+2)(\sqrt{x+1}+1)}{(\sqrt{x+1}-1)(\sqrt{x+1}+1)(\sqrt{3x+4}+2)}$$

$$=\lim_{x\to 0}\frac{(3x+4-4)(\sqrt{x+1}+1)}{(x+1-1)(\sqrt{3x+4}+2)}$$

$$=\lim_{x\to 0}\frac{3(\sqrt{x+1}+1)}{\sqrt{3x+4}+2}=\frac{3(1+1)}{2+2}=\frac{3}{2}.$$

例 2.21 求 $\lim\limits_{x\to 1}\left(\dfrac{1}{x-1}-\dfrac{3}{x^3-1}\right)$.

解 当 $x\to 1$ 时,两个函数 $\dfrac{1}{x-1}$,$\dfrac{3}{x^3-1}$ 的极限均不存在,故不能利用函数差的极限运算法则,可以尝试先通分,找到并约去公因子,然后再求极限.

$$\lim_{x\to 1}\left(\frac{1}{x-1}-\frac{3}{x^3-1}\right)=\lim_{x\to 1}\frac{x^2+x+1-3}{x^3-1}=\lim_{x\to 1}\frac{(x-1)(x+2)}{(x-1)(x^2+x+1)}$$

$$=\lim_{x\to 1}\frac{x+2}{x^2+x+1}=\frac{1+2}{1+1+1}=1.$$

3. 复合函数的极限运算

定理 2.6 设函数 $z=f[\varphi(x)]$ 是由 $z=f(y)$ 及 $y=\varphi(x)$ 复合而成的复合函数,如果 $\lim\limits_{x\to x_0}y=\lim\limits_{x\to x_0}\varphi(x)=y_0$,且 $\lim\limits_{y\to y_0}f(y)=f(y_0)$,则

$$\lim_{x\to x_0}f[\varphi(x)]=f[\lim_{x\to x_0}\varphi(x)]=f(y_0).$$

例 2.22 求 $\lim\limits_{x\to 0}\ln\cos x$.

解 此函数复合过程可分解为 $z=\ln y, y=\cos x$,由于

$$\lim_{x\to 0}\cos x=1,\quad \lim_{y\to 1}\ln y=0,$$

故

$$\lim_{x\to 0}\ln\cos x=\ln\lim_{x\to 0}\cos x=\ln 1=0.$$

例 2.23 求 $\lim\limits_{x\to 1}e^{\frac{x-1}{x^2-1}}$.

解 由于 $\lim\limits_{x\to 1}\dfrac{x-1}{x^2-1}=\lim\limits_{x\to 1}\dfrac{1}{x+1}=\dfrac{1}{2}$,故

$$\lim_{x\to 1}e^{\frac{x-1}{x^2-1}}=e^{\lim\limits_{x\to 1}\frac{x-1}{x^2-1}}=e^{\frac{1}{2}}.$$

习题 2.3

计算函数极限：

(1) $\lim\limits_{x\to 2}\dfrac{x^2+6}{x+3}$；

(2) $\lim\limits_{x\to 1}\dfrac{(x^2-3x+2)^2}{x^3+2x^2-x-2}$；

(3) $\lim\limits_{x\to 1}\dfrac{x^2-1}{2x^2-x-1}$；

(4) $\lim\limits_{x\to 4}\dfrac{\sqrt{1+2x}-3}{\sqrt{x}-2}$；

(5) $\lim\limits_{x\to 8}\dfrac{\sqrt{9+2x}-5}{\sqrt[3]{x}-2}$；

(6) $\lim\limits_{x\to\infty}\dfrac{3x^4-2x^2-1}{x^5-1000x}$；

(7) $\lim\limits_{x\to+\infty}\sqrt{x}(\sqrt{x+1}-\sqrt{x})$；

(8) $\lim\limits_{x\to\infty}\dfrac{(x-1)(x-2)(x-3)}{(1-4x)^3}$.

2.4 两个重要极限

现在就 $x\to x_0$ 情形叙述函数极限存在判别准则.

准则（夹逼准则） 若函数 $f(x),g(x),h(x)$ 在点 x_0 的某去心邻域内满足条件
$$g(x)\leqslant f(x)\leqslant h(x),$$
且
$$\lim_{x\to x_0}g(x)=A,\quad \lim_{x\to x_0}h(x)=A,$$
则 $\lim\limits_{x\to x_0}f(x)=A$.

证明 $\forall\varepsilon>0,\exists\delta_1>0$，当 $0<|x-x_0|<\delta_1$ 时，有 $|g(x)-A|<\varepsilon$，从而 $A-\varepsilon<g(x)$；$\exists\delta_2>0$，当 $0<|x-x_0|<\delta_2$ 时，有 $|h(x)-A|<\varepsilon$，从而 $h(x)<A+\varepsilon$.

取 $\delta=\min\{\delta_1,\delta_2\}$，则当 $0<|x-x_0|<\delta$ 时，有
$$A-\varepsilon<g(x)\leqslant f(x)\leqslant h(x)<A+\varepsilon,$$
所以有 $\lim\limits_{x\to x_0}f(x)=A$.

例 2.24 证明：$\lim\limits_{x\to 0}\dfrac{\sin x}{x}=1$.

证明 x 改变符号时，函数值的符号不变，所以只需对于 x 由正值趋于零时来论证，即只需证明
$$\lim_{x\to 0^+}\dfrac{\sin x}{x}=1.$$

设 $\overparen{AP}$ 是以点 O 为圆心，半径为 1 的圆弧，过 A 作圆弧的切线与 OP 的延长线交于点 T，$PN\perp OA$.

设 $\angle AOP = x$ 且 $0 < x < \dfrac{\pi}{2}$(图 2.7),比较面积,显然有

$\triangle OAP$ 的面积 $<$ 扇形 OAP 的面积 $<$ $\triangle OAT$ 的面积,

即

$$\frac{1}{2}\sin x < \frac{x}{2} < \frac{1}{2}\tan x.$$

以 $\dfrac{1}{2}\sin x$ 除各项得

$$1 < \frac{x}{\sin x} < \frac{1}{\cos x} \quad \text{或} \quad \cos x < \frac{\sin x}{x} < 1.$$

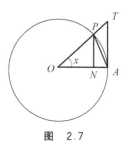

图 2.7

从而

$$0 < 1 - \frac{\sin x}{x} < 1 - \cos x = 2\sin^2\frac{x}{2} \leqslant 2\left(\frac{x}{2}\right)^2.$$

当 $x \to 0$ 时,$\dfrac{1}{2}x^2 \to 0$,利用夹逼准则,有

$$\lim_{x \to 0}\left(1 - \frac{\sin x}{x}\right) = 0 \quad \text{即} \quad \lim_{x \to 0}\frac{\sin x}{x} = 1.$$

这是一个十分重要的结果,在理论推导和实际演算中都有很大用处.

例 2.25 求 $\lim\limits_{x \to 0}\dfrac{1 - \cos x}{x^2}$.

解 本题不能直接利用例 2.24 的结论,但可以利用三角函数的公式,将余弦函数转化为正弦函数,然后再利用例 2.24 的结论.

$$\lim_{x \to 0}\frac{1 - \cos x}{x^2} = \lim_{x \to 0}\frac{2\sin^2\dfrac{x}{2}}{x^2} = \frac{1}{2}\lim_{x \to 0}\frac{\sin^2\dfrac{x}{2}}{\left(\dfrac{x}{2}\right)^2} = \lim_{x \to 0}\frac{1}{2}\left[\frac{\sin\dfrac{x}{2}}{\dfrac{x}{2}}\right]^2 = \frac{1}{2} \times 1^2 = \frac{1}{2}.$$

例 2.26 求 $\lim\limits_{x \to 0}\dfrac{\tan x}{x}$.

解 $\lim\limits_{x \to 0}\dfrac{\tan x}{x} = \lim\limits_{x \to 0}\dfrac{\sin x}{x\cos x} = \lim\limits_{x \to 0}\dfrac{\sin x}{x} \cdot \lim\limits_{x \to 0}\dfrac{1}{\cos x} = 1 \times 1 = 1.$

例 2.27 求 $\lim\limits_{x \to 0}\dfrac{\arcsin x}{x}$.

解 本题需要将反三角函数转化为三角函数,令 $y = \arcsin x$,则 $x = \sin y$,当 $x \to 0$ 时,$y \to 0$. 故

$$\lim_{x \to 0}\frac{\arcsin x}{x} = \lim_{y \to 0}\frac{y}{\sin y} = \lim_{y \to 0}\frac{1}{\dfrac{\sin y}{y}} = 1.$$

注 以上列举了部分三角函数、反三角函数与幂函数商的极限.

例 2.28 证明 $\lim\limits_{x\to\infty}\left(1+\dfrac{1}{x}\right)^x = \mathrm{e}$.

证明 在 2.1 节中,已证 $\lim\limits_{n\to\infty}\left(1+\dfrac{1}{n}\right)^n = \mathrm{e}$.

先讨论 $x\to +\infty$ 的情形.

对任意 $x>1$,总能找到两个相邻的正整数 n 和 $n+1$,使得 x 介于它们之间,即
$$n \leqslant x < n+1 \quad \text{或} \quad \frac{1}{n+1} < \frac{1}{x} \leqslant \frac{1}{n},$$
因此有
$$1+\frac{1}{n+1} < 1+\frac{1}{x} \leqslant 1+\frac{1}{n},$$
上述不等式中每项都大于 1,于是
$$\left(1+\frac{1}{n+1}\right)^n < \left(1+\frac{1}{x}\right)^x < \left(1+\frac{1}{n}\right)^{n+1}.$$
显然,当 $x\to +\infty$ 时,随之也有 $n\to\infty$. 当 $n\to\infty$ 时,不等式两端均趋于 e,即
$$\lim_{n\to\infty}\left(1+\frac{1}{n+1}\right)^n = \lim_{n\to\infty}\frac{\left(1+\dfrac{1}{n+1}\right)^{n+1}}{1+\dfrac{1}{n+1}} = \frac{\lim\limits_{n\to\infty}\left(1+\dfrac{1}{n+1}\right)^{n+1}}{\lim\limits_{n\to\infty}\left(1+\dfrac{1}{n+1}\right)} = \mathrm{e},$$

$$\lim_{n\to\infty}\left(1+\frac{1}{n}\right)^{n+1} = \lim_{n\to\infty}\left(1+\frac{1}{n}\right)^n\left(1+\frac{1}{n}\right) = \lim_{n\to\infty}\left(1+\frac{1}{n}\right)^n \lim_{n\to\infty}\left(1+\frac{1}{n}\right) = \mathrm{e}.$$

故当 $x\to +\infty$ 时(随之 n 也趋于无穷),夹在中间的变量 $\left(1+\dfrac{1}{x}\right)^x$ 也趋于 e,即
$$\lim_{x\to +\infty}\left(1+\frac{1}{x}\right)^x = \mathrm{e}.$$

再证 $\lim\limits_{x\to -\infty}\left(1+\dfrac{1}{x}\right)^x = \mathrm{e}$.

令 $x=-(1+t)$,则当 $x\to -\infty$ 时,有 $t\to +\infty$,因此
$$\lim_{x\to -\infty}\left(1+\frac{1}{x}\right)^x = \lim_{t\to +\infty}\left(1-\frac{1}{1+t}\right)^{-(1+t)}$$
$$= \lim_{t\to +\infty}\left(\frac{t}{1+t}\right)^{-(1+t)} = \lim_{t\to +\infty}\left(\frac{1+t}{t}\right)^{1+t}$$
$$= \lim_{t\to +\infty}\left(1+\frac{1}{t}\right)^t\left(1+\frac{1}{t}\right) = \mathrm{e}.$$

综合上面结果便有
$$\lim_{x\to\infty}\left(1+\frac{1}{x}\right)^x = \mathrm{e}.$$

这个极限也可换成另一种形式. 设 $x=\dfrac{1}{\alpha}$,则 $x\to\infty \Leftrightarrow \alpha\to 0$,于是有

$$\lim_{\alpha \to 0}(1+\alpha)^{\frac{1}{\alpha}} = e.$$

例 2.29 求 $\lim\limits_{x \to \infty}\left(\dfrac{x}{1+x}\right)^x$.

解 $\left(\dfrac{x}{1+x}\right)^x = \dfrac{1}{\left(1+\dfrac{1}{x}\right)^x}$，故

$$\lim_{x \to \infty}\left(\dfrac{x}{1+x}\right)^x = \lim_{x \to \infty}\dfrac{1}{\left(1+\dfrac{1}{x}\right)^x} = \dfrac{1}{\lim\limits_{x \to \infty}\left(1+\dfrac{1}{x}\right)^x} = \dfrac{1}{e}.$$

例 2.30 求 $\lim\limits_{x \to \infty}\left(1+\dfrac{2}{x}\right)^{3x}$.

解 令 $\alpha = \dfrac{2}{x}$，则当 $x \to \infty$ 时 $\alpha \to 0$. 故

$$\lim_{x \to \infty}\left(1+\dfrac{2}{x}\right)^{3x} = \lim_{\alpha \to 0}(1+\alpha)^{\frac{6}{\alpha}} = \lim_{\alpha \to 0}\left[(1+\alpha)^{\frac{1}{\alpha}}\right]^6 = e^6.$$

例 2.31 求 $\lim\limits_{x \to 0}\dfrac{\ln(1+x)}{x}$.

解 因为

$$\dfrac{\ln(1+x)}{x} = \dfrac{1}{x}\ln(1+x) = \ln(1+x)^{\frac{1}{x}},$$

而 $\lim\limits_{x \to 0}(1+x)^{\frac{1}{x}} = e$，根据复合函数的极限运算，得

$$\lim_{x \to 0}\dfrac{\ln(1+x)}{x} = \lim_{x \to 0}\dfrac{1}{x}\ln(1+x) = \lim_{x \to 0}\ln(1+x)^{\frac{1}{x}} = \ln\lim_{x \to 0}(1+x)^{\frac{1}{x}} = \ln e = 1.$$

例 2.32 求 $\lim\limits_{x \to 0}\dfrac{e^x - 1}{x}$.

解 令 $e^x - 1 = t$，则 $x = \ln(1+t)$，当 $x \to 0$ 时，$t \to 0$. 故

$$\lim_{x \to 0}\dfrac{e^x - 1}{x} = \lim_{t \to 0}\dfrac{t}{\ln(1+t)} = \lim_{t \to 0}\dfrac{1}{\dfrac{1}{t}\ln(1+t)} = \dfrac{1}{\lim\limits_{t \to 0}\dfrac{1}{t}\ln(1+t)} = 1.$$

注 以上列举了指数函数、对数函数与幂函数商的极限.

习题 2.4

求下列极限：

(1) $\lim\limits_{x \to 0}\dfrac{\sin ax}{\sin bx}$;

(2) $\lim\limits_{x \to 0}\dfrac{x^2}{\sin^2\dfrac{x}{3}}$;

(3) $\lim\limits_{x\to\infty} x \cdot \sin\dfrac{3}{x}$;

(4) $\lim\limits_{x\to 1}(x)^{\frac{1}{1-x}}$;

(5) $\lim\limits_{h\to 0}\dfrac{e^{x+h}-e^{x}}{h}$;

(6) $\lim\limits_{x\to 0}\dfrac{\ln(x+a)-\ln a}{x}$;

(7) $\lim\limits_{x\to e}\dfrac{\ln x-1}{x-e}$;

(8) $\lim\limits_{x\to 0}\dfrac{e^{\alpha x}-e^{\beta x}}{x}$;

(9) $\lim\limits_{x\to 0}\dfrac{\sin\alpha x-\sin\beta x}{x}$;

(10) $\lim\limits_{n\to\infty} n(e^{\frac{1}{n}}-1)$.

2.5 无穷小与无穷大

1. 无穷小

定义 2.8 若 $\lim\limits_{x\to x_0}f(x)=0$,则称 $f(x)$ 是当 $x\to x_0$ 时的无穷小.

在此定义中,将 $x\to x_0$ 换成 $x\to x_0^+$,$x\to x_0^-$,$x\to+\infty$,$x\to-\infty$,$x\to\infty$ 以及 $n\to\infty$,可定义不同形式的无穷小. 例如:

当 $x\to 0$ 时,函数 x^3,$\sin x$,$\tan x$ 都是无穷小.

当 $x\to+\infty$ 时,函数 $\dfrac{1}{x^2}$,$\left(\dfrac{1}{2}\right)^x$,$\dfrac{\pi}{2}-\arctan x$ 都是无穷小.

当 $n\to\infty$ 时,数列 $\left\{\dfrac{1}{n}\right\}$,$\left\{\dfrac{1}{2^n}\right\}$,$\left\{\dfrac{n}{n^2+1}\right\}$ 都是无穷小.

注 无穷小不是"很小的常数". 除去零外,任何常数,无论它的绝对值怎么小,都不是无穷小.

根据极限定义或极限四则运算定理,不难证明无穷小有以下性质.

性质 1 若函数 $f(x)$ 与 $g(x)$ $(x\to x_0)$ 都是无穷小,则函数 $f(x)\pm g(x)$ $(x\to x_0)$ 是无穷小.

性质 2 若函数 $f(x)$ $(x\to x_0)$ 是无穷小,函数 $g(x)$ 在 x_0 的某去心邻域 $\mathring{U}(x_0,\delta)$ 有界,则 $f(x)g(x)$ $(x\to x_0)$ 是无穷小.

特别地,若 $f(x)$ 与 $g(x)$ $(x\to x_0)$ 都是无穷小,则函数 $f(x)g(x)$ $(x\to x_0)$ 也是无穷小.

性质 3 $\lim\limits_{x\to x_0}f(x)=A \Leftrightarrow f(x)=A+\alpha(x)$,其中 $\alpha(x)$ $(x\to x_0)$ 是无穷小.

证明 只证性质 3.

必要性. 设 $\lim\limits_{x\to x_0}f(x)=A$,令 $\alpha(x)=f(x)-A$,则 $f(x)=A+\alpha(x)$,只需证明当 $x\to x_0$ 时 $\alpha(x)$ 是无穷小量.

事实上,因 $\lim_{x \to x_0} f(x) = A$, $\forall \varepsilon > 0$, $\exists \delta > 0$, 当 $0 < |x - x_0| < \delta$ 时, 有 $|f(x) - A| < \varepsilon$, 由定义 2.8 知, $\alpha(x) = f(x) - A$ 是无穷小.

充分性. 设 $f(x) = A + \alpha(x)$, 其中 $\alpha(x)(x \to x_0)$ 是无穷小, 则 $f(x) - A = \alpha(x)$. 因 $\alpha(x)(x \to x_0)$ 是无穷小, $\forall \varepsilon > 0$, $\exists \delta > 0$, 当 $0 < |x - x_0| < \alpha$ 时, 有 $|f(x) - A| = |\alpha(x)| < \varepsilon$.

所以 $\lim_{x \to x_0} f(x) = A$.

2. 无穷大

与无穷小相反的一类变量是无穷大. 如果当 $x \to x_0 (x \to \infty)$ 时, 对应的函数 $f(x)$ 的绝对值无限地增大, 则称当 $x \to x_0 (x \to \infty)$ 时, $f(x)$ 是无穷大.

定义 2.9 设 $f(x)$ 在 x_0 的某去心邻域有定义, 若对 $\forall M > 0$, $\exists \delta > 0$, 当 $0 < |x - x_0| < \delta$ 时, 有
$$|f(x)| > M,$$
则称函数 $f(x)$ 当 $x \to x_0$ 时是**无穷大**, 表示为
$$\lim_{x \to x_0} f(x) = \infty \quad \text{或} \quad f(x) \to \infty \quad (x \to x_0).$$
将定义中不等式 $|f(x)| > M$ 改为
$$f(x) > M \quad \text{或} \quad f(x) < -M,$$
则称函数 $f(x)$ 当 $x \to x_0$ 时是正无穷大或负无穷大. 分别表示为
$$\lim_{x \to x_0} f(x) = +\infty \quad \text{或} \quad f(x) \to +\infty \ (x \to x_0),$$
$$\lim_{x \to x_0} f(x) = -\infty \quad \text{或} \quad f(x) \to -\infty \ (x \to x_0).$$

注 无穷大不是数, 不能把无穷大与很大的数混为一谈.

例 2.33 证明: $\lim_{x \to 1} \dfrac{1}{x-1} = \infty$.

证明 $\forall M > 0$. 要使 $\left|\dfrac{1}{x-1}\right| = \dfrac{1}{|x-1|} > M$, 只需 $|x-1| < \dfrac{1}{M}$, 取 $\delta = \dfrac{1}{M}$, 于是 $\forall M > 0$, $\exists \delta = \dfrac{1}{M} > 0$, 当 $0 < |x - 1| < \delta$ 时, 有 $\left|\dfrac{1}{x-1}\right| > M$. 即
$$\lim_{x \to 1} \dfrac{1}{x-1} = \infty.$$

例 2.34 证明: $\lim_{x \to +\infty} a^x = +\infty \ (a > 1)$.

证明 $\forall M > 0 \ (M > 1)$, 要使不等式
$$a^x > M$$
成立, 解得 $x > \log_a M$, 取 $X = \log_a M$, 于是 $\forall M > 0$, $\exists X = \log_a M$, 当 $x > X$ 时, 有 $a^x > M$, 即

$$\lim_{x\to+\infty} a^x = +\infty \ (a>1).$$

3. 无穷小与无穷大的关系

定理 2.7 (1)若函数 $f(x)$ 当 $x\to x_0$ 时是无穷大,则 $\dfrac{1}{f(x)}$ 是无穷小;(2)若函数 $f(x)$ 当 $x\to x_0$ 时是无穷小,且 $f(x)\neq 0$,则 $\dfrac{1}{f(x)}$ 是无穷大.

证明 只证(2),(1)可类似地证明.

$\forall M>0$,因为当 $x\to x_0$ 时, $f(x)$ 是无穷小,对 $\varepsilon=\dfrac{1}{M}>0$, $\exists \delta>0$,当 $0<|x-x_0|<\delta$ 时,有 $|f(x)|<\dfrac{1}{M}$ 或 $\left|\dfrac{1}{f(x)}\right|>M$. 即函数 $\dfrac{1}{f(x)}$ 当 $x\to x_0$ 时是无穷大.

4. 无穷小的比较

首先比较 3 个无穷小 $\left\{\dfrac{1}{n}\right\}$, $\left\{\dfrac{1}{n^2}\right\}$ 与 $\left\{\dfrac{1}{n^3}\right\}$ ($n\to\infty$) 趋近于 0 的速度,见表 2.2.

表 2.2

n	1	2	4	8	10	⋯	100	⋯	$\to\infty$
$\dfrac{1}{n}$	1	0.5	0.25	0.125	0.1	⋯	0.01	⋯	$\to 0$
$\dfrac{1}{n^2}$	1	0.25	0.0625	0.015 625	0.01	⋯	0.0001	⋯	$\to 0$
$\dfrac{1}{n^3}$	1	0.0625	0.015 625	0.001 953	0.001	⋯	0.000 01	⋯	$\to 0$

由表 2.2 看到,这 3 个无穷小趋于 0 的速度有明显差异, $\left\{\dfrac{1}{n^2}\right\}$ 比 $\left\{\dfrac{1}{n}\right\}$ 快,而 $\left\{\dfrac{1}{n^3}\right\}$ 比 $\left\{\dfrac{1}{n^2}\right\}$ 快.

定义 2.10 设 $f(x)$ 与 $g(x)$ 当 $x\to x_0$ 时都是无穷小,且 $g(x)\neq 0$.

(1) 若 $\lim\limits_{x\to x_0}\dfrac{f(x)}{g(x)}=0$,则称 $f(x)$ 是比 $g(x)$ 高阶的无穷小. 记为
$$f(x) = o(g(x)) \ (x\to x_0).$$

(2) 若 $\lim\limits_{x\to x_0}\dfrac{f(x)}{g(x)}=b\neq 0$,则称 $f(x)$ 与 $g(x)$ 是同阶无穷小. 记为
$$f(x) = O(g(x)) \ (x\to x_0).$$

(3) 若 $\lim\limits_{x \to x_0} \dfrac{f(x)}{g(x)} = 1$，则称 $f(x)$ 与 $g(x)$ 是等价无穷小，记为
$$f(x) \sim g(x) \quad (x \to x_0).$$

(4) 若以 $x(x \to 0)$ 为标准无穷小，且 $f(x)$ 与 $x^\alpha (\alpha > 0)$ 是同阶无穷小，则称 $f(x)$ 是关于 x 的 α 阶无穷小.

例如，(1) 因 $\lim\limits_{x \to 0} \dfrac{\tan x}{x} = \lim\limits_{x \to 0} \dfrac{\sin x}{x} \cdot \lim\limits_{x \to 0} \dfrac{1}{\cos x} = 1$，所以 $\tan x$ 与 x 是等价无穷小，即 $\tan x \sim x$.

(2) 因 $\lim\limits_{x \to 0} \dfrac{1 - \cos x}{x^2} = \lim\limits_{x \to 0} \dfrac{\sin^2 \dfrac{x}{2}}{2 \left(\dfrac{x}{2}\right)^2} = \dfrac{1}{2}$，所以 $1 - \cos x$ 是关于 x 的二阶无穷小.

(3) 因 $\lim\limits_{x \to 0} \dfrac{3x^4 - x^3 + x^2}{5x^2} = \lim\limits_{x \to 0} \left(\dfrac{3}{5}x^2 - \dfrac{1}{5}x + \dfrac{1}{5}\right) = \dfrac{1}{5}$，所以 $3x^4 - x^3 + x^2$ 与 $5x^2$ 是同阶无穷小.

关于等价无穷小，有一个重要性质，即：

设 $\alpha \sim \alpha'$，$\beta \sim \beta'$，且 $\lim \dfrac{\beta'}{\alpha'}$ 存在，则 $\lim \dfrac{\beta}{\alpha}$ 也存在，且
$$\lim \dfrac{\beta}{\alpha} = \lim \dfrac{\beta'}{\alpha'}.$$

这是因为 $\lim \dfrac{\beta}{\alpha} = \lim \left(\dfrac{\beta}{\beta'} \cdot \dfrac{\beta'}{\alpha'} \cdot \dfrac{\alpha'}{\alpha}\right) = \lim \dfrac{\beta}{\beta'} \lim \dfrac{\beta'}{\alpha'} \lim \dfrac{\alpha'}{\alpha} = \lim \dfrac{\beta'}{\alpha'}$.

这个性质表明，求两个无穷小之比的极限时，分子及分母都可用等价无穷小来代替. 因此，如果用来代替的无穷小选得适当的话，可以使计算简化.

例 2.35 求 $\lim\limits_{x \to 0} \dfrac{\tan 2x}{\sin 5x}$.

解 当 $x \to 0$ 时，$\tan 2x \sim 2x$，$\sin 5x \sim 5x$，所以
$$\lim\limits_{x \to 0} \dfrac{\tan 2x}{\sin 5x} = \lim\limits_{x \to 0} \dfrac{2x}{5x} = \dfrac{2}{5}.$$

例 2.36 求 $\lim\limits_{x \to 0} \dfrac{\sin x}{x^3 + 3x}$.

解 当 $x \to 0$ 时，$\sin x \sim x$，无穷小 $x^3 + 3x$ 与它本身显然是等价的，所以
$$\lim\limits_{x \to 0} \dfrac{\sin x}{x^3 + 3x} = \lim\limits_{x \to 0} \dfrac{x}{x(x^2 + 3)} = \lim\limits_{x \to 0} \dfrac{1}{x^2 + 3} = \dfrac{1}{3}.$$

习题 2.5

1. 当 $x \to 1$ 时，无穷小 $1 - x$ 与下列无穷小是否同阶？是否等价？

(1) $\dfrac{1}{3}(1-\sqrt[3]{x})$；　　　　　　　　(2) $1-\sqrt{x}$．

2. 当 $x\to 0$ 时，试决定下列无穷小对于 x 的阶数：

(1) $x^3+1000x^2$；　　　　　　　(2) $\sqrt{a+x^4}-\sqrt{a}\,(a>0)$；

(3) $\sqrt{\sin^2 x+x^4}$．

3. 下列函数当 $x\to\infty$ 时均有极限，把它们表示为常数与一个当 $x\to\infty$ 时的无穷小之和的形式．

(1) $f(x)=\dfrac{x^3}{x^3-1}$；　　　　　　(2) $f(x)=\dfrac{x^2}{2x^2+1}$；

(3) $f(x)=\dfrac{1-x^2}{1+x^2}$．

4. 已知 $\lim\limits_{x\to\infty}\left(\dfrac{x^2+1}{x+1}-ax-b\right)=0$，求常数 a 和 b．

5. 设 $f(x)=\begin{cases} e^x+1, & x>0 \\ x+b, & x\leqslant 0. \end{cases}$ 问 b 取什么值时 $\lim\limits_{x\to 0}f(x)$ 存在？

6. 类似于无穷小，也可以对两个无穷大的阶进行比较．试给出"同阶无穷大"，"高阶无穷大"，"等价无穷大"的定义．

7. 当 $x\to+\infty$ 时，试比较下列无穷大的阶：

(1) 2^x 与 3^x；　　　　　　　(2) $\sqrt{x^3+x+1}$ 与 $\sqrt{x+\sin x}$；

(3) $\ln(x+\sqrt{x^2+1})$ 与 $\sqrt{x^2+x+1}$．

2.6　连续函数

自然界中许多现象，如空气或水的流动、气温的变化、生物的生长等，都是连续不断地在运动和变化．这种现象反映到数学关系上，就是函数的连续性．

1. 连续函数的概念

实际应用中遇到的函数常有这样一个特点：当自变量的改变非常小时，相应的函数值的改变也非常小．如气温作为时间的函数，就有这种性质．为了用数学表达函数的上述特性，先介绍增量(改变量)的概念．

在函数 $y=f(x)$ 的定义域中，设自变量 x 由 x_0 变到 x_1，相应的函数值由 $f(x_0)$ 变到 $f(x_1)$，称差 $\Delta x=x_1-x_0$ 为自变量 x 的增量(改变量)，相应的
$$\Delta y=f(x_1)-f(x_0)=f(x_0+\Delta x)-f(x_0)$$
称为函数 $y=f(x)$ 的增量．

注 Δx，Δy 是完整的记号，它们可正、可负，也可为零.

下面给出连续函数的定义.

定义 2.11 设函数 $f(x)$ 在 x_0 及其邻域有定义，如果当自变量的增量趋于 0 时，相应的函数的增量也趋于 0，即

$$\lim_{\Delta x \to 0} \Delta y = 0 \quad 或 \quad \lim_{\Delta x \to 0} [f(x_0 + \Delta x) - f(x_0)] = 0. \tag{2.7}$$

则称函数 $y = f(x)$ 在点 x_0 连续.

由于

$$\lim_{\Delta x \to 0} [f(x_0 + \Delta x) - f(x_0)] = 0 \Leftrightarrow \lim_{\Delta x \to 0} f(x_0 + \Delta x) = f(x_0),$$

如用 x 记 $x_0 + \Delta x$，则 $\Delta x \to 0 \Leftrightarrow x \to x_0$，于是

$$\lim_{x \to x_0} f(x) = f(x_0). \tag{2.8}$$

故定义 2.11 可叙述为下面的形式.

定义 2.12 设函数 $y = f(x)$ 在 x_0 及其邻域有定义，若

$$\lim_{x \to x_0} f(x) = f(x_0),$$

则称函数 $y = f(x)$ 在点 x_0 连续.

用"ε-δ"语言，可将函数在一点连续的定义叙述如下.

定义 2.13 若对 $\forall \varepsilon > 0$，$\exists \delta > 0$，当 $|x - x_0| < \delta$ 时，不等式

$$|f(x) - f(x_0)| < \varepsilon$$

恒成立，则称函数 $f(x)$ 在点 x_0 连续.

由表达式(2.8)可知，$f(x)$ 在点 x_0 连续必须满足以下 3 个条件.

(1) $f(x)$ 在点 x_0 有确切的函数值 $f(x_0)$；

(2) 当 $x \to x_0$ 时，$f(x)$ 有确定的极限；

(3) 这个极限值就等于 $f(x_0)$.

定义 2.14 设函数 $y = f(x)$ 在点 x_0 及其左邻域(右邻域)有定义，若

$$\lim_{x \to x_0^-} f(x) = f(x_0) \quad (\lim_{x \to x_0^+} f(x) = f(x_0)),$$

则函数 $f(x)$ 在点 x_0 左连续(右连续).

定义 2.15 如果函数 $f(x)$ 在开区间 (a, b) 内每一点都连续，则称函数 $f(x)$ 在区间 (a, b) 内连续；如果函数 $f(x)$ 在 (a, b) 内连续，同时在 a 点右连续，在 b 点左连续，则称函数 $f(x)$ 在闭区间 $[a, b]$ 上连续.

从几何上看，$f(x)$ 的连续性表示，当横轴上两点距离充分小时，函数图形上的对应点的纵坐标之差也很小，这说明连续函数的图形是一条无间隙的连续曲线.

例 2.37 多项式函数和有理函数在其定义域内是连续的.

例 2.38 $f(x) = \sin x$ 在 $\mathbb{R}$ 连续.

证明 任取 $x_0 \in \mathbb{R}$,对 $\forall x \in \mathbb{R}$,有不等式

$$\left|\cos\frac{x+x_0}{2}\right| \leqslant 1 \quad \text{与} \quad \left|\sin\frac{x-x_0}{2}\right| \leqslant \frac{|x-x_0|}{2}.$$

$\forall \varepsilon > 0$,要使不等式

$$|\sin x - \sin x_0| = 2\left|\cos\frac{x+x_0}{2}\right|\left|\sin\frac{x-x_0}{2}\right| \leqslant 2\frac{|x-x_0|}{2} = |x-x_0| < \varepsilon$$

成立. 只需取 $\delta = \varepsilon$,于是,$\forall \varepsilon > 0$,$\exists \delta = \varepsilon > 0$. $\forall x$:$|x-x_0| < \delta$,有 $|\sin x - \sin x_0| < \varepsilon$,即

$$\lim_{x \to x_0} \sin x = \sin x_0,$$

因此正弦函数 $\sin x$ 在 x_0 连续. 由 x_0 的任意性,$\sin x$ 在 $\mathbb{R}$ 连续.

2. 函数的间断点

定义 2.16 如果函数 $y = f(x)$ 在点 x_0 不满足连续性定义的条件,则称函数 $f(x)$ 在点 x_0 间断(或不连续). x_0 称为函数 $f(x)$ 的间断点(或不连续点).

$f(x)$ 在点 x_0 不满足连续性定义的条件有以下 3 种情况:

(1) 函数 $f(x)$ 在点 x_0 无定义;

(2) 函数 $f(x)$ 在点 x_0 有定义,但 $\lim\limits_{x \to x_0} f(x)$ 不存在;

(3) 在 $x = x_0$ 处 $f(x)$ 有定义,$\lim\limits_{x \to x_0} f(x)$ 存在,但 $\lim\limits_{x \to x_0} f(x) \neq f(x_0)$.

因此,间断点分为以下 2 类.

定义 2.17 若 x_0 为 $f(x)$ 的间断点,但 $f(x)$ 在点 x_0 的左、右极限都存在,则称 x_0 为 $f(x)$ 的第一类间断点.

例 2.39 讨论 $f(x) = \begin{cases} \dfrac{x}{|x|}, & x \neq 0 \\ 0, & x = 0 \end{cases}$,在 $x = 0$ 点的连续性.

解 $\lim\limits_{x \to 0^-} f(x) = -1$,$\lim\limits_{x \to 0^+} f(x) = 1$. 左极限和右极限都存在,但不相等,$f(x)$ 在 $x = 0$ 不连续(图 2.8).

定义 2.18 若 $f(x)$ 在 x_0 的左、右极限至少有一个不存在,称 x_0 为 $f(x)$ 的第二类间断点.

例 2.40 $f(x) = \begin{cases} \dfrac{1}{x}, & x \neq 0 \\ 0, & x = 0 \end{cases}$,$x = 0$ 是 $f(x)$ 的第几类间断点?

解 函数在 $x = 0$ 点的左、右极限不存在,所以 $x = 0$ 是 $f(x)$ 的第二类间断点(图 2.9).

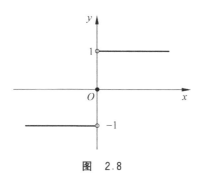

图 2.8

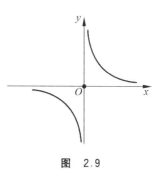

图 2.9

例 2.41 $f(x)=\begin{cases}\sin\dfrac{1}{x}, & x\neq 0,\\ 0, & x=0.\end{cases}$ $x=0$ 是 $f(x)$ 的第几类间断点?

解 函数在 $x=0$ 点的左、右极限不存在,所以 $x=0$ 是 $f(x)$ 的第二类间断点(图 2.10).

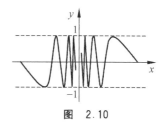

图 2.10

定义 2.19 若 $f(x)$ 在 x_0 的左、右极限存在且相等,但不等于 $f(x_0)$,或 $f(x_0)$ 无意义,则称 x_0 为 $f(x)$ 的可去间断点.

若 x_0 是 $f(x)$ 的可去间断点,则改变点 x_0 的函数值或适当定义在点 x_0 的函数值,可使函数 $f(x)$ 在点 x_0 连续,这就是"可去"的含义.

例 2.42 $f(x)=\begin{cases}x, & x\neq 1,\\ \dfrac{1}{2}, & x=1.\end{cases}$ 求 $f(x)$ 的间断点,并判断间断点类型.

解 显然,$f(1)=\dfrac{1}{2}$,$\lim\limits_{x\to 1}f(x)=1$,所以 $\lim\limits_{x\to 1}f(x)\neq f(1)$,故 $x=1$ 是 $f(x)$ 的可去间断点(图 2.11).

例 2.43 求 $f(x)=\dfrac{x^2-1}{x-1}$ 的间断点,并判断间断点类型.

解
$$\lim_{x\to 1}\frac{x^2-1}{x-1}=\lim_{x\to 1}(x+1)=2,$$

但 $f(x)$ 在 $x=1$ 点无意义,故在 $x=1$ 处 $f(x)$ 间断.

若补充定义

$$f(x)=\begin{cases}\dfrac{x^2-1}{x-1}, & x\neq 1,\\ 2, & x=1,\end{cases}$$

则 $f(x)$ 在 $x=1$ 处连续,$x=1$ 是 $f(x)$ 的可去间断点(如图 2.12).

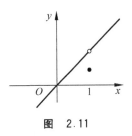
图 2.11

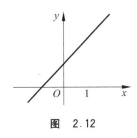
图 2.12

3. 初等函数的连续性

由于初等函数是由基本初等函数经过有限次加、减、乘、除运算及有限次复合而成的. 因而只需讨论基本初等函数的连续性, 以及经上述运算后得出的函数的连续性. 又由于三角函数和对应的反三角函数、指数函数与对数函数互为反函数. 因此还需证明反函数的连续性.

定理 2.8 若函数 $f(x)$ 与 $g(x)$ 都在 x_0 连续, 则函数

$$f(x) \pm g(x), \quad f(x)g(x), \quad \frac{f(x)}{g(x)} \ (g(x_0) \neq 0)$$

在 x_0 也连续.

(证明略.)

定理 2.9 若函数 $y = \varphi(x)$ 在 x_0 连续, 且 $y_0 = \varphi(x_0)$, 而函数 $z = f(y)$ 在 y_0 连续, 则复合函数 $z = f[\varphi(x)]$ 在 x_0 连续.

证明 已知 $z = f(y)$ 在 y_0 连续, 即 $\forall \varepsilon > 0, \exists \eta > 0, \forall y: |y - y_0| < \eta$, 有 $|f(y) - f(y_0)| < \varepsilon$.

又已知 $y = \varphi(x)$ 在 x_0 连续, 且 $y_0 = \varphi(x_0)$, 即对上述 $\eta > 0, \exists \delta > 0, \forall x: |x - x_0| < \delta$, 有

$$|\varphi(x) - \varphi(x_0)| = |y - y_0| < \eta.$$

于是, $\forall \varepsilon > 0 (\exists \eta > 0, 从而) \exists \delta > 0, \forall x: |x - x_0| < \delta, 有 (|\varphi(x) - \varphi(x_0)| = |y - y_0| < \eta,$ 从而)

$$|f[\varphi(x)] - f[\varphi(x_0)]| = |f(y) - f(y_0)| < \varepsilon.$$

注 在定理 2.9 中, 把函数 $y = \varphi(x)$ 在 x_0 连续改为 $\lim\limits_{x \to x_0} \varphi(x)$ 存在, 则有下面的命题.

命题 若 $\lim\limits_{x \to x_0} \varphi(x) = y_0$, 而函数 $z = f(y)$ 在 y_0 连续, 则当 $x \to x_0$ 时, 极限 $\lim\limits_{x \to x_0} f[\varphi(x)]$ 存在, 且

$$\lim\limits_{x \to x_0} f[\varphi(x)] = f(y_0).$$

于是, 由 $\lim\limits_{x \to x_0} \varphi(x) = y_0$ 及 $\lim\limits_{x \to x_0} f[\varphi(x)] = f(y_0)$, 则有

$$\lim_{x \to x_0} f[\varphi(x)] = f(\lim_{x \to x_0} \varphi(x)).$$

即在命题的条件下,函数符号 f 与极限符号可以交换次序.

在命题中,把 $x \to x_0$ 换成 $x \to \infty$,可得类似的结论.

定理 2.10 严格单调增加(或减少)的连续函数的反函数也是严格单调增加(或减少)的连续函数.

(证明略.)

现在讨论基本初等函数的连续性.

(1) 三角函数的连续性.

前面已经证明了正弦函数 $y = \sin x$ 在 $(-\infty, \infty)$ 内连续. 用类似的方法可以证明余弦函数 $y = \cos x$ 在 $(-\infty, \infty)$ 内连续. 再由定理 2.8,立即可以得到函数 $\tan x, \cot x, \sec x, \csc x$ 在其定义域内是连续的.

(2) 反三角函数(主值支)在其定义域上都符合反函数连续性的条件,故它们在各自的定义域上连续.

(3) 指数函数 $y = a^x (a > 0, a \neq 1)$ 在 $(-\infty, \infty)$ 连续. (证明略)

(4) 对数函数是指数函数的反函数,指数函数是严格单调的函数,在其定义域上符合反函数连续性定理的条件,故对数函数在其定义域上是连续的.

(5) 幂函数 $y = x^\mu$ 在定义域 $(0, \infty)$ 连续.

事实上, $y = x^\mu = e^{\mu \ln x}$,由指数函数、对数函数的连续性以及复合函数的连续性定理,立即得到幂函数的连续性.

综合以上讨论可得下面的结论.

定理 2.11 基本初等函数在其定义域上是连续的.

由基本初等函数的连续性,及连续函数的四则运算和复合函数的连续性即可证得下面定理.

定理 2.12 一切初等函数在其定义域内都是连续的.

这个结论对判别函数的连续性和求函数的极限都很方便. 例如,若函数 $f(x)$ 是初等函数,且点 x_0 属于函数 $f(x)$ 的定义域,那么函数 $f(x)$ 在点 x_0 连续.

求初等函数 $f(x)$ 在定义域内一点 x_0 的极限就化为求函数 $f(x)$ 在点 x_0 的函数值.

4. 闭区间上连续函数的性质

定理 2.13(有界性定理) 若函数 $f(x)$ 在闭区间 $[a, b]$ 上连续,则它在 $[a, b]$ 上有界. 即存在 $M > 0, \forall x \in [a, b]$,有 $|f(x)| \leqslant M$.

一般说来,开区间上的连续函数不一定有界. 例如 $f(x) = \dfrac{1}{x}$ 在 $(0, 1)$ 上连续,但它无界.

定理 2.14（最值定理） 若函数 $f(x)$ 在闭区间 $[a,b]$ 上连续，则 $f(x)$ 在 $[a,b]$ 上必有最小值和最大值. 即在 $[a,b]$ 上至少有一点 ξ_1 和一点 ξ_2，$\forall x \in [a,b]$，有

$$f(\xi_1) \leqslant f(x) \leqslant f(\xi_2).$$

这时，$f(\xi_1)$ 就是 $f(x)$ 在 $[a,b]$ 上的最小值，$f(\xi_2)$ 就是最大值. 达到最小值和最大值的点 ξ_1 或 ξ_2 有可能是闭区间的端点，并且这样的点未必是惟一的（如图 2.13）.

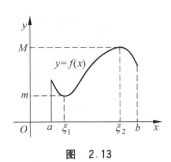

图 2.13

注 （1）开区间内连续的函数不一定有此性质. 如函数 $f(x) = \tan x$ 在 $\left(-\dfrac{\pi}{2}, \dfrac{\pi}{2}\right)$ 连续，但

$$\lim_{x \to \frac{\pi}{2}^-} \tan x = +\infty, \quad \lim_{x \to -\frac{\pi}{2}^+} \tan x = -\infty,$$

所以 $f(x) = \tan x$ 在 $\left(-\dfrac{\pi}{2}, \dfrac{\pi}{2}\right)$ 就取不到最大值与最小值.

（2）若函数在闭区间上有间断点，也不一定有此性质. 例如函数

$$y = f(x) = \begin{cases} -x+1, & 0 \leqslant x < 1, \\ 1, & x = 1, \\ -x+3, & 1 < x \leqslant 2 \end{cases}$$

在闭区间 $[0,2]$ 上有一间断点 $x=1$，它取不到最大值和最小值（图 2.14）.

定理 2.15（零点定理） 若函数 $f(x)$ 在闭区间 $[a,b]$ 上连续，且 $f(a)$ 与 $f(b)$ 异号，则在 (a,b) 内至少存在一点 ξ，使

$$f(\xi) = 0.$$

其几何意义是：在闭区间 $[a,b]$ 上定义的连续曲线 $y = f(x)$ 在两个端点 a 与 b 的图像分别在 x 轴的两侧，则此连续曲线至少与 x 轴有一个交点，交点的横坐标即 ξ（图 2.15）.

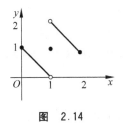

图 2.14

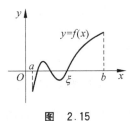

图 2.15

定理 2.15 说明，如 $f(x)$ 是闭区间 $[a,b]$ 上的连续函数，且 $f(a)$ 与 $f(b)$ 异号，则方程 $f(x) = 0$ 在 (a,b) 内至少有一个根.

例 2.44 估计方程 $x^3-6x+2=0$ 的根的位置.

解 设 $f(x)=x^3-6x+2$,则 $f(x)$ 在 $(-\infty,+\infty)$ 连续.
$f(-3)=-7<0$,　$f(-2)=6>0$,　$f(-1)=7>0$,　$f(0)=2>0$,
$f(1)=-3<0$,　$f(2)=-2<0$,　$f(3)=11>0$.

根据定理 2.15,方程在 $(-3,-2)$,$(0,1)$,$(2,3)$ 内各至少有一个根. 再因该方程为三次方程,至多有 3 个根,因此在区间 $(-3,-2)$,$(0,1)$ 和 $(2,3)$ 内,各有方程 $x^3-6x+2=0$ 的一个根.

定理 2.16（介值性定理） 若函数 $f(x)$ 在闭区间 $[a,b]$ 上连续,M 与 m 分别是 $f(x)$ 在 $[a,b]$ 上的最大值和最小值,c 是 M,m 间任意数（即 $m \leqslant c \leqslant M$）,则在 $[a,b]$ 上至少存在一点 ξ,使
$$f(\xi)=c.$$

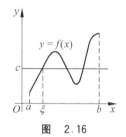

图 2.16

证明 如果 $m=M$,则函数 $f(x)$ 在 $[a,b]$ 上是常数,定理显然成立. 如果 $m<M$,则在闭区间 $[a,b]$ 上必存在两点 x_1 和 x_2,使 $f(x_1)=m$,$f(x_2)=M$. 如图 2.16 所示,不妨设 $x_1<x_2$ 且 $m<c<M$. 作函数 $\phi(x)=f(x)-c$,$\phi(x)$ 在 $[a,b]$ 连续且 $\phi(x_1)=f(x_1)-c<0$,$\phi(x_2)=f(x_2)-c>0$.

由零点存在定理,在区间 (x_1,x_2) 内至少存在一点 ξ,使 $\phi(\xi)=f(\xi)-c=0$,即
$$f(\xi)=c.$$

习题 2.6

1. 如果 $f(x)$ 在 x_0 连续,问 $|f(x)|$ 和 $f^2(x)$ 在 x_0 是否连续? 又如果 $|f(x)|$ 或 $f^2(x)$ 在 x_0 连续,问 $f(x)$ 在 x_0 是否连续? 为什么?

2. 当 $x=2$ 时,函数 $f(x)=\arctan\dfrac{1}{x-2}$ 没有意义,能否确定 $f(2)$ 的值,使函数 $f(x)$ 在 $x=2$ 处连续?

3. 研究函数
$$f(x)=\begin{cases} \dfrac{1}{x+5}, & x<-5, \\ \sqrt{25-x^2}, & -5\leqslant x<4, \\ 5, & x\geqslant 4 \end{cases}$$
的连续性.

4. 求下列函数的连续区间,若有间断点,请指明它是何种间断点:

(1) $y=\dfrac{1+x^3}{1+x}$.　　　　　　　　　　(2) $y=\ln(\cos x)$.

(3) $y=(1+2x)^{\frac{1}{x}}$.

5. 试定义 $f(0)$ 的值，使得下列函数 $f(x)$ 在 $x=0$ 处连续：

(1) $f(x)=\dfrac{e^x-e^{-x}}{x}$; (2) $f(x)=\dfrac{\sqrt{1+x}-1}{\sqrt[3]{1+x}-1}$;

(3) $f(x)=\dfrac{e^{\sin x}-1}{x}$.

6. 设函数 $f(x)$ 在 $[a,b]$ 上连续，且 $f(a)<a, f(b)>b$，试证明：在 (a,b) 内至少存在一点 ξ，使得 $f(\xi)=\xi$.

7. 设函数 $f(x)$ 在 (a,b) 内连续，且 $f(a+0)$ 与 $f(b-0)$ 都存在，证明：函数 $f(x)$ 在 (a,b) 有界.

第 3 章 导数与微分

在第 1 章已经看到,切线和速度等问题的讨论,都归结为以下形式的极限:
$$\lim_{x \to x_0} \frac{f(x) - f(x_0)}{x - x_0}.$$
本章就来系统地研究这样的极限.

3.1 导数

1. 导数概念

定义 3.1 设函数 $y = f(x)$ 在点 x_0 的某邻域 $U(x_0)$ 内有定义,在点 x_0 自变量的增量是 Δx,相应地函数的增量是 $\Delta y = f(x_0 + \Delta x) - f(x_0)$. 若极限

$$\lim_{\Delta x \to 0} \frac{\Delta y}{\Delta x} = \lim_{\Delta x \to 0} \frac{f(x_0 + \Delta x) - f(x_0)}{\Delta x} \tag{3.1}$$

存在,则称函数 $f(x)$ 在点 x_0 可导(或存在导数),此极限称为函数 $f(x)$ 在点 x_0 的**导数**(或微商),记为 $f'(x_0)$ 或 $\left.\dfrac{\mathrm{d}y}{\mathrm{d}x}\right|_{x=x_0}$,即

$$f'(x_0) = \lim_{\Delta x \to 0} \frac{f(x_0 + \Delta x) - f(x_0)}{\Delta x}$$

或

$$\left.\frac{\mathrm{d}y}{\mathrm{d}x}\right|_{x=x_0} = \lim_{\Delta x \to 0} \frac{f(x_0 + \Delta x) - f(x_0)}{\Delta x}.$$

若极限(3.1)不存在,则称函数 $f(x)$ 在点 x_0 不可导.

如果物体沿直线运动的规律是 $s = f(t)$,则物体在时刻 t_0 的瞬时速度 v_0 是 $f(t)$ 在 t_0 的导数 $f'(t_0)$;如果曲线的方程是 $y = f(x)$,则曲线在点 $P(x_0, y_0)$ 的切线斜率 k 是 $f(x)$ 在 x_0 的导数 $f'(x_0)$,即 $k = f'(x_0)$.

有时为了方便也将极限(3.1)改写为下列形式:

$$f'(x_0) = \lim_{h \to 0} \frac{f(x_0 + h) - f(x_0)}{h}, \quad \Delta x = h$$

或
$$f'(x_0) = \lim_{x \to x_0} \frac{f(x) - f(x_0)}{x - x_0}, \quad x = x_0 + \Delta x.$$

在(3.1)式中,如果自变量的增量 Δx 只从大于 0 的方向或只从小于 0 的方向趋近于 0,则有

定义 3.2 设 $y = f(x)$ 在 $(x_0 - \delta, x_0]$ 有定义,若左极限

$$\lim_{\Delta x \to 0^-} \frac{f(x_0 + \Delta x) - f(x_0)}{\Delta x}$$

存在,则称函数 $f(x)$ 在 x_0 左侧可导,并把上述左极限称为函数 $f(x)$ 在 x_0 的左导数,记作 $f'_-(x_0)$,即

$$f'_-(x_0) = \lim_{\Delta x \to 0^-} \frac{f(x_0 + \Delta x) - f(x_0)}{\Delta x}.$$

类似地可以定义函数 $f(x)$ 在 x_0 的右侧可导性及右导数

$$f'_+(x_0) = \lim_{\Delta x \to 0^+} \frac{f(x_0 + \Delta x) - f(x_0)}{\Delta x}.$$

由极限存在的条件,则有下面的结论.

定理 3.1 函数 $f(x)$ 在 x_0 可导 $\Leftrightarrow$ 函数 $f(x)$ 在 x_0 的左、右导数都存在并且相等,即

$$f'_-(x_0) = f'_+(x_0).$$

定理 3.2 若函数 $f(x)$ 在 x_0 可导,则函数 $f(x)$ 在 x_0 连续.

证明 设在 x_0 自变量的增量是 Δx,相应地函数的增量是

$$\Delta y = f(x_0 + \Delta x) - f(x_0),$$

有

$$\lim_{\Delta x \to 0} \Delta y = \lim_{\Delta x \to 0} \frac{\Delta y}{\Delta x} \cdot \Delta x = \lim_{\Delta x \to 0} \frac{\Delta y}{\Delta x} \cdot \lim_{\Delta x \to 0} \Delta x = f'(x_0) \cdot 0 = 0.$$

即函数 $f(x)$ 在 x_0 连续.

注 定理 3.2 的逆命题不成立,即函数在一点连续,函数在该点不一定可导. 例如函数 $f(x) = |x|$ 在 $x = 0$ 连续,但是它在 $x = 0$ 不可导.

事实上,设在 $x = 0$ 自变量的增量是 Δx,分别有

当 $\Delta x > 0$ 时,
$\Delta y = f(\Delta x) - f(0) = |\Delta x| = \Delta x$,
$\dfrac{\Delta y}{\Delta x} = \dfrac{\Delta x}{\Delta x} = 1$,
$f'_+(0) = \lim\limits_{\Delta x \to 0^+} \dfrac{\Delta y}{\Delta x} = 1.$

当 $\Delta x < 0$ 时,
$\Delta y = f(\Delta x) - f(0) = |\Delta x| = -\Delta x$,
$\dfrac{\Delta y}{\Delta x} = \dfrac{-\Delta x}{\Delta x} = -1$,
$f'_-(0) = \lim\limits_{\Delta x \to 0^-} \dfrac{\Delta y}{\Delta x} = -1.$

$f'_-(x_0) \neq f'_+(x_0)$,于是函数 $f(x) = |x|$ 在 $x = 0$ 不可导(如图 3.1).

定义 3.3 若函数 $f(x)$在区间 I 的每一点都可导(若区间 I 的左(右)端点属于 I,函数 $f(x)$在左(右)端点右可导(左可导)),则称函数 $f(x)$在区间 I 可导.

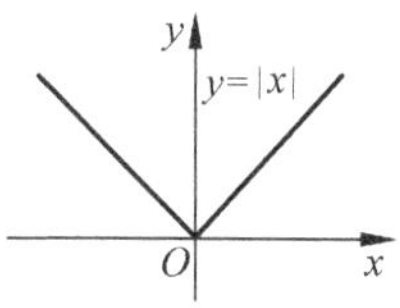

图 3.1

若函数 $f(x)$在区间 I 可导,则 $\forall x\in I$,都存在(对应)惟一一个导数 $f'(x)$,根据定义,$f'(x)$是区间 I 上的函数,称为函数 $f(x)$在区间 I 上的**导函数**,也简称为导数,记为 $f'(x)$,y'或$\dfrac{\mathrm{d}y}{\mathrm{d}x}$.

2. 例

根据导数定义,求函数 $f(x)$在点 x 的导数,应按下列步骤进行:

第 1 步 求增量:在点 x 给自变量以改变量 Δx,计算函数改变量

$$\Delta y = f(x+\Delta x) - f(x);$$

第 2 步 作比值:$\dfrac{\Delta y}{\Delta x}=\dfrac{f(x+\Delta x)-f(x)}{\Delta x}$;

第 3 步 取极限:$\lim\limits_{\Delta x\to 0}\dfrac{\Delta y}{\Delta x}=f'(x)$.

为了简化叙述,在以下诸例中,Δx 都是表示点 x 的自变量的改变量,Δy 都是表示函数相应的改变量.

例 3.1 求 $f(x)=c$(c 是常数)在点 x 的导数.

解 $f(x+\Delta x)=c$,$\Delta y=f(x+\Delta x)-f(x)=c-c=0$,

$$\frac{\Delta y}{\Delta x} = \frac{0}{\Delta x} = 0,$$

则

$$\lim_{\Delta x\to 0}\frac{\Delta y}{\Delta x} = 0,$$

即常数函数的导数为 0.

例 3.2 求函数 $f(x)=x^n$(n 是正整数)在点 x 的导数.

解 $f(x+\Delta x)=(x+\Delta x)^n$,

$$\begin{aligned}\Delta y &= f(x+\Delta x)-f(x)=(x+\Delta x)^n-x^n\\ &=nx^{n-1}\Delta x+\frac{n(n-1)}{2!}x^{n-2}(\Delta x)^2+\cdots+(\Delta x)^n,\end{aligned}$$

$$\frac{\Delta y}{\Delta x}=\frac{(x+\Delta x)^n-x^n}{\Delta x}=nx^{n-1}+\frac{n(n-1)}{2!}x^{n-2}\Delta x+\cdots+(\Delta x)^{n-1},$$

有
$$\lim_{\Delta x \to 0} \frac{\Delta y}{\Delta x} = \lim_{\Delta x \to 0} \left(nx^{n-1} + \frac{n(n-1)}{2!} x^{n-2} \Delta x + \cdots + (\Delta x)^{n-1} \right) = nx^{n-1},$$

即
$$(x^n)' = nx^{n-1}.$$

特别是,当 $n=1$ 时,有 $(x)'=1$.

以后将证明,对任意的实数 α,有 $(x^\alpha)' = \alpha x^{\alpha-1}$.

例 3.3 求函数 $f(x) = \sqrt{x}\,(x>0)$ 的导数.

解 $f(x+\Delta x) = \sqrt{x+\Delta x}\ (x+\Delta x > 0)$,

$$\Delta y = f(x+\Delta x) - f(x) = \sqrt{x+\Delta x} - \sqrt{x},$$

$$\frac{\Delta y}{\Delta x} = \frac{\sqrt{x+\Delta x} - \sqrt{x}}{\Delta x} = \frac{(\sqrt{x+\Delta x} - \sqrt{x})(\sqrt{x+\Delta x} + \sqrt{x})}{\Delta x (\sqrt{x+\Delta x} + \sqrt{x})} = \frac{1}{\sqrt{x+\Delta x} + \sqrt{x}},$$

有
$$\lim_{\Delta x \to 0} \frac{\Delta y}{\Delta x} = \lim_{\Delta x \to 0} \frac{\sqrt{x+\Delta x} - \sqrt{x}}{\Delta x} = \lim_{\Delta x \to 0} \frac{1}{\sqrt{x+\Delta x} + \sqrt{x}} = \frac{1}{2\sqrt{x}},$$

即 $(\sqrt{x})' = \dfrac{1}{2\sqrt{x}}$.

例 3.4 求正弦函数 $f(x) = \sin x$ 的导函数.

解 $\forall x \in \mathbb{R}, f(x+\Delta x) = \sin(x+\Delta x)$,

$$\Delta y = f(x+\Delta x) - f(x) = \sin(x+\Delta x) - \sin x,$$

$$\frac{\Delta y}{\Delta x} = \frac{\sin(x+\Delta x) - \sin x}{\Delta x} = \frac{2\cos\left(x+\frac{\Delta x}{2}\right)\sin\frac{\Delta x}{2}}{\Delta x} = \cos\left(x+\frac{\Delta x}{2}\right) \frac{\sin\frac{\Delta x}{2}}{\frac{\Delta x}{2}},$$

有
$$\lim_{\Delta x \to 0} \frac{\Delta y}{\Delta x} = \lim_{\Delta x \to 0} \cos\left(x+\frac{\Delta x}{2}\right) \frac{\sin\frac{\Delta x}{2}}{\frac{\Delta x}{2}} = \lim_{\Delta x \to 0} \cos\left(x+\frac{\Delta x}{2}\right) \lim_{\Delta x \to 0} \frac{\sin\frac{\Delta x}{2}}{\frac{\Delta x}{2}} = \cos x.$$

这里用到了

$$\lim_{\Delta x \to 0} \cos\left(x+\frac{\Delta x}{2}\right) = \cos x, \quad \lim_{\Delta x \to 0} \frac{\sin\frac{\Delta x}{2}}{\frac{\Delta x}{2}} = 1.$$

即正弦函数 $\sin x$ 在 $\mathbb{R}$ 上任意 x 都可导,并且
$$(\sin x)' = \cos x.$$

同样,余弦函数 $\cos x$ 在定义域 $\mathbb{R}$ 也可导,并且
$$(\cos x)' = -\sin x.$$

例 3.5 求对数函数 $f(x) = \log_a x\,(0 < a \neq 1, x > 0)$ 在 x 的导数.

解 $f(x + \Delta x) = \log_a(x + \Delta x)\ (x + \Delta x > 0)$,

$$\Delta y = f(x + \Delta x) - f(x) = \log_a(x + \Delta x) - \log_a x = \log_a\left(1 + \frac{\Delta x}{x}\right).$$

$$\frac{\Delta y}{\Delta x} = \frac{1}{\Delta x}\log_a\left(1 + \frac{\Delta x}{x}\right) = \frac{1}{x}\frac{x}{\Delta x}\log_a\left(1 + \frac{\Delta x}{x}\right) = \frac{1}{x}\log_a\left(1 + \frac{\Delta x}{x}\right)^{\frac{x}{\Delta x}},$$

有

$$\lim_{\Delta x \to 0}\frac{\Delta y}{\Delta x} = \lim_{\Delta x \to 0}\frac{1}{x}\log_a\left(1 + \frac{\Delta x}{x}\right)^{\frac{x}{\Delta x}}$$

$$= \frac{1}{x}\log_a\left[\lim_{\Delta x \to 0}\left(1 + \frac{\Delta x}{x}\right)^{\frac{x}{\Delta x}}\right] = \frac{1}{x}\log_a e = \frac{1}{x\ln a},$$

这里用到了 $\lim\limits_{\Delta x \to 0}\left(1 + \frac{\Delta x}{x}\right)^{\frac{x}{\Delta x}} = e$,$\log_a e = \frac{\ln e}{\ln a} = \frac{1}{\ln a}$. 即对数函数 $\log_a x$ 在定义域 $(0, +\infty)$ 内任意 x 都可导,并且

$$(\log_a x)' = \frac{1}{x\ln a}.$$

特别是,自然对数函数 $(a = e)$,有

$$(\ln x)' = \frac{1}{x\ln e} = \frac{1}{x}.$$

例 3.6 证明:函数 $f(x) = \sqrt[3]{x}$ 在点 $x = 0$ 处不可导.

证明 $\lim\limits_{x \to 0}\frac{f(x) - f(0)}{x - 0} = \lim\limits_{x \to 0}\frac{\sqrt[3]{x}}{x} = \lim\limits_{x \to 0}\frac{1}{\sqrt[3]{x^2}} = +\infty$,

即函数 $f(x) = \sqrt[3]{x}$ 在点 $x = 0$ 处不可导,也称函数 $f(x) = \sqrt[3]{x}$ 在点 $x = 0$ 处有无穷大导数. 它的几何意义是,曲线 $y = \sqrt[3]{x}$ 在点 $(0, 0)$ 处存在切线,切线就是 y 轴(它的斜率是 $+\infty$),如图 3.2 所示.

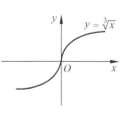

图 3.2

习题 3.1

1. 根据导数的定义求下列函数的导数：

(1) $y=ax+b$, 求 $\dfrac{dy}{dx}$;

(2) $f(x)=(x-1)(x-2)^2(x-3)^3$, 求 $f'(1), f'(2), f'(3)$;

(3) $f(x)=(x-1)\arcsin\sqrt{\dfrac{x}{1+x}}$, 求 $f'(1)$.

2. 求曲线 $y=\dfrac{x^5+1}{x^4+1}$ 在横坐标为 $x_0=1$ 点处的切线方程.

3. 如果 $f(x)$ 为偶函数，且 $f'(0)$ 存在，证明 $f'(0)=0$.

4. 设 $f(x)=\begin{cases} x^2, & x\leqslant c \\ ax+b, & x>c \end{cases}$ (a,b,c 是常数)，试确定 a,b, 使 $f'(c)$ 存在.

3.2 求导法则与导数公式

1. 导数的四则运算

求导运算是微积分的基本运算之一. 要求读者能迅速准确地求出函数的导数. 如果总是按照导数的定义去求函数的导数，计算量很大，费时费力. 为此要把求导运算公式化，这样就需要求导法则.

定理 3.3 若函数 $u(x)$ 与 $v(x)$ 在 x 可导，则函数 $u(x)\pm v(x)$ 在 x 也可导，且
$$[u(x)\pm v(x)]' = u'(x)\pm v'(x).$$

证明 设 $y=u(x)\pm v(x)$, 有
$$\Delta y = [u(x+\Delta x)\pm v(x+\Delta x)] - [u(x)\pm v(x)]$$
$$= [u(x+\Delta x)-u(x)]\pm [v(x+\Delta x)-v(x)] = \Delta u\pm \Delta v,$$
$$\frac{\Delta y}{\Delta x} = \frac{\Delta u}{\Delta x}\pm \frac{\Delta v}{\Delta x}.$$

已知函数 $u(x)$ 与 $v(x)$ 在 x 可导，有
$$\lim_{\Delta x\to 0}\frac{\Delta u}{\Delta x}=u'(x) \quad \text{与} \quad \lim_{\Delta x\to 0}\frac{\Delta v}{\Delta x}=v'(x).$$

于是，
$$\lim_{\Delta x\to 0}\frac{\Delta y}{\Delta x} = \lim_{\Delta x\to 0}\frac{\Delta u}{\Delta x}\pm \lim_{\Delta x\to 0}\frac{\Delta v}{\Delta x} = u'(x)\pm v'(x),$$

即函数 $u(x) \pm v(x)$ 在 x 可导,且 $[u(x) \pm v(x)]' = u'(x) \pm v'(x)$.

应用归纳法,可将定理 3.3 推广为任意有限个函数代数和的导数,即:若函数 $u_1(x)$, $u_2(x), \cdots, u_n(x)$ 都在 x 可导,则函数 $u_1(x) \pm u_2(x) \pm \cdots \pm u_n(x)$ 在 x 也可导,且

$$[u_1(x) \pm u_2(x) \pm \cdots \pm u_n(x)]' = u'_1(x) \pm u'_2(x) \pm \cdots \pm u'_n(x).$$

例 3.7 求函数 $f(x) = \sqrt{x} + \sin x + 5$ 的导数.

解 由 3.1 节的例,有 $(\sqrt{x})' = \dfrac{1}{2\sqrt{x}}$, $(\sin x)' = \cos x$, $(5)' = 0$, 所以

$$f'(x) = (\sqrt{x} + \sin x + 5)' = (\sqrt{x})' + (\sin x)' + (5)' = \frac{1}{2\sqrt{x}} + \cos x.$$

定理 3.4 若函数 $u(x)$ 与 $v(x)$ 在 x 可导,则函数 $u(x)v(x)$ 在 x 也可导,且

$$[u(x)v(x)]' = u(x)v'(x) + u'(x)v(x).$$

证明 设 $y = u(x)v(x)$,有

$$\Delta y = u(x+\Delta x)v(x+\Delta x) - u(x)v(x)$$
$$= u(x+\Delta x)v(x+\Delta x) - u(x+\Delta x)v(x) + u(x+\Delta x)v(x) - u(x)v(x)$$
$$= u(x+\Delta x)[v(x+\Delta x) - v(x)] + v(x)[u(x+\Delta x) - u(x)]$$
$$= u(x+\Delta x)\Delta v + v(x)\Delta u,$$

$$\frac{\Delta y}{\Delta x} = u(x+\Delta x) \frac{\Delta v}{\Delta x} + v(x) \frac{\Delta u}{\Delta x}.$$

已知函数 $u(x)$ 与 $v(x)$ 在 x 可导,有

$$\lim_{\Delta x \to 0} \frac{\Delta u}{\Delta x} = u'(x) \quad \text{与} \quad \lim_{\Delta x \to 0} \frac{\Delta v}{\Delta x} = v'(x).$$

根据定理 3.2,函数 $u(x)$ 在 x 连续,即 $\lim\limits_{\Delta x \to 0} u(x+\Delta x) = u(x)$. 于是

$$\lim_{\Delta x \to 0} \frac{\Delta y}{\Delta x} = \lim_{\Delta x \to 0} u(x+\Delta x) \lim_{\Delta x \to 0} \frac{\Delta v}{\Delta x} + v(x) \lim_{\Delta x \to 0} \frac{\Delta u}{\Delta x} = u(x)v'(x) + u'(x)v(x),$$

即函数 $u(x)v(x)$ 在 x 可导,且 $[u(x)v(x)]' = u(x)v'(x) + u'(x)v(x)$.

注 $[u(x)v(x)]' \neq u'(x)v'(x)$!

应用归纳法,可将定理 3.4 推广为任意有限个函数的乘积的导数.

若函数 $u_1(x), u_2(x), \cdots, u_n(x)$ 都在 x 可导,则函数 $u_1(x)u_2(x)\cdots u_n(x)$ 在 x 也可导,且

$$[u_1(x)u_2(x)\cdots u_n(x)]' = u'_1(x)u_2(x)\cdots u_n(x) + u_1(x)u'_2(x)\cdots u_n(x) + \cdots$$
$$+ u_1(x)u_2(x)\cdots u'_n(x).$$

定理 3.4 的特殊情形:当 $v(x) = c$ 是常数时,由定理 3.4,有

$$[cu(x)]' = cu'(x) + u(x)(c)' = cu'(x).$$

例 3.8 求函数 $f(x)=\sqrt{x}\sin x$ 的导数.

解
$$f'(x)=(\sqrt{x}\sin x)'=\sqrt{x}(\sin x)'+\sin x(\sqrt{x})'$$
$$=\sqrt{x}\cos x+\sin x\cdot\frac{1}{2\sqrt{x}}=\sqrt{x}\cos x+\frac{\sin x}{2\sqrt{x}}.$$

例 3.9 求函数 $f(x)=5\log_2 x-2x^4$ 的导数.

解
$$f'(x)=(5\log_2 x-2x^4)'=(5\log_2 x)'-(2x^4)'$$
$$=5(\log_2 x)'-2(x^4)'=\frac{5}{x\ln 2}-8x^3.$$

定理 3.5 若函数 $u(x)$ 与 $v(x)$ 在 x 可导,且 $v(x)\neq 0$,则函数 $\dfrac{u(x)}{v(x)}$ 在 x 也可导,且
$$\left[\frac{u(x)}{v(x)}\right]'=\frac{u'(x)v(x)-u(x)v'(x)}{[v(x)]^2}.$$

证明 先考虑 $u(x)=1$ 时的特殊情况. 设 $y=\dfrac{1}{v(x)}$,有
$$\Delta y=\frac{1}{v(x+\Delta x)}-\frac{1}{v(x)}=\frac{v(x)-v(x+\Delta x)}{v(x)v(x+\Delta x)}=\frac{-\Delta v}{v(x)v(x+\Delta x)},$$
$$\frac{\Delta y}{\Delta x}=\frac{-\dfrac{\Delta v}{\Delta x}}{v(x)v(x+\Delta x)}.$$

已知函数 $v(x)$ 在 x 可导,则函数 $v(x)$ 在 x 连续,有
$$\lim_{\Delta x\to 0}\frac{\Delta v}{\Delta x}=v'(x),\quad \lim_{\Delta x\to 0}v(x+\Delta x)=v(x).$$

于是
$$\lim_{\Delta x\to 0}\frac{\Delta y}{\Delta x}=\frac{\lim\limits_{\Delta x\to 0}\dfrac{\Delta v}{\Delta x}}{v(x)\lim\limits_{\Delta x\to 0}v(x+\Delta x)}=\frac{-v'(x)}{[v(x)]^2},$$

即函数 $\dfrac{1}{v(x)}$ 在 x 可导,且 $\left[\dfrac{1}{v(x)}\right]'=\dfrac{-v'(x)}{[v(x)]^2}$. 于是,有
$$\left[\frac{u(x)}{v(x)}\right]'=\left[u(x)\cdot\frac{1}{v(x)}\right]'=u'(x)\frac{1}{v(x)}+u(x)\left[\frac{1}{v(x)}\right]'$$
$$=u'(x)\frac{1}{v(x)}+u(x)\frac{-v'(x)}{[v(x)]^2}$$
$$=\frac{u'(x)v(x)-u(x)v'(x)}{[v(x)]^2}.$$

注 $\left[\dfrac{u(x)}{v(x)}\right]'\neq\dfrac{u'(x)}{v'(x)}$!

例 3.10 求正切函数 $\tan x$ 与余切函数 $\cot x$ 的导数.

解 $(\tan x)' = \left(\dfrac{\sin x}{\cos x}\right)' = \dfrac{(\sin x)'\cos x - \sin x(\cos x)'}{\cos^2 x}$

$= \dfrac{\cos^2 x + \sin^2 x}{\cos^2 x} = \dfrac{1}{\cos^2 x} = \sec^2 x.$

$(\cot x)' = \left(\dfrac{\cos x}{\sin x}\right)' = \dfrac{(\cos x)'\sin x - \cos x(\sin x)'}{\sin^2 x}$

$= \dfrac{-\sin^2 x - \cos^2 x}{\sin^2 x} = -\dfrac{1}{\sin^2 x} = -\csc^2 x.$

例 3.11 求正割函数 $\sec x$ 与余割函数 $\csc x$ 的导数.

解 $(\sec x)' = \left(\dfrac{1}{\cos x}\right)' = -\dfrac{(\cos x)'}{\cos^2 x} = \dfrac{\sin x}{\cos^2 x} = \tan x \sec x.$

$(\csc x)' = \left(\dfrac{1}{\sin x}\right)' = -\dfrac{(\sin x)'}{\sin^2 x} = -\dfrac{\cos x}{\sin^2 x} = -\cot x \csc x.$

2. 反函数求导法则

为了求指数函数(对数函数的反函数)与反三角函数(三角函数的反函数)的导数,首先给出反函数求导法则.

定理 3.6 若函数 $f(x)$ 在 x 的某邻域连续,并严格单调,函数 $y = f(x)$ 在 x 可导,且 $f'(x) \neq 0$,则它的反函数 $x = \varphi(y)$ 在 $y(y = f(x))$ 可导,并且

$$\varphi'(y) = \dfrac{1}{f'(x)}.$$

证明 由定理 1.1,函数 $y = f(x)$ 在 x 的某邻域存在反函数 $x = \varphi(y)$.

设反函数 $x = \varphi(y)$ 在点 y 的自变量的改变量是 Δy ($\Delta y \neq 0$),有

$$\Delta x = \varphi(y + \Delta y) - \varphi(y), \quad \Delta y = f(x + \Delta x) - f(x).$$

已知函数 $y = f(x)$ 在 x 的某邻域连续和严格单调,则反函数 $x = \varphi(y)$ 在 y 的某邻域也连续和严格单调,有

$$\Delta y \to 0 \Leftrightarrow \Delta x \to 0; \quad \Delta y \neq 0 \Leftrightarrow \Delta x \neq 0.$$

于是

$$\dfrac{\Delta x}{\Delta y} = \dfrac{1}{\dfrac{\Delta y}{\Delta x}},$$

有

$$\lim_{\Delta y \to 0} \dfrac{\Delta x}{\Delta y} = \lim_{\Delta x \to 0} \dfrac{1}{\dfrac{\Delta y}{\Delta x}} = \dfrac{1}{\lim_{\Delta x \to 0} \dfrac{\Delta y}{\Delta x}} = \dfrac{1}{f'(x)},$$

即反函数 $x=\varphi(y)$ 在 y 可导，并且 $\varphi'(y)=\dfrac{1}{f'(x)}$.

注 由于 $y=f(x)$ 与 $x=\varphi(y)$ 互为反函数，所以上述公式也可以写成
$$f'(x)=\dfrac{1}{\varphi'(y)}.$$

例 3.12 求指数函数 $y=a^x (0<a\neq 1)$ 的导数.

解 已知指数函数 $y=a^x$ 是对数函数 $x=\log_a y$ 的反函数，有
$$(a^x)'=\dfrac{1}{(\log_a y)'}=\dfrac{1}{\dfrac{1}{y\ln a}}=y\ln a=a^x\ln a,$$

即 $(a^x)'=a^x\ln a$.

特别地，当 $a=\mathrm{e}$ 时，有
$$(\mathrm{e}^x)'=\mathrm{e}^x\ln \mathrm{e}=\mathrm{e}^x.$$

例 3.13 求反三角函数的导数.
$$y=\arcsin x \quad \left(-1<x<1, -\dfrac{\pi}{2}<y<\dfrac{\pi}{2}\right).$$

$y=\arcsin x$ 在 $(-1,1)$ 连续，且严格单调，存在反函数 $x=\sin y$. 由反函数的求导法则，有
$$(\arcsin x)'=\dfrac{1}{(\sin y)'}=\dfrac{1}{\cos y},$$

但 $\cos y=\sqrt{1-\sin^2 y}=\sqrt{1-x^2}$ $\left(\text{因为当} -\dfrac{\pi}{2}<y<\dfrac{\pi}{2} \text{时}, \cos y>0, \text{所以根号前只取正号}\right)$，从而有
$$(\arcsin x)'=\dfrac{1}{\sqrt{1-x^2}}.$$

用类似的方法可得
$$(\arccos x)'=-\dfrac{1}{\sqrt{1-x^2}}, \quad (\arctan x)'=\dfrac{1}{1+x^2}, \quad (\operatorname{arccot} x)'=-\dfrac{1}{1+x^2}.$$

3. 复合函数的导数

经常遇到的函数多是由几个基本初等函数生成的复合函数. 因此，复合函数的求导法则是求导运算中经常应用的一个重要法则.

定理 3.7 若函数 $u=g(x)$ 在 x 可导，函数 $y=f(u)$ 则在相应的点 $u(=g(x))$ 可导，则复合函数 $y=f[g(x)]$ 在 x 也可导，且

$$\{f[g(x)]\}' = f'(u)g'(x) \quad 或 \quad \frac{\mathrm{d}y}{\mathrm{d}x} = \frac{\mathrm{d}y}{\mathrm{d}u}\frac{\mathrm{d}u}{\mathrm{d}x}.$$

证明 设 x 取得改变量 Δx，则 u 取得相应的改变量 Δu，从而 y 取得相应的改变量 Δy.

$$\Delta u = g(x+\Delta x) - g(x), \quad \Delta y = f(u+\Delta u) - f(u).$$

当 $\Delta u \neq 0$ 时，有

$$\frac{\Delta y}{\Delta x} = \frac{\Delta y}{\Delta u}\frac{\Delta u}{\Delta x}.$$

因为 $u = g(x)$ 在 x 可导，则必连续，所以当 $\Delta x \to 0$ 时，$\Delta u \to 0$，因此

$$\lim_{\Delta x \to 0} \frac{\Delta y}{\Delta x} = \lim_{\Delta x \to 0} \frac{\Delta y}{\Delta u} \lim_{\Delta x \to 0} \frac{\Delta u}{\Delta x} = \lim_{\Delta u \to 0} \frac{\Delta y}{\Delta u} \lim_{\Delta x \to 0} \frac{\Delta u}{\Delta x}.$$

于是有 $\{f[g(x)]\}' = f'(u)g'(x)$ 或 $\dfrac{\mathrm{d}y}{\mathrm{d}x} = \dfrac{\mathrm{d}y}{\mathrm{d}u}\dfrac{\mathrm{d}u}{\mathrm{d}x}$.

注 可以证明当 $\Delta u = 0$ 时上述公式仍成立.

已知函数 $y = f(u)$ 在 u 可导，即

$$\lim_{\Delta u \to 0} \frac{\Delta y}{\Delta u} = f'(u), \quad \Delta u \neq 0$$

或

$$\frac{\Delta y}{\Delta u} = f'(u) + \alpha,$$

其中 $\lim\limits_{\Delta u \to 0} \alpha = 0$. 从而，当 $\Delta u \neq 0$ 时，有

$$\Delta y = f'(u)\Delta u + \alpha \Delta u. \tag{3.2}$$

当 $\Delta u = 0$ 时，显然 $\Delta y = f(u+\Delta u) - f(u) = 0$，令

$$\alpha = \begin{cases} \alpha, & \Delta u \neq 0, \\ 0, & \Delta u = 0, \end{cases}$$

则(3.2)式也成立. 于是，不论 $\Delta u \neq 0$ 还是 $\Delta u = 0$，(3.2)式皆成立. 用 $\Delta x(\Delta x \neq 0)$ 除(3.2)式等号两端，

$$\frac{\Delta y}{\Delta x} = f'(u)\frac{\Delta u}{\Delta x} + \alpha \frac{\Delta u}{\Delta x},$$

有

$$\lim_{\Delta x \to 0} \frac{\Delta y}{\Delta x} = f'(u) \lim_{\Delta x \to 0} \frac{\Delta u}{\Delta x} + \lim_{\Delta x \to 0} \alpha \lim_{\Delta x \to 0} \frac{\Delta u}{\Delta x} \quad (当 \Delta x \to 0 \text{ 时 } \Delta u \to 0)$$
$$= f'(u)g'(x) + 0 \cdot g'(x) = f'(u)g'(x).$$

即复合函数 $y = f[g(x)]$ 在 x 可导，且 $\{f[g(x)]\}' = f'(u)g'(x)$.

应用归纳法，可将定理 3.7 推广为任意有限多个函数生成的复合函数的情形. 以 3 个函数为例：若 $y = f(u), u = \varphi(v), v = \psi(x)$ 都可导，则

$$(f\{\varphi[\psi(x)]\})' = f'(u)\varphi'(v)\psi'(x).$$

例 3.14 求 $y = \sin 5x$ 的导数.

解 函数 $y = \sin 5x$ 是函数 $y = \sin u$ 与 $u = 5x$ 的复合函数. 由复合函数求导法则，有

$$(\sin 5x)' = (\sin u)'(5x)' = \cos u \cdot 5 = 5\cos 5x.$$

例 3.15 求函数 $y = \ln(-x)$ $(x<0)$ 的导数.

解 函数 $y = \ln(-x)$ 是函数 $y = \ln u$ 与 $u = -x$ 的复合函数,由复合函数求导法则,有

$$[\ln(-x)]' = (\ln u)'(-x)' = \frac{1}{u}(-1) = \frac{1}{x}.$$

将这一结果与 $(\ln x)' = \frac{1}{x}$ 合并,有

$$(\ln|x|)' = \frac{1}{x}, \quad x \neq 0.$$

例 3.16 求幂函数 $y = x^\alpha$ (α 是实数)的导数.

解 将 $y = x^\alpha$ 两端求自然对数,有 $\ln y = \alpha \ln x$,即

$$y = e^{\alpha \ln x}, \quad x > 0,$$

它是函数 $y = e^u$ 与 $u = \alpha \ln x$ 的复合函数.由复合函数求导法则,有

$$(x^\alpha)' = (e^{\alpha \ln x})' = (e^u)'(\alpha \ln x)' = e^u \frac{\alpha}{x} = e^{\alpha \ln x} \frac{\alpha}{x} = x^\alpha \frac{\alpha}{x} = \alpha x^{\alpha-1},$$

即

$$(x^\alpha)' = \alpha x^{\alpha-1}.$$

若幂函数 $y = x^\alpha$ 的定义域是 $\mathbb{R}$ 或 $\mathbb{R} \setminus \{0\}$,则幂函数 $y = x^\alpha$ 的导数公式 $(x^\alpha)' = \alpha x^{\alpha-1}$ 也是正确的.

对复合函数的分解比较熟练后,就不必再写出中间变量,而可采用下列例题的方式来计算.

例 3.17 $y = \ln \sin x$,求 y'.

解 $y' = (\ln \sin x)' = \frac{1}{\sin x}(\sin x)' = \frac{\cos x}{\sin x} = \cot x.$

例 3.18 求函数 $y = \tan^3 \ln x$ 的导数.

解 $y' = 3\tan^2 \ln x (\tan \ln x)' = 3\tan^2 \ln x \cdot \frac{1}{\cos^2 \ln x} \cdot (\ln x)'$

$= 3\tan^2 \ln x \cdot \frac{1}{\cos^2 \ln x} \cdot \frac{1}{x} = \frac{3\tan^2 \ln x}{x \cos^2 \ln x}.$

4. 初等函数的导数

以上两段,根据导数的定义和求导法则得到了基本初等函数的导数公式.它们是求初等函数导数的基础.把它们集中起来,就是导数公式表:

(1) $(c)' = 0$,其中 c 是常数;

(2) $(x^\alpha)' = \alpha x^{\alpha-1}$,其中 α 是实数;

(3) $(\log_a x)' = \dfrac{1}{x}\log_a e = \dfrac{1}{x\ln a}$, $(\ln x)' = \dfrac{1}{x}$;

(4) $(a^x)' = a^x \ln a$, $(e^x)' = e^x$;

(5) $(\sin x)' = \cos x$, $(\cos x)' = -\sin x$, $(\tan x)' = \sec^2 x$,
$(\cot x)' = -\csc^2 x$, $(\sec x)' = \tan x \sec x$, $(\csc x)' = -\cot x \csc x$;

(6) $(\arcsin x)' = \dfrac{1}{\sqrt{1-x^2}}$, $(\arccos x)' = -\dfrac{1}{\sqrt{1-x^2}}$,
$(\arctan x)' = \dfrac{1}{1+x^2}$, $(\operatorname{arccot} x)' = -\dfrac{1}{1+x^2}$.

根据求导法则和导数公式表,能求出任意初等函数的导数. 由导数公式表知,基本初等函数的导数还是初等函数. 于是,初等函数的导数仍是初等函数,即初等函数对导数运算是封闭的.

习题 3.2

1. 求下列函数的导数:

(1) $y = 3x^2 + 5x + a^3$;

(2) $y = \dfrac{(2x^2-1)\sqrt{1+x^2}}{3x^3}$;

(3) $y = \sqrt{\dfrac{1-\sqrt{x}}{1+\sqrt{x}}}$;

(4) $y = e^{2x}(2 - \sin 2x - \cos 2x)$;

(5) $y = -\dfrac{1}{2}e^{-x^2}(x^4 + 2x^2 + 2)$;

(6) $y = \ln(e^x + \sqrt{e^{2x}-1}) + \arcsin e^{-x}$.

2. 求下列函数的导数:

(1) $y = \sqrt{x}\ln(\sqrt{x} + \sqrt{x+a}) - \sqrt{x+a}$;

(2) $y = \ln\tan\left(\dfrac{\pi}{4} + \dfrac{x}{2}\right)$;

(3) $y = \ln(bx + \sqrt{a^2 + b^2 x^2})$;

(4) $y = \sin\sqrt{3} + \dfrac{1}{3}\dfrac{\sin^2 3x}{\cos 6x}$;

(5) $y = \arctan\dfrac{\sqrt{1+x^2}-1}{x}$;

(6) $y = \arctan\dfrac{\sqrt{1-x}}{1-\sqrt{x}}$;

(7) $y = \arctan\dfrac{\tan\dfrac{x}{2} + 1}{2}$.

3.3 隐函数与由参数方程所确定的函数的导数

1. 隐函数的导数

函数 $y = f(x)$ 表示两个变量 y 与 x 之间的对应关系,这种对应关系可以用各种不同式表达. 前面遇到的函数,例如 $y=\sin x, y=\ln x+\sqrt{1-x^2}$ 等,这种函数表达方式的特点是：等号左端是因变量的符号,而右端是含有自变量的式子,当自变量取定义域内任一值时,由此式确定对应的函数值. 这种方式表达的函数称为**显函数**. 有些函数的表达方式却不是这样,例如,方程

$$x+y^3-1=0$$

表示一个函数,因为当变量 x 在 $(-\infty,+\infty)$ 内取值时,变量 y 有确定的值与之对应. 这样的函数称为**隐函数**.

定义 3.4 设有非空数集 A. 若 $\forall x \in A$,由二元方程 $F(x,y)=0$,对应惟一一个 $y \in \mathbb{R}$,则称此对应关系 f(或写为 $y=f(x)$)是二元方程 $F(x,y)=0$ 确定的**隐函数**.

把一个隐函数化成显函数,称为**隐函数的显化**. 例如从方程 $x+y^3-1=0$ 解出 $y=\sqrt[3]{1-x}$,就把隐函数化成了显函数. 隐函数的显化有时是很困难的,甚至是不可能的. 例如,方程

$$y^5+2y-x-3x^7=0, \tag{3.3}$$

对于区间 $(-\infty,+\infty)$ 内任意取定的 x 值,上式成为以 y 为未知数的五次方程. 由代数学知道,这个方程至少有一个实根,所以方程(3.3)在 $(-\infty,+\infty)$ 内确定了一个隐函数,但是这个函数很难用显式把它表达出来.

在实际问题中,有时需要计算隐函数的导数,因此希望有一种方法,不管函数能否显化,都能直接由方程算出它所确定的隐函数的导数来. 下面通过具体例子来说明这种方法.

例 3.19 求由方程 $e^y+xy-e=0$ 所确定的隐函数 $y=f(x)$ 的导数.

解 方程两边对 x 求导数(注意 y 是 x 的函数),有

$$\frac{d}{dx}(e^y+xy-e)=0,$$

$$e^y\frac{dy}{dx}+y+x\frac{dy}{dx}=0,$$

从而

$$\frac{dy}{dx}=-\frac{y}{x+e^y}, \quad x+e^y \neq 0.$$

例 3.20 求方程 $xy+3x^2-5y-7=0$ 确定的函数 $y=f(x)$ 的导数.

解 方程两端对 x 求导数(注意 y 是 x 的函数),有

$$(xy+3x^2-5y-7)'=0,$$

$$y+xy'+6x-5y'=0,$$

解得隐函数的导数

$$y'=\frac{6x+y}{5-x}.$$

例 3.21 求过双曲线 $\dfrac{x^2}{a^2}-\dfrac{y^2}{b^2}=1$ 上一点 (x_0,y_0) 的切线方程(其中 $y_0\neq 0$).

解 首先求过点 (x_0,y_0) 的切线斜率 k,即求方程 $\dfrac{x^2}{a^2}-\dfrac{y^2}{b^2}=1$ 确定的隐函数 $y=f(x)$ 的导数在点 (x_0,y_0) 的值.

$$\left(\dfrac{x^2}{a^2}-\dfrac{y^2}{b^2}\right)'=(1)',\quad \dfrac{2x}{a^2}-\dfrac{2yy'}{b^2}=0.$$

解得 $y'=\dfrac{b^2 x}{a^2 y}$,所以 $k=y'\Big|_{\substack{x=x_0\\y=y_0}}=\dfrac{b^2 x_0}{a^2 y_0}$. 从而,切线的方程是

$$y-y_0=\dfrac{b^2 x_0}{a^2 y_0}(x-x_0)\quad \text{或}\quad \dfrac{x_0 x}{a^2}-\dfrac{y_0 y}{b^2}=\dfrac{x_0^2}{a^2}-\dfrac{y_0^2}{b^2}.$$

因为点 (x_0,y_0) 在双曲线上,所以 $\dfrac{x_0^2}{a^2}-\dfrac{y_0^2}{b^2}=1$. 于是,所求的切线方程是

$$\dfrac{x_0 x}{a^2}-\dfrac{y_0 y}{b^2}=1.$$

求某些显函数的导数,直接求它的导数比较繁琐,这时可将它化为隐函数,用隐函数求导法求其导数,比较简便. 将显函数化为隐函数常用的方法是等号两端取对数,称为**对数求导法**.

例 3.22 求幂指函数 $y=x^x\ (x>0)$ 的导数.

解 等号两端取对数,有

$$\ln y=x\ln x,$$

对 x 求导数,有 $\dfrac{y'}{y}=\ln x+1$,即 $y'=y(\ln x+1)=x^x(\ln x+1)$.

例 3.23 求函数 $y=\sqrt{\dfrac{(x-1)(x-2)}{(x-3)(x-4)}}$ 的导数.

解 等号两端取对数,有

$$\ln|y|=\dfrac{1}{2}(\ln|x-1|+\ln|x-2|-\ln|x-3|-\ln|x-4|),$$

上式两端对 x 求导数,得

$$\dfrac{1}{y}y'=\dfrac{1}{2}\left(\dfrac{1}{x-1}+\dfrac{1}{x-2}-\dfrac{1}{x-3}-\dfrac{1}{x-4}\right),$$

于是

$$y'=\dfrac{1}{2}\sqrt{\dfrac{(x-1)(x-2)}{(x-3)(x-4)}}\left(\dfrac{1}{x-1}+\dfrac{1}{x-2}-\dfrac{1}{x-3}-\dfrac{1}{x-4}\right).$$

2. 参数方程求导公式

参数方程的一般形式是

$$\begin{cases} x = \varphi(t), \\ y = \psi(t), \end{cases} \alpha \leqslant t \leqslant \beta.$$

若 $x=\varphi(t)$ 与 $y=\psi(t)$ 都可导,且 $\varphi'(t)\neq 0$,又 $x=\varphi(t)$ 存在反函数 $t=\varphi^{-1}(x)$,则 y 是 x 的复合函数,即

$$y = \psi(t), \quad t = \varphi^{-1}(x).$$

由复合函数与反函数的求导法则,有

$$\frac{\mathrm{d}y}{\mathrm{d}x} = \frac{\mathrm{d}y}{\mathrm{d}t}\frac{\mathrm{d}t}{\mathrm{d}x} = \psi'(t)[\varphi^{-1}(x)]' = \psi'(t)\frac{1}{\varphi'(t)} = \frac{\psi'(t)}{\varphi'(t)}.$$

这就是参数方程的求导公式.

例 3.24 已知椭圆的参数方程为

$$\begin{cases} x = a\cos t, \\ y = b\sin t. \end{cases}$$

求椭圆在 $t=\frac{\pi}{4}$ 处的切线方程.

解 当 $t=\frac{\pi}{4}$ 时,椭圆上的相应点 M_0 的坐标是

$$x_0 = a\cos\frac{\pi}{4} = \frac{a\sqrt{2}}{2}, \quad y_0 = b\sin\frac{\pi}{4} = \frac{b\sqrt{2}}{2},$$

曲线在点 M_0 的切线斜率为

$$\left.\frac{\mathrm{d}y}{\mathrm{d}x}\right|_{t=\frac{\pi}{4}} = \left.\frac{(b\sin t)'}{(a\cos t)'}\right|_{t=\frac{\pi}{4}} = \left.\frac{b\cos t}{-a\sin t}\right|_{t=\frac{\pi}{4}} = -\frac{b}{a}.$$

代入点斜式方程,即得椭圆在点 M_0 处的切线方程

$$y - \frac{b\sqrt{2}}{2} = -\frac{b}{a}\left(x - \frac{a\sqrt{2}}{2}\right).$$

化简后得 $bx+ay-\sqrt{2}ab=0$.

例 3.25 设炮弹的弹头初速度是 v_0,沿着与地面成 α 角的方向抛射出去. 求在时刻 t_0 时弹头的运动方向(忽略空气阻力、风向等因素).

解 已知弹头关于时间 t 的弹道曲线方程是

$$\begin{cases} x = v_0 t\cos\alpha, \\ y = v_0 t\sin\alpha - \frac{1}{2}gt^2, \end{cases}$$

其中 g 是重力加速度(常数). 由参数方程的求导法,有

$$\frac{\mathrm{d}y}{\mathrm{d}x} = \frac{v_0\sin\alpha - gt}{v_0\cos\alpha} = \tan\alpha - \frac{gt}{v_0\cos\alpha}.$$

设在时刻 t_0 时弹头的运动方向与地面的夹角为 φ,有

$$\tan \varphi = \tan \alpha - \frac{gt_0}{v_0 \cos \alpha}$$

或

$$\varphi = \arctan\left(\tan \alpha - \frac{gt_0}{v_0 \cos \alpha}\right).$$

习题 3.3

1. 求下列方程所确定的隐函数 $y=y(x)$ 的导数：

(1) $x^2+y^2-1=0$；   (2) $xy=e^{x+y}$；

(3) $y=1+xe^y$；   (4) $\arcsin y = e^{x+y}$.

2. 求下列参数方程所确定的函数的导数 $\dfrac{dy}{dx}$：

(1) $\begin{cases} x=t-1, \\ y=t^2+1; \end{cases}$ (2) $\begin{cases} x=\dfrac{3at}{1+t^3}, \\ y=\dfrac{3at^2}{1+t^3}; \end{cases}$

(3) $\begin{cases} x=a(\theta-\sin\theta), \\ y=a(1-\cos\theta); \end{cases}$ (4) $\begin{cases} x=e^t\sin t, \\ y=e^t\cos t. \end{cases}$

3.4 微分

1. 微分概念

已知函数 $y=f(x)$ 在点 x_0 的函数值 $f(x_0)$，欲求函数 $f(x)$ 在点 x_0 附近一点 $x_0+\Delta x$ 的函数值 $f(x_0+\Delta x)$，常常是很难求得 $f(x_0+\Delta x)$ 的精确值. 在实际应用中，只要求出 $f(x_0+\Delta x)$ 的近似值也就够了. 为此讨论近似计算函数值 $f(x_0+\Delta x)$ 的方法.

因为 $\Delta y = f(x_0+\Delta x)-f(x_0)$ 或 $f(x_0+\Delta x)=f(x_0)+\Delta y$，所以只要能近似地算出 Δy 即可. 显然，Δy 是 Δx 的函数(如图 3.3).

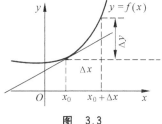

图 3.3

人们希望有一个关于 Δx 的简便的函数近似代替 Δy，并使其误差满足要求. 在所有关于 Δx 的函数中，一次函数最为简便. 用 Δx 的一次函数 $A\Delta x$（A 是常数）近似代替 Δy，所产生的误差是 $\Delta y - A\Delta x$. 如果 $\Delta y - A\Delta x = o(\Delta x)(\Delta x \to 0)$，那么一次函数 $A\Delta x$ 就有特殊的意义.

定义 3.5 若函数 $y=f(x)$ 在 x_0 的改变量 Δy 与自变量 x 的改变量 Δx 有下列关系
$$\Delta y = A\Delta x + o(\Delta x), \tag{3.4}$$
其中 A 是与 Δx 无关的常数，则称函数 $f(x)$ 在 x_0 **可微**，$A\Delta x$ 称为函数 $f(x)$ 在 x_0 的**微分**，表示为
$$\mathrm{d}y = A\Delta x \quad \text{或} \quad \mathrm{d}f(x_0) = A\Delta x.$$
$A\Delta x$ 也称为 (3.4) 式的**线性主要部分**．"线性"是因为 $A\Delta x$ 是 Δx 的一次函数．"主要"是因为 (3.4) 式的右端 $A\Delta x$ 起主要作用，$o(\Delta x)$ 是 Δx 的高阶无穷小．

从 (3.4) 式看到，$\Delta y \approx A\Delta x$ 或 $\Delta y \approx \mathrm{d}y$，其误差是 $o(\Delta x)$．

例如，半径为 r 的圆面积 $Q = \pi r^2$．若半径 r 增大 Δr（自变量的改变量），则面积 Q 相应的改变量 ΔQ 就是以 r 与 $r + \Delta r$ 为半径的两个同心圆之间的圆环面积（如图 3.4），即

图 3.4

$$\Delta Q = \pi (r + \Delta r)^2 - \pi r^2 = 2\pi r \Delta r + \pi (\Delta r)^2.$$

显然，ΔQ 的线性主要部分是 $2\pi r \Delta r$，而 $\pi (\Delta r)^2$ 是比 Δr 高阶的无穷小 (当 $\Delta r \to 0$ 时)，即 $\pi (\Delta r)^2 = o(\Delta r)$．
$$\mathrm{d}Q = 2\pi r \Delta r, \quad \Delta Q \approx \mathrm{d}Q.$$
它的几何意义是：圆环的面积近似等于以半径为 r 的圆周长为底，以 Δr 为高的矩形面积．

再例如，半径为 r 的球的体积 $V = \dfrac{4}{3}\pi r^3$．当半径 r 的改变量为 Δr 时，ΔV 是
$$\Delta V = \frac{4}{3}\pi (r + \Delta r)^3 - \frac{4}{3}\pi r^3 = 4\pi r^2 \Delta r + 4\pi r (\Delta r)^2 + \frac{4}{3}\pi (\Delta r)^3.$$

显然，Δr 的线性主要部分是 $4\pi r^2 \Delta r$，而 $4\pi r (\Delta r)^2 + \dfrac{4}{3}\pi (\Delta r)^3$ 是比 Δr 高阶的无穷小（当 $\Delta r \to 0$ 时），即
$$4\pi r (\Delta r)^2 + \frac{4}{3}\pi (\Delta r)^3 = o(\Delta r), \quad \mathrm{d}V = 4\pi r^2 \Delta r, \quad \Delta V \approx \mathrm{d}V.$$

如果函数 $f(x)$ 在 x_0 可微，即 $\mathrm{d}y = A\Delta x$，那么常数 A 等于什么？下面定理的必要性回答了这个问题．

定理 3.8 函数 $y = f(x)$ 在 x_0 可微 $\Leftrightarrow$ 函数 $y = f(x)$ 在 x_0 可导．

证明 必要性 ($\Rightarrow$)．设函数 $f(x)$ 在 x_0 可微，即
$$\Delta y = A\Delta x + o(\Delta x),$$
其中 A 是与 Δx 无关的常数．用 Δx 除上式得
$$\frac{\Delta y}{\Delta x} = A + \frac{o(\Delta x)}{\Delta x}.$$
有

$$\lim_{\Delta x \to 0} \frac{\Delta y}{\Delta x} = A + \lim_{\Delta x \to 0} \frac{o(\Delta x)}{\Delta x} = A,$$

于是函数 $y=f(x)$ 在 x_0 可导，且 $A=f'(x_0)$.

充分性($\Leftarrow$). 设函数 $y=f(x)$ 在 x_0 可导，即

$$\lim_{\Delta x \to 0} \frac{\Delta y}{\Delta x} = f'(x_0),$$

则 $\frac{\Delta y}{\Delta x}=f'(x_0)+\alpha, \alpha \to 0$(当 $\Delta x \to 0$ 时). 从而

$$\Delta y = f'(x_0)\Delta x + \alpha\Delta x = f'(x_0)\Delta x + o(\Delta x),$$

其中 $f'(x_0)$ 是与 Δx 无关的常数，$o(\Delta x)$ 是比 Δx 高阶的无穷小，于是函数 $f(x)$ 在 x_0 可微.

定理 3.8 指出，函数 $f(x)$ 在 x_0 可微与可导是等价的，并且 $A=f'(x_0)$. 于是函数 $f(x)$ 在 x_0 的微分

$$\mathrm{d}y = f'(x_0)\Delta x.$$

由(3.4)式有

$$\Delta y = \mathrm{d}y + o(\Delta x) = f'(x_0)\Delta x + o(\Delta x).$$

从近似计算的角度来说，用 $\mathrm{d}y$ 近似代替 Δy 有两点好处：

(1) $\mathrm{d}y$ 是 Δx 的线性函数，这一点保证计算简便；

(2) $\Delta y - \mathrm{d}y = o(\Delta x)$，这一点保证近似程度好，即误差是比 Δx 高阶的无穷小.

从几何图形说，如图 3.5，PM 是曲线 $y=f(x)$ 在点 $P(x_0,f(x_0))$ 的切线. 已知切线 PM 的斜率 $\tan\varphi=f'(x_0)$.

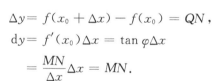
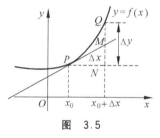

$$\Delta y = f(x_0+\Delta x) - f(x_0) = QN,$$
$$\mathrm{d}y = f'(x_0)\Delta x = \tan\varphi \Delta x$$
$$= \frac{MN}{\Delta x}\Delta x = MN.$$

图 3.5

由此可见，$\mathrm{d}y=MN$ 是曲线 $y=f(x)$ 在点 $P(x_0,y_0)$ 的切线 PM 的纵坐标的改变量. 因此，用 $\mathrm{d}y$ 近似代替 Δy，就是用在点 $P(x_0,y_0)$ 处切线的纵坐标的改变量 MN 近似代替函数 $f(x)$ 的改变量 QN，$QM=QN-MN=\Delta y-\mathrm{d}y=o(\Delta x)$.

由微分定义，自变量 x 本身的微分是

$$\mathrm{d}x = (x)'\Delta x = \Delta x,$$

即自变量 x 的微分 $\mathrm{d}x$ 等于自变量 x 的改变量 Δx. 于是，当 x 是自变量时，可用 $\mathrm{d}x$ 代替 Δx. 函数 $y=f(x)$ 在 x 的微分 $\mathrm{d}y$ 又可写为

$$\mathrm{d}y = f'(x)\mathrm{d}x \quad 或 \quad f'(x) = \frac{\mathrm{d}y}{\mathrm{d}x},$$

即函数 $y=f(x)$ 的导数 $f'(x)$ 等于函数的微分 $\mathrm{d}y$ 与自变量的微分 $\mathrm{d}x$ 的商. 导数亦称**微商**就源于此. 在没有引入微分概念之前, 曾用 $\dfrac{\mathrm{d}y}{\mathrm{d}x}$ 表示导数, 但是, 那时 $\dfrac{\mathrm{d}y}{\mathrm{d}x}$ 是一个完整的符号, 并不具有商的意义. 当引入微分概念之后, 符号 $\dfrac{\mathrm{d}y}{\mathrm{d}x}$ 才具有商的意义.

2. 微分的运算法则和公式

已知可微与可导是等价的, 且 $\mathrm{d}y=y'\mathrm{d}x$. 由导数的运算法则和导数公式可相应地得到微分运算法则和微分公式.

(1) 基本初等函数的微分公式

由基本初等函数的导数公式, 可以直接写出基本初等函数的微分公式. 为了便于对照, 列表 3.1 如下.

表 3.1

导数公式	微分公式
$(c)'=0$	$\mathrm{d}(c)=0$
$(x^\alpha)'=\alpha x^{\alpha-1}$	$\mathrm{d}(x^\alpha)=\alpha x^{\alpha-1}\mathrm{d}x$
$(\log_a x)'=\dfrac{1}{x\ln a}$	$\mathrm{d}(\log_a x)=\dfrac{1}{x\ln a}\mathrm{d}x$
$(\ln x)'=\dfrac{1}{x}$	$\mathrm{d}(\ln x)=\dfrac{1}{x}\mathrm{d}x$
$(a^x)'=a^x\ln a$	$\mathrm{d}(a^x)=a^x\ln a\,\mathrm{d}x$
$(e^x)'=e^x$	$\mathrm{d}(e^x)=e^x\mathrm{d}x$
$(\sin x)'=\cos x$	$\mathrm{d}(\sin x)=\cos x\mathrm{d}x$
$(\cos x)'=-\sin x$	$\mathrm{d}(\cos x)=-\sin x\mathrm{d}x$
$(\tan x)'=\sec^2 x$	$\mathrm{d}(\tan x)=\sec^2 x\mathrm{d}x$
$(\cot x)'=-\csc^2 x$	$\mathrm{d}(\cot x)=-\csc^2 x\mathrm{d}x$
$(\sec x)'=\sec x\tan x$	$\mathrm{d}(\sec x)=\sec x\tan x\mathrm{d}x$
$(\csc x)'=-\csc x\cot x$	$\mathrm{d}(\csc x)=-\csc x\cot x\mathrm{d}x$
$(\arcsin x)'=\dfrac{1}{\sqrt{1-x^2}}$	$\mathrm{d}(\arcsin x)=\dfrac{1}{\sqrt{1-x^2}}\mathrm{d}x$
$(\arccos x)'=-\dfrac{1}{\sqrt{1-x^2}}$	$\mathrm{d}(\arccos x)=-\dfrac{1}{\sqrt{1-x^2}}\mathrm{d}x$
$(\arctan x)'=\dfrac{1}{1+x^2}$	$\mathrm{d}(\arctan x)=\dfrac{1}{1+x^2}\mathrm{d}x$
$(\operatorname{arccot} x)'=-\dfrac{1}{1+x^2}$	$\mathrm{d}(\operatorname{arccot} x)=-\dfrac{1}{1+x^2}\mathrm{d}x$

(2) 函数和、差、积、商的微分法则

由函数和、差、积、商的求导法则,可推得相应的微分法则. 为了便于对照,列表 3.2 如下(表中 $u=u(x), v=v(x)$).

表 3.2

函数和、差、积、商的求导法则	函数和、差、积、商的微分法则
$(u \pm v)' = u' \pm v'$	$d(u \pm v) = du \pm dv$
$(cu)' = cu'$	$d(cu) = c du$
$(uv)' = u'v + uv'$	$d(uv) = v du + u dv$
$\left(\dfrac{u}{v}\right)' = \dfrac{u'v - uv'}{v^2}$	$d\left(\dfrac{u}{v}\right) = \dfrac{v du - u dv}{v^2}$

现在以乘积的微分法则为例加以证明.

事实上,由微分的表达式及乘积的求导法则,有
$$d(uv) = (uv)' dx = (u'v + uv') dx = v(u' dx) + u(v' dx) = v du + u dv.$$
其他法则都可以用类似的方法证明.

(3) 复合函数微分法则

设 $y = f(u), u = \varphi(x)$,则复合函数 $y = f[\varphi(x)]$ 的微分为
$$dy = y'_x dx = f'(u) \varphi'(x) dx.$$
由于 $\varphi'(x) dx = du$,所以复合函数 $y = f[\varphi(x)]$ 的微分公式可以写成
$$dy = f'(u) du \quad \text{或} \quad dy = y'_u du.$$
由此可见,无论 u 是自变量还是另一个变量的函数,微分形式 $dy = f'(u) du$ 保持不变. 这一性质称为**一阶微分形式不变性**.

例 3.26 求下列函数的微分:

(1) $y = \sin(3x+1)$; (2) $y = \ln(1 + e^{x^2})$.

解 (1) $dy = d\sin(3x+1) = \cos(3x+1) d(3x+1) = 3\cos(3x+1) dx$;

(2) $dy = d\ln(1 + e^{x^2}) = \dfrac{1}{1 + e^{x^2}} d(1 + e^{x^2}) = \dfrac{1}{1 + e^{x^2}} e^{x^2} d(x^2)$
$= \dfrac{1}{1 + e^{x^2}} \cdot e^{x^2} \cdot 2x dx = \dfrac{2x e^{x^2}}{1 + e^{x^2}} dx.$

3. 微分在近似计算上的应用

若函数 $y = f(x)$ 在 x_0 可微,则 $\Delta y = dy + o(\Delta x)$. 由
$$\Delta y = f(x_0 + \Delta x) - f(x_0), \quad dy = f'(x_0) \Delta x,$$
有

$$f(x_0 + \Delta x) - f(x_0) = f'(x_0)\Delta x + o(\Delta x)$$

或

$$f(x_0 + \Delta x) = f(x_0) + f'(x_0)\Delta x + o(\Delta x).$$

设 $x = x_0 + \Delta x, \Delta x = x - x_0$,上式又可写成

$$f(x) = f(x_0) + f'(x_0)(x - x_0) + o(x - x_0)$$

或

$$f(x) \approx f(x_0) + f'(x_0)(x - x_0). \tag{3.5}$$

(3.5)式就是函数值 $f(x)$ 的近似计算公式. 特别是,当 $x_0 = 0$,且 $|x|$ 充分小时,(3.5)式就是

$$f(x) \approx f(0) + f'(0)x. \tag{3.6}$$

由(3.6)式可以推得几个常用的近似公式(当 $|x|$ 充分小时):

(1) $\sin x \approx x$;   (2) $\tan x \approx x$;   (3) $e^x \approx 1 + x$;

(4) $\dfrac{1}{1+x} \approx 1 - x$;   (5) $\ln(1+x) \approx x$;   (6) $\sqrt[n]{1 \pm x} \approx 1 \pm \dfrac{x}{n}$.

以上几个近似公式很容易证明,这里只给出最后一个近似公式的证明.

设 $f(x) = \sqrt[n]{1 \pm x}$,则

$$f(0) = 1, \quad f'(x) = \pm \frac{1}{n}(1 \pm x)^{\frac{1}{n}-1}, \quad f'(0) = \pm \frac{1}{n}.$$

由公式(3.6),有

$$\sqrt[n]{1 \pm x} \approx 1 \pm \frac{x}{n}.$$

例 3.27 求 $\tan 31°$ 的近似值.

解 设 $f(x) = \tan x, x_0 = 30° = \dfrac{\pi}{6}, x = 31° = \dfrac{31\pi}{180}, x - x_0 = 1° = \dfrac{\pi}{180}$,则

$$f'(x) = \sec^2 x, \quad f'\left(\frac{\pi}{6}\right) = \sec^2 \frac{\pi}{6} = \frac{4}{3}, \quad \tan \frac{\pi}{6} = \frac{1}{\sqrt{3}}.$$

由(3.5)式,有

$$\tan 31° \approx \tan \frac{\pi}{6} + \sec^2 \frac{\pi}{6} \cdot \frac{\pi}{180} = \frac{1}{\sqrt{3}} + \frac{4}{3} \cdot \frac{\pi}{180}$$

$$\approx 0.577\,35 + 0.023\,27 = 0.600\,62.$$

$\tan 31°$ 的准确值是 $0.600\,860\,6\cdots$.

例 3.28 求 $\sqrt[5]{34}$ 的近似值.

解 已知当 $|x|$ 很小时,有 $(1+x)^{\frac{1}{n}} \approx 1 + \dfrac{x}{n}$. 所以有

$$\sqrt[5]{34} = \sqrt[5]{2^5+2} = \sqrt[5]{2^5\left(1+\frac{1}{2^4}\right)} = 2\left(1+\frac{1}{2^4}\right)^{\frac{1}{5}}$$
$$\approx 2\left(1+\frac{1}{5}\times\frac{1}{16}\right) = 2+\frac{1}{40} = 2.025.$$

习题 3.4

1. 求下列函数的微分：

(1) $y = x - \frac{1}{2}x^2 + \frac{1}{3}x^3 - \frac{1}{4}x^4$；

(2) $y = \frac{x^{2n}}{(1+x^2)^n}$；

(3) $y = e^x \cos(3-x)$；

(4) $y = \sin ax \cdot \cos bx$；

(5) $y = \ln(\sec x + \tan x)$.

2. 利用微分形式不变性求下列函数的微分：

(1) $y = \sin[\ln(3x+1)]$；

(2) $y = a^{ax} (a > 0)$；

(3) $y = \arctan(\tan^2 x)$；

(4) $y = \ln(e^x + \sqrt{1+e^{2x}})$.

3. 利用公式 $\sqrt[n]{1+x} \approx 1 + \frac{1}{n}x$，求下列各数的近似值：

(1) $\sqrt{0.97}$；　(2) $\sqrt[4]{80}$；　(3) $\sqrt[3]{1.02}$.

4. 设扇形的圆心角 $\alpha = 60°$，半径 $R = 100$ cm. 如果 R 不变，α 减少 $30'$，问扇形面积大约改变了多少？又如果 α 不变，R 增加 1 cm，问扇形面积大约改变了多少？

3.5 高阶导数

已知运动的加速度是速度对于时间的变化率. 如果以 $s = f(t)$ 记运动规律，那么 $f'(t)$ 是速度，加速度是速度对于时间的变化率，所以加速度便是 $f'(t)$ 对于时间 t 的导数. 这就引出求导函数的导数问题.

一般说来，函数 $y = f(x)$ 的导数 $y' = f'(x)$ 仍是 x 的函数，如果函数 $y' = f'(x)$ 的导数存在，这个导数就称为原来函数 $y = f(x)$ 的二阶导数，记作 y''，$f''(x)$ 或 $\frac{d^2 y}{dx^2}$.

按照定义，函数 $y = f(x)$ 在点 x 的二阶导数就是下列极限：
$$f''(x) = \lim_{\Delta x \to 0} \frac{f'(x+\Delta x) - f'(x)}{\Delta x}.$$

同样，如果 $y'' = f''(x)$ 的导数存在，其导数就称为 $y = f(x)$ 的三阶导数，记作
$$y''', \quad f'''(x), \quad \frac{d^3 y}{dx^3}.$$

一般地，如果 $y = f(x)$ 的 $(n-1)$ 阶导数 $y^{(n-1)} = f^{(n-1)}(x)$ 的导数存在，其导数就称为

$y=f(x)$ 的 n 阶导数,记作

$$y^{(n)}, \quad f^{(n)}(x), \quad \frac{\mathrm{d}^n y}{\mathrm{d}x^n}.$$

显然,求高阶导数只需进行一连串通常的求导数运算,不需要什么另外的办法.

例 3.29 求 n 次多项式 $y=a_0 x^n + a_1 x^{n-1} + \cdots + a_{n-1}x + a_n$ 的各阶导数.

解 $y' = na_0 x^{n-1} + (n-1)a_1 x^{n-2} + \cdots + a_{n-1}$,

$y'' = n(n-1)a_0 x^{n-2} + (n-1)(n-2)a_1 x^{n-3} + \cdots + 2a_{n-2}$,

可见经过一次求导运算,多项式的次数就降一次,继续求导下去,易知

$$y^{(n)} = n!\, a_0$$

是一个常数,由此

$$y^{(n+1)} = y^{(n+2)} = \cdots = 0.$$

即 n 次多项式的一切高于 n 阶的导数都是零.

例 3.30 求 $y=\mathrm{e}^{ax}, y=a^x$ 的 n 阶导数.

解 (1) $y=\mathrm{e}^{ax}, y'=a\mathrm{e}^{ax}, y''=a^2 \mathrm{e}^{ax}, \cdots, y^{(n)}=a^n \mathrm{e}^{ax}$;

(2) $y=a^x, y'=(\ln a)a^x, y''=(\ln a)^2 a^x, \cdots, y^{(n)}=(\ln a)^n a^x$.

例 3.31 求 $y=\ln(1+x)$ 的 n 阶导数.

解 $y' = \dfrac{1}{1+x}, \quad y'' = -\dfrac{1}{(1+x)^2}, \quad y''' = \dfrac{1 \cdot 2}{(1+x)^3}, \cdots,$

$$y^{(n)} = (-1)^{n-1} \frac{(n-1)!}{(1+x)^n}.$$

例 3.32 求 $y = \sin x$ 的 n 阶导数.

解 $y' = \cos x = \sin\left(x + \dfrac{\pi}{2}\right)$,

$y'' = \cos\left(x + \dfrac{\pi}{2}\right) = \sin\left(x + 2 \cdot \dfrac{\pi}{2}\right)$,

$\vdots$

$y^{(n)} = \sin\left(x + n \cdot \dfrac{\pi}{2}\right)$.

同理

$$(\cos x)^{(n)} = \cos\left(x + n \cdot \frac{\pi}{2}\right).$$

如果函数 $u(x), v(x)$ 都具有 n 阶导数,则其代数和的 n 阶导数是它们的 n 阶导数的代数和:

$$(u \pm v)^{(n)} = u^{(n)} \pm v^{(n)}.$$

至于它们乘积的 n 阶导数,现讨论如下.

应用乘积的求导法则,求出

$$(uv)' = u'v + uv',$$
$$(uv)'' = u''v + 2u'v' + uv'',$$
$$(uv)''' = u'''v + 3u''v' + 3u'v'' + uv'''.$$

容易看出,它们右边的系数恰好与牛顿二项式的系数相同. 应用数学归纳法不难证明由此推广的一般公式:

$$(uv)^{(n)} = u^{(n)}v + C_n^1 u^{(n-1)}v' + C_n^2 u^{(n-2)}v'' + \cdots + C_n^k u^{(n-k)}v^{(k)} + \cdots + uv^{(n)} \quad (3.7)$$

成立,其中 $C_n^k = \dfrac{n(n-1)\cdots(n-k+1)}{k!}$.

公式(3.7)称为**莱布尼茨公式**.

例 3.33 $y = x^2 \mathrm{e}^{2x}$,求 $y^{(20)}$.

解 设 $u = \mathrm{e}^{2x}, v = x^2$,则
$$u' = 2\mathrm{e}^{2x}, \quad u'' = 2^2 \mathrm{e}^{2x}, \quad \cdots, \quad u^{(20)} = 2^{20} \mathrm{e}^{2x},$$
$$v' = 2x, \quad v'' = 2, \quad v''' = 0.$$

由莱布尼茨公式,有
$$\begin{aligned}
y^{(20)} &= u^{(20)}v + C_{20}^1 u^{(19)}v' + C_{20}^2 u^{(18)}v'' \\
&= 2^{20} \cdot \mathrm{e}^{2x} \cdot x^2 + 20 \cdot 2^{19} \cdot \mathrm{e}^{2x} \cdot 2x + 190 \cdot 2^{18} \cdot \mathrm{e}^{2x} \cdot 2 \\
&= 2^{20} \mathrm{e}^{2x}(x^2 + 20x + 95).
\end{aligned}$$

例 3.34 由参数方程 $\begin{cases} x = \varphi(t), \\ y = \psi(t), \end{cases} \alpha \leqslant t \leqslant \beta$ 确定 y 为 x 的函数,若 $x = \varphi(t)$ 与 $y = \psi(t)$ 都是二阶可导的,且 $\varphi'(t) \neq 0$,求 y 对 x 的二阶导数 $\dfrac{\mathrm{d}^2 y}{\mathrm{d}x^2}$.

解 由参数方程的求导公式 $\dfrac{\mathrm{d}y}{\mathrm{d}x} = \dfrac{\psi'(t)}{\varphi'(t)}$,则有
$$\begin{aligned}
\frac{\mathrm{d}^2 y}{\mathrm{d}x^2} &= \frac{\mathrm{d}}{\mathrm{d}x}\left(\frac{\mathrm{d}y}{\mathrm{d}x}\right) = \frac{\mathrm{d}}{\mathrm{d}x}\left(\frac{\psi'(t)}{\varphi'(t)}\right) = \frac{\mathrm{d}}{\mathrm{d}t}\left(\frac{\psi'(t)}{\varphi'(t)}\right)\frac{\mathrm{d}t}{\mathrm{d}x} \\
&= \frac{\psi''(t)\varphi'(t) - \psi'(t)\varphi''(t)}{\varphi'^2(t)} \cdot \frac{1}{\varphi'(t)} = \frac{\psi''(t)\varphi'(t) - \psi'(t)\varphi''(t)}{\varphi'^3(t)}.
\end{aligned}$$

这就是参数方程的二阶导数公式.

例 3.35 求由方程 $x - y + \dfrac{1}{2}\sin y = 0$ 所确定的隐函数 y 的二阶导数 $\dfrac{\mathrm{d}^2 y}{\mathrm{d}x^2}$.

解 应用隐函数的求导方法,得
$$1 - \frac{\mathrm{d}y}{\mathrm{d}x} + \frac{1}{2}\cos y \frac{\mathrm{d}y}{\mathrm{d}x} = 0,$$

于是
$$\frac{\mathrm{d}y}{\mathrm{d}x} = \frac{2}{2 - \cos y}.$$

上式两边再对 x 求导,得

$$\frac{d^2 y}{dx^2} = \frac{-2\sin y \dfrac{dy}{dx}}{(2-\cos y)^2} = \frac{-4\sin y}{(2-\cos y)^3}.$$

习题 3.5

1. 勒让德(Legendre)方程为 $(1-x^2)y''-2xy'+n(n+1)y=0$.
(1) 当 $n=1$ 时,证明 $y=x$ 满足方程;
(2) 当 n 取何值时, $y=\dfrac{1}{2}(3x^2-1)$ 满足勒让德方程?

2. 求下列函数的二阶导数 $\dfrac{d^2 y}{dx^2}$:

(1) $y=x^2\cos x$; (2) $y=\dfrac{e^x}{x}$;

(3) $\begin{cases} x=t+\sin t, \\ y=2-\cos t; \end{cases}$ (4) $x^3+y^3-3axy=0$.

3. 求下列函数指定阶的导数:
(1) $y=(2x^2-7)\ln(x-1), y^{(4)}=?$ (2) $y=(1+x^2)\arctan x, y'''=?$
(3) $y=e^{-x}(\cos 2x-2\sin x), y'''=?$

4. 求 n 阶导数:

(1) $y=\sin^2 x$;   (2) $y=xe^{-x}$;   (3) $y=\sqrt[3]{e^{2x+1}}$.

第 4 章 中值定理与导数的应用

导数是研究函数性态的重要工具,仅从导数的概念出发并不能充分体现这种工具的作用,它需要建立在微分学的基本定理的基础上,这些定理统称为"中值定理".

4.1 微分中值定理

1. 罗尔①定理

定理 4.1 设函数 $f(x)$ 满足以下条件:
(1) 在闭区间 $[a,b]$ 上连续;
(2) 在开区间 (a,b) 内可导;
(3) 在区间两个端点处的函数值相等,即 $f(a)=f(b)$.
则在 (a,b) 内至少存在一点 ξ,使 $f'(\xi)=0$.

分析 如图 4.1,此定理的几何意义是明显的. 它表示:若一条连续的曲线 AB 每点都有切线,且它的两个端点在一条水平直线上,那么在此曲线上必有一点,过该点的切线平行于 x 轴.

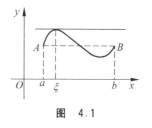

图 4.1

由图 4.1 不难看出,所求的点 ξ 正是函数达到最大值(或最小值)的点,因此,下面证明的思路就是从函数达到最大值(或最小值)的点 ξ 出发,来证明 $f'(\xi)=0$.

证明 因为 $f(x)$ 在 $[a,b]$ 上连续,根据连续函数的性质,$f(x)$ 在 $[a,b]$ 上必有最大值 M 和最小值 m.

(1) 如果 $m=M$,则 $f(x)$ 在 $[a,b]$ 上恒为常数 M,因此在 (a,b) 内恒有 $f(x)=M$,于是,(a,b) 内每一点都可取为定理中的 ξ;

(2) 如果 $m<M$,因 $f(a)=f(b)$,则 M 与 m 中至少有一个不等于端点 a 处的函数值 $f(a)$,设 $M\neq f(a)$,从而,在 (a,b) 内至少有一点 ξ,使得 $f(\xi)=M$. 我们来证明,在点 ξ,有

---

① 罗尔(Rolle,1652—1719),法国数学家.

$f'(\xi) = 0$.

事实上,因为 $f(\xi) = M$ 是最大值,所以不论 Δx 为正或负,只要 $\xi + \Delta x \in (a,b)$,恒有 $f(\xi + \Delta x) \leqslant f(\xi)$,由 $f(x)$ 在 ξ 点可导及极限的保号性,有

$$f'(\xi) = \lim_{\Delta x \to 0^+} \frac{f(\xi + \Delta x) - f(\xi)}{\Delta x} \leqslant 0, \quad f'(\xi) = \lim_{\Delta x \to 0^-} \frac{f(\xi + \Delta x) - f(\xi)}{\Delta x} \geqslant 0,$$

因此必有 $f'(\xi) = 0$.

2. 拉格朗日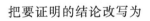定理

定理 4.2 设函数 $f(x)$ 满足以下条件:

(1) 在闭区间 $[a,b]$ 上连续;

(2) 在开区间 (a,b) 上可导.

则至少存在一点 $\xi \in (a,b)$,使得

$$f'(\xi) = \frac{f(b) - f(a)}{b - a} \tag{4.1}$$

或

$$f(b) - f(a) = f'(\xi)(b - a). \tag{4.1}'$$

几何意义 如图 4.2,$\dfrac{f(b)-f(a)}{b-a}$ 就是割线 AB 的斜率,而 $f'(\xi)$ 就是曲线 $y = f(x)$ 上点 $C(\xi, f(\xi))$ 的切线斜率.拉格朗日定理的意义是:若区间 $[a,b]$ 上有一条连续曲线,曲线上每一点都有切线,则曲线上至少有一点 $C(\xi, f(\xi))$,过 C 点的切线与割线 AB 平行.

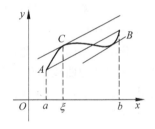

图 4.2

拉格朗日定理的证明分析 不难看出罗尔定理是拉格朗日定理的特殊情况,自然,就想到应用罗尔定理来证明拉格朗日定理.为此,应构造一个符合罗尔定理条件的辅助函数 $F(x)$.

把要证明的结论改写为

$$f'(\xi) - \frac{f(b)-f(a)}{b-a} = 0, \quad 即 \quad \left[f(x) - \frac{f(b)-f(a)}{b-a} \cdot x \right]'_{x=\xi} = 0.$$

把括号内的式子看作一个函数,令

$$F(x) = f(x) - \frac{f(b) - f(a)}{b - a} \cdot x,$$

---

① 拉格朗日(Lagrange,1736—1813),法国数学家.

则要证明的结论归结为：在(a,b)内至少存在一点ξ,使得$F'(\xi)=0$.

证明 作辅助函数
$$F(x) = f(x) - \frac{f(b)-f(a)}{b-a} \cdot x,$$

可知$F(x)$在$[a,b]$上连续,在(a,b)上可导. 又
$$F(b)-F(a) = f(b) - \frac{f(b)-f(a)}{b-a} \cdot b - \left(f(a) - \frac{f(b)-f(a)}{b-a} \cdot a\right)$$
$$= [f(b)-f(a)]\left(1 - \frac{b}{b-a} + \frac{a}{b-a}\right) = 0,$$

所以$F(b)=F(a)$,$F(x)$满足罗尔定理的条件.

于是,在(a,b)内至少存在一点ξ,使$F'(\xi)=0$,即
$$f'(\xi) - \frac{f(b)-f(a)}{b-a} = 0,$$

亦即
$$f'(\xi) = \frac{f(b)-f(a)}{b-a},$$

或
$$f(b) - f(a) = f'(\xi)(b-a).$$

由$a<\xi<b$,可知$0<\xi-a<b-a$,即$0<\frac{\xi-a}{b-a}<1$. 令$\theta=\frac{\xi-a}{b-a}$,则$\xi=a+\theta(b-a)$ $(0<\theta<1)$. 所以,拉格朗日定理常写成
$$f(b) - f(a) = f'[a+\theta(b-a)](b-a),$$

其中θ满足$0<\theta<1$.

3. 柯西[①]定理

拉格朗日定理还可加以推广：在表示拉格朗日定理几何意义的图4.2中,如果将曲线用参数方程来表示：$x=g(t),y=f(t)(\alpha\leqslant t\leqslant\beta)$,参数$\alpha$与$\beta$分别对应于$A$与$B$,那么$AB$的斜率$k_{AB}=[f(\beta)-f(\alpha)]/[g(\beta)-g(\alpha)]$. 而在$C(t=\xi)$点处的切线的斜率为$k=f'(\xi)/g'(\xi)$,其中$\xi$介于$\alpha$与$\beta$之间. 由于在点$C$处的切线与弦$AB$平行,故有
$$\frac{f(\beta)-f(\alpha)}{g(\beta)-g(\alpha)} = \frac{f'(\xi)}{g'(\xi)}, \quad \alpha<\xi<\beta.$$

[①] 柯西(Cauchy,1789—1857),法国数学家.

与这个几何事实密切相联的是柯西定理.

定理 4.3 设函数 $f(x)$ 与 $g(x)$ 满足以下条件：

(1) 在闭区间 $[a,b]$ 上连续；

(2) 在开区间 (a,b) 内可导；

(3) $\forall x \in (a,b)$，有 $g'(x) \neq 0$.

则至少存在一点 $\xi \in (a,b)$，使得

$$\frac{f(b)-f(a)}{g(b)-g(a)} = \frac{f'(\xi)}{g'(\xi)}. \tag{4.2}$$

分析 公式(4.2)相当于

$$\frac{f(b)-f(a)}{g(b)-g(a)} g'(\xi) = f'(\xi)$$

或

$$\frac{f(b)-f(a)}{g(b)-g(a)} g'(\xi) - f'(\xi) = 0, \quad a < \xi < b.$$

上式可以写成

$$\left[f(x) - \frac{f(b)-f(a)}{g(b)-g(a)} g(x) \right]' \bigg|_{x=\xi} = 0.$$

令

$$F(x) = f(x) - \frac{f(b)-f(a)}{g(b)-g(a)} g(x).$$

验证 $F(x)$ 满足罗尔定理的条件即可.

证明 首先，指出 $g(b)-g(a) \neq 0$. 事实上，若 $g(b)=g(a)$，由罗尔定理，在 (a,b) 内存在一点 ξ，使 $g'(\xi)=0$，这与条件(3)矛盾，故 $g(b)-g(a) \neq 0$.

作辅助函数

$$F(x) = f(x) - \frac{f(b)-f(a)}{g(b)-g(a)} g(x),$$

则 $F(x)$ 在 $[a,b]$ 上连续，(a,b) 内可导. 又

$$F(b)-F(a) = f(b) - \frac{f(b)-f(a)}{g(b)-g(a)} g(b) - \left(f(a) - \frac{f(b)-f(a)}{g(b)-g(a)} g(a) \right)$$

$$= [f(b)-f(a)] - \frac{f(b)-f(a)}{g(b)-g(a)} [g(b)-g(a)] = 0,$$

即 $F(b)=F(a)$，$F(x)$ 满足罗尔定理的条件.

由罗尔定理可知，在 (a,b) 内存在一点 ξ，使得 $F'(\xi)=0$，即

$$f'(\xi) - \frac{f(b)-f(a)}{g(b)-g(a)} g'(\xi) = 0,$$

从而有
$$\frac{f(b)-f(a)}{g(b)-g(a)}=\frac{f'(\xi)}{g'(\xi)}.$$

容易看出,在柯西中值定理中,当 $g(x)=x$ 时, $g'(x)=1$, $g(a)=a$, $g(b)=b$,(4.2)式就是

$$\frac{f(b)-f(a)}{b-a}=f'(\xi),$$

即拉格朗日定理是柯西定理当 $g(x)=x$ 时的特殊情况.

例 4.1 函数 $f(x)=\sin x$ 在 $[0,\pi]$ 上是否满足罗尔定理的条件?如满足,试求出 ξ 的值.

解 因 $f(x)=\sin x$ 在 $[0,\pi]$ 上连续,在 $(0,\pi)$ 内可导且 $f(0)=f(\pi)$,所以 $f(x)=\sin x$ 在 $[0,\pi]$ 上满足罗尔定理的条件.于是在 $(0,\pi)$ 内存在一点 ξ(如图 4.3),使 $f'(\xi)=0$,即 $\cos\xi=0$,因此 $\xi=\frac{\pi}{2}$.

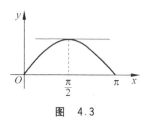

图 4.3

例 4.2 不求出函数
$$f(x)=(x-1)(x-2)(x-3)(x-4)$$
的导数,说明方程 $f'(x)=0$ 有几个实根,并指出它们所在的区间.

解 因 $f(x)=(x-1)(x-2)(x-3)(x-4)$ 在 $[1,4]$ 上可导,又 $f(1)=f(2)=f(3)=f(4)$,所以 $f(x)$ 在 $[1,2]$,$[2,3]$,$[3,4]$ 上满足罗尔定理的条件,因此 $f'(x)=0$ 至少有 3 个实根,分别位于区间 $(1,2)$,$(2,3)$,$(3,4)$ 内.

又知 $f'(x)$ 是三次多项式,故 $f'(x)=0$ 至多有 3 个实根.于是方程 $f'(x)=0$ 恰有 3 个实根.

例 4.3 如果函数 $f(x)$ 在区间 (a,b) 内任意一点的导数 $f'(x)$ 都等于零,则函数 $f(x)$ 在区间 (a,b) 内是一个常数.

证明 设 x_1,x_2 是区间 (a,b) 内任意两点,且 $x_1<x_2$,$f(x)$ 在区间 $[x_1,x_2]$ 上满足拉格朗日定理的两个条件,因此有
$$f(x_2)-f(x_1)=f'(\xi)(x_2-x_1),\quad \xi\in(x_1,x_2).$$

由题设知 $f'(\xi)=0$,所以 $f(x_1)=f(x_2)$.这就说明区间 (a,b) 内任意两点的函数值相等,所以函数 $f(x)$ 在区间 (a,b) 内是一常数.

例 4.4 试证:$\arcsin x+\arccos x=\frac{\pi}{2}$ $(-1<x<1)$.

证明 $\forall x\in(-1,1)$,有

$$(\arcsin x + \arccos x)' = \frac{1}{\sqrt{1-x^2}} - \frac{1}{\sqrt{1-x^2}} = 0.$$

由例 4.3 可知，$\arcsin x + \arccos x = C$（$C$ 为常数）．

为了确定常数 C，令 $x=0$，有

$$C = \arcsin 0 + \arccos 0 = \frac{\pi}{2},$$

即

$$\arcsin x + \arccos x = \frac{\pi}{2}.$$

例 4.5 证明：$\frac{x}{1+x} < \ln(1+x) < x$ $(x>0)$．

证明 函数 $\ln(1+t)$ 在 $[0,x]$ $(x>0)$ 满足拉格朗日定理的条件，于是有

$$\ln(1+x) - \ln 1 = (\ln(1+t))'|_{t=\xi} \cdot x, \quad 0 < \xi < x,$$

即 $\ln(1+x) = \frac{1}{1+\xi} \cdot x$，而 $\frac{1}{1+x} < \frac{1}{1+\xi} < 1$，从而有

$$\frac{x}{1+x} < \ln(1+x) < x.$$

习题 4.1

1. 验证函数 $f(x) = x - x^3$ 在区间 $[-2,1]$ 上满足罗尔定理的条件，并求中间值 ξ．

2. 验证函数 $f(x) = \tan x$，$x \in \left[-\frac{\pi}{4}, \frac{\pi}{4}\right]$ 满足拉格朗日中值定理的条件，并求中间值 ξ．

3. 验证函数 $f(x) = \sin x$，$g(x) = x + \cos x$ 在区间 $\left[0, \frac{\pi}{2}\right]$ 上满足柯西中值定理的条件，并求中间值 ξ．

4. 已知 $\lim\limits_{x\to\infty} f'(x) = a$，试证明：$\lim\limits_{x\to\infty}[f(x+k) - f(x)] = ka$ $(k \neq 0)$．

5. 证明：若 $f'(x)$ 在 $[a,b]$ 上有界，则存在常数 $M > 0$，使得不等式

$$|f(x_2) - f(x_1)| \leqslant M|x_2 - x_1|$$

成立，其中 x_1, x_2 是 $[a,b]$ 上的任意两点．

6. 利用上题结果，证明不等式：

(1) $|\sin a - \sin b| \leqslant |a - b|$； (2) $|\arctan a - \arctan b| \leqslant |a - b|$．

7. 若对所有的 x，均有 $f'(x) > g'(x)$，且 $f(a) = g(a)$．证明：

(1) 当 $x > a$ 时，$f(x) > g(x)$； (2) 当 $x < a$ 时，$f(x) < g(x)$．

4.2 洛必达[①]法则

约定用"0"表示无穷小,用"∞"表示无穷大,两个无穷小之比,记作$\dfrac{0}{0}$,两个无穷大之比记作$\dfrac{\infty}{\infty}$,$\dfrac{0}{0}$和$\dfrac{\infty}{\infty}$可能有各种不同的情况. 过去只能用一些特殊的技巧来求$\dfrac{0}{0}$或$\dfrac{\infty}{\infty}$形式的极限,而没有一般的方法. 本节要建立一个运用导数来求$\dfrac{0}{0}$或$\dfrac{\infty}{\infty}$形式的极限的法则——**洛必达法则**.

$\dfrac{0}{0}$与$\dfrac{\infty}{\infty}$都称为**未定式**. 约定用"1"表示以 1 为极限的一类函数,未定式还有 5 种:

$$0\cdot\infty,\quad 1^{\infty},\quad 0^{0},\quad \infty^{0},\quad \infty_1-\infty_2.$$

这 5 种未定式都可化为$\dfrac{0}{0}$或$\dfrac{\infty}{\infty}$的未定式.

1. $\dfrac{0}{0}$型未定式

洛必达法则 1 设函数 $f(x)$ 和 $g(x)$ 满足以下条件:

(1) 在点 a 的某个去心邻域 $\mathring{U}(a)$ 内可导,且 $g'(x)\neq 0$;

(2) $\lim\limits_{x\to a}f(x)=\lim\limits_{x\to a}g(x)=0$;

(3) $\lim\limits_{x\to a}\dfrac{f'(x)}{g'(x)}=A$(或 ∞).

则

$$\lim_{x\to a}\frac{f(x)}{g(x)}=\lim_{x\to a}\frac{f'(x)}{g'(x)}=A\text{(或 }\infty\text{)}.$$

证明 将函数 $f(x)$ 与 $g(x)$ 在 a 作连续开拓,即设

$$f_1(x)=\begin{cases}f(x),&x\neq a,\\0,&x=a.\end{cases}\qquad g_1(x)=\begin{cases}g(x),&x\neq a,\\0,&x=a.\end{cases}$$

则函数 $f_1(x)$ 与 $g_1(x)$ 在 a 的邻域 $U(a)$ 内连续. $\forall x\in\mathring{U}(a)$,在以 x 与 a 为端点的区间上,$f_1(x)$ 与 $g_1(x)$ 满足柯西中值定理的条件,则在 x 与 a 之间存在一点 ξ,使

$$\frac{f_1(x)-f_1(a)}{g_1(x)-g_1(a)}=\frac{f_1'(\xi)}{g_1'(\xi)}.$$

[①] 洛必达(L'Hospital,1661—1704),法国数学家.

已知 $f_1(a)=g_1(a)=0$，$\forall x \in \mathring{U}(a)$，有 $f_1(x)=f(x)$, $g_1(x)=g(x)$, $f_1'(\xi)=f'(\xi)$，$g_1'(\xi)=g'(\xi)$，从而

$$\frac{f(x)}{g(x)}=\frac{f'(\xi)}{g'(\xi)},$$

因为 ξ 在 x 与 a 之间，所以当 $x\to a$ 时，有 $\xi\to a$，由条件(3)，有

$$\lim_{x\to a}\frac{f(x)}{g(x)}=\lim_{\xi\to a}\frac{f'(\xi)}{g'(\xi)}=\lim_{x\to a}\frac{f'(x)}{g'(x)}=A(\text{或}\infty).$$

洛必达法则 2 设函数 $f(x)$ 与 $g(x)$ 满足以下条件：

(1) $\exists X>0$，当 $|x|>X$ 时，函数 $f(x)$ 与 $g(x)$ 可导，且 $g'(x)\neq 0$；
(2) $\lim\limits_{x\to\infty}f(x)=0$，$\lim\limits_{x\to\infty}g(x)=0$；
(3) $\lim\limits_{x\to\infty}\dfrac{f'(x)}{g'(x)}=A(\text{或}\infty)$.

则

$$\lim_{x\to\infty}\frac{f(x)}{g(x)}=\lim_{x\to\infty}\frac{f'(x)}{g'(x)}=A\ (\text{或}\infty).$$

证明 令 $x=\dfrac{1}{y}$，则当 $x\to\infty \Leftrightarrow y\to 0$，从而

$$\lim_{x\to\infty}\frac{f(x)}{g(x)}=\lim_{y\to 0}\frac{f(1/y)}{g(1/y)},$$

其中 $\lim\limits_{y\to 0}f(1/y)=0$，$\lim\limits_{y\to 0}g(1/y)=0$. 根据洛必达法则 1，有

$$\lim_{y\to 0}\frac{f(1/y)}{g(1/y)}=\lim_{y\to 0}\frac{[f(1/y)]'}{[g(1/y)]'}=\lim_{y\to 0}\frac{f'(1/y)\cdot(-1/y^2)}{g'(1/y)\cdot(-1/y^2)}$$

$$=\lim_{y\to 0}\frac{f'(1/y)}{g'(1/y)}=\lim_{x\to\infty}\frac{f'(x)}{g'(x)}=A,$$

即

$$\lim_{x\to\infty}\frac{f(x)}{g(x)}=\lim_{x\to\infty}\frac{f'(x)}{g'(x)}=A\ (\text{或}\infty).$$

例 4.6 求极限 $\lim\limits_{x\to 0}\dfrac{1-\cos x}{x^2}$. $\left(\dfrac{0}{0}\right)$

解 令 $f(x)=1-\cos x$，$g(x)=x^2$. 当 $x\to 0$ 时，$f(x)\to 0$，$g(x)\to 0$，所以此极限是 $\dfrac{0}{0}$ 型未定式，且满足洛必达法则 1 中的条件(1)及(2). 由于

$$\lim_{x\to 0}\frac{f'(x)}{g'(x)}=\lim_{x\to 0}\frac{\sin x}{2x}=\frac{1}{2},$$

所以洛必达法则的条件(3)也满足. 因此所求极限存在，且

$$\lim_{x\to 0}\frac{1-\cos x}{x^2}=\lim_{x\to 0}\frac{\sin x}{2x}=\frac{1}{2}.$$

例 4.7 求极限 $\lim\limits_{x\to 0}\dfrac{a^x-b^x}{x}$. $\left(\dfrac{0}{0}\right)$

解 令 $f(x)=a^x-b^x, g(x)=x$. 当 $x\to 0$ 时, $f(x)\to 0, g(x)\to 0$, 所以所求极限是 $\dfrac{0}{0}$ 型未定式, 且满足洛必达法则 1 的条件(1)和(2). 由于

$$\lim_{x\to 0}\frac{f'(x)}{g'(x)}=\lim_{x\to 0}\frac{a^x\ln a-b^x\ln b}{1}=\ln a-\ln b=\ln\frac{a}{b},$$

所以洛必达法则 1 的条件(3)也满足, 因此所求极限存在, 且

$$\lim_{x\to 0}\frac{a^x-b^x}{x}=\lim_{x\to 0}\frac{a^x\ln a-b^x\ln b}{1}=\ln\frac{a}{b}.$$

例 4.8 求极限 $\lim\limits_{x\to +\infty}\dfrac{\pi-2\arctan x}{\ln(1+1/x)}$. $\left(\dfrac{0}{0}\right)$

解 $\lim\limits_{x\to +\infty}\dfrac{\pi-2\arctan x}{\ln(1+1/x)}=\lim\limits_{x\to +\infty}\dfrac{-\dfrac{2}{1+x^2}}{\dfrac{1}{1+1/x}(-1/x^2)}=\lim\limits_{x\to +\infty}\dfrac{2(x+x^2)}{1+x^2}=\lim\limits_{x\to +\infty}\dfrac{2(1+2x)}{2x}=2.$

注 应用洛必达法则求 $\dfrac{0}{0}$ 型未定式的极限时, 如果一阶导数之比依旧是 $\dfrac{0}{0}$ 型未定式, 只要仍满足洛必达法则的条件, 则可以再次使用洛必达法则; 倘若结果还是未定式, 那么还可以继续使用洛必达法则.

例 4.9 求极限 $\lim\limits_{x\to 0}\dfrac{x-\sin x}{x^3}$.

解 这是 $\dfrac{0}{0}$ 型未定式, 满足洛必达法则的条件, 令 $f(x)=x-\sin x, g(x)=x^3$, 那么 $\dfrac{f'(x)}{g'(x)}=\dfrac{1-\cos x}{3x^2}$, 当 $x\to 0$ 时, 这仍然是 $\dfrac{0}{0}$ 型未定式, 再次用洛必达法则. 由于

$$\frac{f''(x)}{g''(x)}=\frac{\sin x}{6x}, \quad \text{所以} \quad \lim_{x\to 0}\frac{f''(x)}{g''(x)}=\frac{1}{6}.$$

从而有

$$\lim_{x\to 0}\frac{x-\sin x}{x^3}=\lim_{x\to 0}\frac{1-\cos x}{3x^2}=\lim_{x\to 0}\frac{\sin x}{6x}=\frac{1}{6}. \qquad \left(\frac{0}{0}\right)$$

例 4.10 求极限 $\lim\limits_{x\to 0}\dfrac{6\sin x-6x+x^3}{x^5}$. $\left(\dfrac{0}{0}\right)$

解 $\lim\limits_{x\to 0}\dfrac{6\sin x-6x+x^3}{x^5}=\lim\limits_{x\to 0}\dfrac{6\cos x-6+3x^2}{5x^4},$

上式右端还是 $\dfrac{0}{0}$ 型未定式的极限, 并且满足洛必达法则 1 的条件, 所以可以再一次使用洛

必达法则 1,故有

$$\lim_{x\to 0}\frac{6\cos x-6+3x^2}{5x^4}=\lim_{x\to 0}\frac{-6\sin x+6x}{20x^3} \quad (继续使用洛必达法则1)$$
$$=\lim_{x\to 0}\frac{-6\cos x+6}{60x^2}=\lim_{x\to 0}\frac{6\sin x}{120x}=\frac{1}{20}.$$

2. $\frac{\infty}{\infty}$型未定式

洛必达法则 3 设函数 $f(x)$ 与 $g(x)$ 满足以下条件：

(1) 在点 a 的某个去心邻域 $\mathring{U}(a)$ 内可导,且 $g'(x)\neq 0$；

(2) $\lim\limits_{x\to a}f(x)=\lim\limits_{x\to a}g(x)=\infty$；

(3) $\lim\limits_{x\to a}\dfrac{f'(x)}{g'(x)}=A(或\infty).$

则

$$\lim_{x\to a}\frac{f(x)}{g(x)}=\lim_{x\to a}\frac{f'(x)}{g'(x)}=A \;(或\;\infty).$$

(证明略.)

在洛必达法则 3 中,将 $x\to a$ 换成 $x\to\infty$ 也成立.

洛必达法则 4 设函数 $f(x)$ 与 $g(x)$ 满足以下条件：

(1) $\exists X>0$,当 $|x|>X$ 时,函数 $f(x)$ 与 $g(x)$ 可导,且 $g'(x)\neq 0$；

(2) $\lim\limits_{x\to\infty}f(x)=\infty$，$\lim\limits_{x\to\infty}g(x)=\infty$；

(3) $\lim\limits_{x\to\infty}\dfrac{f'(x)}{g'(x)}=A(或\infty).$

则

$$\lim_{x\to\infty}\frac{f(x)}{g(x)}=A\;(或\;\infty).$$

例 4.11 求极限 $\lim\limits_{x\to\frac{\pi}{2}^+}\dfrac{\ln\left(x-\dfrac{\pi}{2}\right)}{\tan x}.$ $\left(\dfrac{\infty}{\infty}\right)$

解 $\lim\limits_{x\to\frac{\pi}{2}^+}\dfrac{\ln\left(x-\dfrac{\pi}{2}\right)}{\tan x}=\lim\limits_{x\to\frac{\pi}{2}^+}\dfrac{\dfrac{1}{x-\dfrac{\pi}{2}}}{\dfrac{1}{\cos^2 x}}=\lim\limits_{x\to\frac{\pi}{2}^+}\dfrac{\cos^2 x}{x-\dfrac{\pi}{2}}=\lim\limits_{x\to\frac{\pi}{2}^+}\dfrac{-2\cos x\sin x}{1}=0.$

例 4.12 求极限 $\lim\limits_{x\to\frac{\pi}{2}}\dfrac{\tan x}{\tan 3x}.$ $\left(\dfrac{\infty}{\infty}\right)$

解 $\lim\limits_{x\to\frac{\pi}{2}}\dfrac{\tan x}{\tan 3x}=\lim\limits_{x\to\frac{\pi}{2}}\dfrac{\dfrac{1}{\cos^2 x}}{\dfrac{3}{\cos^2 3x}}=\dfrac{1}{3}\lim\limits_{x\to\frac{\pi}{2}}\dfrac{\cos^2 3x}{\cos^2 x}=\dfrac{1}{3}\lim\limits_{x\to\frac{\pi}{2}}\dfrac{2\cos 3x\cdot(-3\sin 3x)}{2\cos x\cdot(-\sin x)}$

$=\lim\limits_{x\to\frac{\pi}{2}}\dfrac{\sin 6x}{\sin 2x}=\lim\limits_{x\to\frac{\pi}{2}}\dfrac{6\cos 6x}{2\cos 2x}=3.$

例 4.13 求极限 $\lim\limits_{x\to+\infty}\dfrac{(\ln x)^2}{\sqrt{x}}$.

解 $\lim\limits_{x\to+\infty}\dfrac{(\ln x)^2}{\sqrt{x}}=\lim\limits_{x\to+\infty}\dfrac{2(\ln x)\cdot\dfrac{1}{x}}{\dfrac{1}{2}x^{-\frac{1}{2}}}=\lim\limits_{x\to+\infty}\dfrac{4\ln x}{x^{\frac{1}{2}}}=\lim\limits_{x\to+\infty}\dfrac{4\cdot\dfrac{1}{x}}{\dfrac{1}{2}x^{-\frac{1}{2}}}=\lim\limits_{x\to+\infty}\dfrac{8}{x^{\frac{1}{2}}}=0.$

3. 其他未定式

例 4.14 求极限 $\lim\limits_{x\to 0}x^2 \mathrm{e}^{\frac{1}{x^2}}$. $(0\cdot\infty)$

解 $\lim\limits_{x\to 0}x^2 \mathrm{e}^{\frac{1}{x^2}}=\lim\limits_{x\to 0}\dfrac{\mathrm{e}^{\frac{1}{x^2}}}{\dfrac{1}{x^2}}=\lim\limits_{x\to 0}\dfrac{\mathrm{e}^{\frac{1}{x^2}}\left(-\dfrac{2}{x^3}\right)}{-\dfrac{2}{x^3}}=\lim\limits_{x\to 0}\mathrm{e}^{\frac{1}{x^2}}=+\infty.$

例 4.15 求极限 $\lim\limits_{x\to 1}\left(\dfrac{2}{x^2-1}-\dfrac{1}{x-1}\right)$. $(\infty-\infty)$

解 $\lim\limits_{x\to 1}\left(\dfrac{2}{x^2-1}-\dfrac{1}{x-1}\right)=\lim\limits_{x\to 1}\dfrac{2-(x+1)}{x^2-1}=\lim\limits_{x\to 1}\dfrac{1-x}{x^2-1}=\lim\limits_{x\to 1}\dfrac{-1}{x+1}=-\dfrac{1}{2}.$

例 4.16 求极限 $\lim\limits_{x\to 1}x^{\frac{1}{1-x}}$. (1^∞)

解 $\lim\limits_{x\to 1}x^{\frac{1}{1-x}}=\lim\limits_{x\to 1}\mathrm{e}^{\frac{\ln x}{1-x}}$, 其中 $\lim\limits_{x\to 1}\dfrac{\ln x}{1-x}=\lim\limits_{x\to 1}\dfrac{\dfrac{1}{x}}{-1}=-1$, 故

$$\lim\limits_{x\to 1}x^{\frac{1}{1-x}}=\lim\limits_{x\to 1}\mathrm{e}^{\frac{\ln x}{1-x}}=\mathrm{e}^{-1}.$$

例 4.17 求极限 $\lim\limits_{x\to 0^+}x^x$. (0^0)

解 $\lim\limits_{x\to 0^+}x^x=\lim\limits_{x\to 0^+}\mathrm{e}^{x\ln x}$, 其中

$$\lim\limits_{x\to 0^+}x\ln x=\lim\limits_{x\to 0^+}\dfrac{\ln x}{\dfrac{1}{x}}=\lim\limits_{x\to 0^+}\dfrac{\dfrac{1}{x}}{-\dfrac{1}{x^2}}=\lim\limits_{x\to 0^+}(-x)=0,$$

故

$$\lim\limits_{x\to 0^+}x^x=\lim\limits_{x\to 0^+}\mathrm{e}^{x\ln x}=\mathrm{e}^0=1.$$

例 4.18 求极限 $\lim\limits_{x \to +\infty} x^{\frac{1}{x}}$. $\qquad(\infty^0)$

解 $\lim\limits_{x \to +\infty} x^{\frac{1}{x}} = \lim\limits_{x \to +\infty} e^{\frac{\ln x}{x}}$，其中

$$\lim_{x \to +\infty} \frac{\ln x}{x} = \lim_{x \to +\infty} \frac{\ln x}{x} = \lim_{x \to +\infty} \frac{\frac{1}{x}}{1} = 0,$$

故

$$\lim_{x \to +\infty} x^{\frac{1}{x}} = \lim_{x \to +\infty} e^{\frac{\ln x}{x}} = e^0 = 1.$$

最后,要指出在使用洛必达法则求极限时应注意的问题：

(1) 求 $\dfrac{0}{0}$ 和 $\dfrac{\infty}{\infty}$ 型未定式的极限,可考虑直接应用洛必达法则,其他未定式应先化为 $\dfrac{0}{0}$ 或 $\dfrac{\infty}{\infty}$ 型才可应用.

(2) 在每次使用洛必达法则后,都应先尽可能化简,然后考虑是否继续使用洛必达法则,若发现用其他的方法很方便,就不必用洛必达法则.

(3) 洛必达法则的条件(3)仅是充分条件,当 $\lim\limits_{\substack{x \to a \\ (x \to \infty)}} \dfrac{f'(x)}{g'(x)}$ 不存在时,不能断定 $\lim\limits_{\substack{x \to a \\ (x \to \infty)}} \dfrac{f(x)}{g(x)}$ 也不存在,只能说明此时不能应用洛必达法则,而需要应用其他方法讨论.

例 4.19 求极限 $\lim\limits_{x \to \infty} \dfrac{x + \sin x}{x}$.

解 极限

$$\lim_{x \to \infty} \frac{(x + \sin x)'}{x'} = \lim_{x \to \infty} \frac{1 + \cos x}{1}$$

不存在,而极限

$$\lim_{x \to \infty} \frac{x + \sin x}{x} = \lim_{x \to \infty} \left(1 + \frac{\sin x}{x}\right) = 1$$

却存在.

例 4.20 求极限 $\lim\limits_{x \to 0} \dfrac{x^2 \sin \frac{1}{x}}{\sin x}$.

解 这是 $\dfrac{0}{0}$ 型未定式,因极限 $\lim\limits_{x \to 0} \dfrac{2x \sin \frac{1}{x} - \cos \frac{1}{x}}{\cos x}$ 不存在,所以不能应用洛必达法则. 但有

$$\lim_{x \to 0} \frac{x^2 \sin \frac{1}{x}}{\sin x} = \lim_{x \to 0} \left(\frac{x}{\sin x} \cdot x \sin \frac{1}{x}\right) = \frac{\lim\limits_{x \to 0} x \sin \frac{1}{x}}{\lim\limits_{x \to 0} \frac{\sin x}{x}} = 0.$$

习题 4.2

1. 求下列函数的极限:

(1) $\lim\limits_{x \to 1} \dfrac{x^3 - 2x^2 - x + 2}{x^3 - 7x + 6}$;

(2) $\lim\limits_{x \to 0} \dfrac{x\cos x - \sin x}{x^3}$;

(3) $\lim\limits_{x \to 0^+} \dfrac{\ln \sin 3x}{\ln \sin x}$;

(4) $\lim\limits_{x \to 0} \dfrac{e^x - e^{-x} - 2x}{x - \sin x}$;

(5) $\lim\limits_{x \to 0} \dfrac{x\cot x - 1}{x^2}$;

(6) $\lim\limits_{x \to 0} \dfrac{x^2 + e^{-x^2} - 1}{\sin^4 x}$;

(7) $\lim\limits_{x \to +\infty} x(e^{\frac{1}{x}} - 1)$;

(8) $\lim\limits_{x \to 0} \left(\dfrac{1}{x} - \dfrac{1}{\sin x} \right)$;

(9) $\lim\limits_{n \to \infty} (3^n + 2^n + 1)^{\frac{1}{n}}$;

(10) $\lim\limits_{x \to +\infty} \dfrac{x^n}{e^x}$;

(11) $\lim\limits_{x \to 0^+} x^x$;

(12) $\lim\limits_{x \to 0} \dfrac{\ln(1 + 2x + x^2) + \ln(1 - 2x + x^2)}{\sec x - \cos x}$.

2. 证明 $\lim\limits_{x \to 0} \dfrac{x^2 \sin \dfrac{1}{x}}{\sin x} = 0$, 但不能用洛必达法则来计算.

3. 函数 $f(x)$ 具有连续的二阶导数 $f''(x)$, 试证明:
$$f''(x) = \lim_{h \to 0} \dfrac{f(x+h) + f(x-h) - 2f(x)}{h^2}.$$

4.3 函数的单调性与极值

在初等数学中用代数方法讨论了一些函数的性态, 如单调性、极值、奇偶性、周期性等. 由于受方法的限制, 讨论得既不深刻也不全面, 且计算繁琐, 不易掌握其规律. 导数和微分学基本定理则为深刻、全面地研究函数的性态提供了有力的数学工具.

1. 函数的单调性

设曲线 $y = f(x)$ 上每一点都存在切线. 若切线与 x 轴正方向的夹角都是锐角, 即切线的斜率 $f'(x) > 0$, 则曲线 $y = f(x)$ 必是严格增加的, 如图 4.4; 若切线与 x 轴正方向的夹角都是钝角, 即切线的斜率 $f'(x) < 0$, 则曲线 $y = f(x)$ 必是严格减少的, 如图 4.5. 由此可见, 应用导数的符号能够判别函数的单调性.

定理 4.4(严格单调的充分条件) 设函数 $f(x)$ 在区间 I 上可导.

(1) $\forall x \in I$, 有 $f'(x) > 0$, 则函数 $f(x)$ 在区间 I 上严格单调增加;

(2) $\forall x \in I$, 有 $f'(x) < 0$, 则函数 $f(x)$ 在区间 I 上严格单调减少.

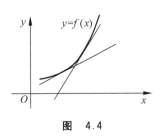
图 4.4

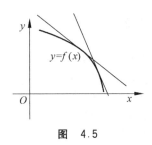
图 4.5

证明 $\forall x_1, x_2 \in I$ 且 $x_1 < x_2$，函数 $f(x)$ 在区间 $[x_1, x_2]$ 满足拉格朗日中值定理的条件，有

$$f(x_2) - f(x_1) = f'(\xi)(x_2 - x_1), \quad \xi \in (x_1, x_2).$$

(1) 已知 $f'(\xi) > 0, x_2 - x_1 > 0$，有

$$f(x_2) - f(x_1) > 0 \quad \text{或} \quad f(x_1) < f(x_2),$$

即函数 $f(x)$ 在区间 I 上严格单调增加；

(2) 已知 $f'(\xi) < 0, x_2 - x_1 > 0$，有

$$f(x_2) - f(x_1) < 0 \quad \text{或} \quad f(x_1) > f(x_2),$$

即函数 $f(x)$ 在区间 I 上严格单调减少.

注 (1) 在定理 4.4 中，区间 I 可以是有限区间，也可以是无穷区间；

(2) 如果区间 I 是闭区间，则不必要求函数 $f(x)$ 在区间的端点可导，而只要在端点连续，定理 4.4 的结论仍然成立.

根据定理 4.4，讨论函数 $f(x)$ 的单调性可按下列步骤进行：

(1) 确定函数 $f(x)$ 的定义域；

(2) 求导函数 $f'(x)$ 的零点（或方程 $f'(x) = 0$ 的根）；

(3) 用零点将定义域分成若干区间；

(4) 判别导数 $f'(x)$ 在每个区间的符号，确定函数 $f(x)$ 是严格单调增加或严格单调减少.

例 4.21 讨论函数 $f(x) = x^3 - 6x^2 + 9x + 2$ 的单调性.

解 函数 $f(x)$ 的定义域是 $(-\infty, +\infty)$.

$$f'(x) = 3x^2 - 12x + 9 = 3(x^2 - 4x + 3) = 3(x-1)(x-3).$$

令 $f'(x) = 0$，其根是 1 与 3，它们将 $(-\infty, +\infty)$ 分成 3 个区间 $(-\infty, 1), (1, 3), (3, +\infty)$. 列表如下（表中符号 "↗" 表示严格增加，"↘" 表示严格减少）.

x	$(-\infty, 1)$	$(1, 3)$	$(3, +\infty)$
$f'(x)$	+	−	+
$f(x)$	↗	↘	↗

我们可以证明：若对 $\forall x \in I$，有 $f'(x) \geqslant 0 (f'(x) \leqslant 0)$，而使 $f'(x)=0$ 的点 x 仅是一些孤立的点，则函数 $f(x)$ 在区间 I 上严格单调增加（严格单调减少）．

例 4.22 讨论函数 $f(x)=x^3$ 的单调性．

解 因为 $f'(x)=3x^2 \geqslant 0$，而使
$$f'(x)=3x^2=0$$
的点是孤立的点 0. 于是，$f(x)=x^3$ 在 $(-\infty, +\infty)$ 内是严格单调增加的（如图 4.6）．

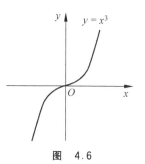

图 4.6

例 4.23 证明当 $x > 0$ 时，不等式 $x > \ln(1+x)$ 成立．

证明 设 $f(x)=x-\ln(1+x)$，则函数 $f(x)$ 在 $[0, +\infty)$ 内可导，$f'(x)=1-\dfrac{1}{1+x}$. 当 $x \in (0, +\infty)$ 时，$f'(x) > 0$，所以函数 $f(x)$ 在 $[0, +\infty)$ 内严格单调增加．因此，当 $x > 0$ 时，有 $f(x) > f(0)=0$，即 $x-\ln(1+x) > 0$，或 $x > \ln(1+x)$．

2. 函数的极值

定义 4.1 设函数 $y=f(x)$ 在点 x_0 的某一邻域 $U(x_0)$ 内有定义，并且 $\forall x \in U(x_0)$，有 $f(x_0) \geqslant f(x) (f(x_0) \leqslant f(x))$，则称 $f(x_0)$ 为 $f(x)$ 的**极大值（极小值）**，x_0 称为**极大点（极小点）**．

极大值与极小值统称为**极值**，极大点与极小点统称为**极值点**．

显然，极值是一个局部性的概念，$f(x_0)$ 是函数 $f(x)$ 的极值只是与函数 $f(x)$ 在 x_0 邻近的点的函数值比较而言的．

定理 4.5（费马[①]定理） 若函数 $y=f(x)$ 在点 x_0 可导，且 x_0 是函数 $y=f(x)$ 的极值点，则 $f'(x_0)=0$.

证明 不妨设 x_0 是函数 $y=f(x)$ 的极大点，即存在 x_0 的某邻域 $U(x_0)$，$\forall x \in U(x_0)$ 有
$$f(x) \leqslant f(x_0) \quad \text{或} \quad f(x)-f(x_0) \leqslant 0.$$

[①] 费马（Fermat 1601—1665），法国数学家．

因此，当 $x>x_0$ 时，$\dfrac{f(x)-f(x_0)}{x-x_0}\leqslant 0$；当 $x<x_0$ 时，$\dfrac{f(x)-f(x_0)}{x-x_0}\geqslant 0$. 由 $f(x)$ 在点 x_0 可导及极限的保号性，有

$$f'(x_0)=f'_+(x_0)=\lim_{\Delta x\to 0^+}\dfrac{f(x)-f(x_0)}{x-x_0}\leqslant 0;$$

$$f'(x_0)=f'_-(x_0)=\lim_{\Delta x\to 0^-}\dfrac{f(x)-f(x_0)}{x-x_0}\geqslant 0.$$

于是有 $f'(x_0)=0$.

同理可证极小值的情况.

定义 4.2 使导数为零的点（即方程 $f'(x)=0$ 的根）称为函数 $f(x)$ 的**驻点**（**稳定点**）.

定理 4.5 给出了极值的必要条件，就是说：可导函数 $f(x)$ 的极值点必定是它的驻点；但反过来，函数的驻点却不一定是极值点. 例如 $y=x^3$ 的导数为 $f'(x)=3x^2$，$f'(0)=0$，因此 $x=0$ 是这可导函数的驻点，但 $x=0$ 却不是这函数的极值点. 因此，当求出了函数的驻点后还需要判定求得的驻点是不是极值点，如果是极值点还要判定函数在该点究竟取得极大值还是极小值. 下面有两个充分性的判别法.

定理 4.6 设函数 $f(x)$ 在点 x_0 连续，在 x_0 的某去心邻域 $\mathring{U}(x_0,\delta)$ 内可导.

(1) 如果当 $x\in(x_0-\delta,x_0)$ 时，$f'(x)>0$，而当 $x\in(x_0,x_0+\delta)$ 时，$f'(x)<0$，则函数 $f(x)$ 在点 x_0 取极大值 $f(x_0)$；

(2) 如果当 $x\in(x_0-\delta,x_0)$ 时，$f'(x)<0$，而当 $x\in(x_0,x_0+\delta)$ 时，$f'(x)>0$，则函数 $f(x)$ 在点 x_0 取极小值 $f(x_0)$；

(3) 如果当 $x\in(x_0-\delta,x_0)\cup(x_0,x_0+\delta)$ 时，$f'(x)$ 不变号，则 x_0 不是函数 $f(x)$ 的极值点.

证明 (1) 当 $x\in(x_0-\delta,x_0)$ 时，$f'(x)>0$，则 $f(x)$ 在 $(x_0-\delta,x_0]$ 单调增加，所以，当 $x\in(x_0-\delta,x_0)$ 时，有 $f(x)<f(x_0)$；当 $x\in(x_0,x_0+\delta)$ 时，$f'(x)<0$，则 $f(x)$ 在 $[x_0,x_0+\delta)$ 单调减小，所以，当 $x\in(x_0,x_0+\delta)$ 时，有 $f(x_0)>f(x)$，即对 $x\in(x_0-\delta,x_0)\cup(x_0,x_0+\delta)$，总有

$$f(x_0)>f(x),$$

所以 $f(x_0)$ 为 $f(x)$ 的极大值.

(2) 用与(1)同样的方法可证明 $f(x_0)$ 为 $f(x)$ 的极小值.

(3) 因为在 $(x_0-\delta,x_0+\delta)$ 内，$f'(x)$ 不变号，亦即恒有 $f'(x)<0$ 或 $f'(x)>0$，因此 $f(x)$ 在 x_0 的左右两边均单调增加或单调减小，所以不可能在 x_0 点取得极值.

例 4.24 求函数 $f(x)=2x^3-3x^2-12x+21$ 的极值.

解 (1) $f'(x)=6x^2-6x-12=6(x+1)(x-2)$.
(2) 令 $f'(x)=0$,解得 $x_1=-1, x_2=2$.
(3) 列表如下.

x	$(-\infty,-1)$	-1	$(-1,2)$	2	$(2,+\infty)$
$f'(x)$	$+$	0	$-$	0	$+$
$f(x)$	↗	极大点	↘	极小点	↗

-1 是函数 $f(x)$ 的极大点,极大值是 $f(-1)=28$;2 是函数 $f(x)$ 的极小点,极小值是 $f(2)=1$.

定理 4.7 设 $y=f(x)$ 在 x_0 具有二阶导数,$f'(x_0)=0$,$f''(x_0)\neq 0$,则 x_0 是函数 $f(x)$ 的极值点,且
(1) $f''(x_0)>0$,则 x_0 是函数 $f(x)$ 的极小点,$f(x_0)$ 是极小值;
(2) $f''(x_0)<0$,则 x_0 是函数 $f(x)$ 的极大点,$f(x_0)$ 是极大值.

证明 因为 $f'(x_0)=0$,利用导数定义有
$$f''(x_0)=\lim_{x\to x_0}\frac{f'(x)-f'(x_0)}{x-x_0}=\lim_{x\to x_0}\frac{f'(x)}{x-x_0}.$$

(1) 由 $f''(x_0)>0$ 及极限的保号性,在 x_0 的某一去心邻域内有 $\frac{f'(x)}{x-x_0}>0$.

当 $x<x_0$ 时,有 $f'(x)<0$;当 $x>x_0$ 时,$f'(x)>0$. 于是,由定理 4.6 知,x_0 是函数 $f(x)$ 的极小点,$f(x_0)$ 是极小值.

(2) 同理可证.

例 4.25 求函数 $f(x)=(x^2-1)^3+1$ 的极值.

解 (1) $f'(x)=6x(x^2-1)^2$;
(2) 令 $f'(x)=0$ 求得驻点 $x_1=-1, x_2=0, x_3=1$;
(3) $f''(x)=6(x^2-1)(5x^2-1)$;
(4) $f''(0)=6>0$,$f(x)$ 在 $x=0$ 处取得极小值,极小值为 $f(0)=0$;
(5) $f''(-1)=f''(1)=0$,用定理 4.7 无法判断. 考虑导数 $f'(x)$ 的符号,并应用定理 4.6 可得,-1 和 1 都不是函数 $f(x)$ 的极值点.

以上讨论函数的极值时,假定函数在所讨论的区间内可导,在此条件下,函数的极值点一定是驻点. 事实上在导数不存在的点处,函数也可能取得极值,例如 $y=|x|$,尽管在 $x=0$ 处不可导,但 $y=|x|$ 在 $x=0$ 处取得极小值. 所以,在讨论函数的极值时,导数不存在的点也应进行讨论.

定义 4.3 函数 $f(x)$ 的驻点以及函数的定义域中使导数不存在的点统称为函数 $f(x)$ 的临界点.

例 4.26 讨论函数 $f(x)=(x-1)\sqrt[3]{x^2}$ 单调性和极值.

解 $f'(x)=x^{\frac{2}{3}}+\frac{2}{3}(x-1)x^{-\frac{1}{3}}=\frac{5x-2}{3x^{\frac{1}{3}}}$,

当 $x=\frac{2}{5}$ 时，$f'(x)=0$；当 $x=0$ 时，$f'(x)$ 不存在（参见图 4.7）. 列表讨论如下.

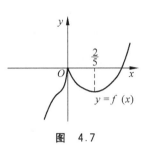

图 4.7

x	$(-\infty,0)$	0	$\left(0,\frac{2}{5}\right)$	$\frac{2}{5}$	$\left(\frac{2}{5},+\infty\right)$
$f'(x)$	+	不存在	−	0	+
$f(x)$	↗	极大点	↘	极小点	↗

函数 $f(x)=(x-1)\sqrt[3]{x^2}$ 在区间 $(-\infty,0)$ 内和 $\left(\frac{2}{5},+\infty\right)$ 内是严格单调增加的，在区间 $\left(0,\frac{2}{5}\right)$ 是严格单调减少的. 函数在 $x=0$ 有极大值 0，在 $x=\frac{2}{5}$ 有极小值 $f\left(\frac{2}{5}\right)=-\frac{3}{5}\sqrt[3]{\frac{4}{25}}$.

3. 最大值和最小值

设函数 $f(x)$ 在闭区间 $[a,b]$ 上连续，根据闭区间上连续函数的性质，函数 $f(x)$ 必在区间 $[a,b]$ 上的某点 x_0 取到最小值（最大值）. 一方面，x_0 可能是区间 $[a,b]$ 的端点 a 或 b；另一方面，x_0 可能是开区间 (a,b) 内部的点，此时 x_0 必是极小点（极大点）. 因此，若函数 $f(x)$ 在闭区间 $[a,b]$ 上连续，则求函数在 $[a,b]$ 上的最大值、最小值的方法如下：

(1) 求出函数 $f(x)$ 的所有临界点 $x_1,x_2,\cdots,x_n$；
(2) 计算出函数值 $f(x_1),f(x_2),\cdots,f(x_n),f(a),f(b)$；
(3) 将上述函数值进行比较，其中最大的一个是最大值，最小的一个是最小值.

例 4.27 求 $f(x)=x^3-3x^2-9x+5$ 在区间 $[-4,4]$ 上的最大值、最小值.

解 由方程 $f'(x)=3x^2-6x-9=0$ 解得 $x=-1,x=3$.

$f(-1)=10$，$f(3)=-22$，$f(-4)=-71$，$f(4)=-15$.

所以在 $[-4,4]$ 上，函数最大值为 10，最小值为 −71.

例 4.28 求函数 $f(x)=(x-1)\sqrt[3]{x^2}$ 在 $[-1,1]$ 上的最大值和最小值.

解 由例 4.26 知，函数 $f(x)$ 在 $(-1,1)$ 内有两个临界点：当 $x=\frac{2}{5}$ 时，$f'(x)=0$；当

$x=0$ 时,$f'(x)$ 不存在. 列表如下.

x	-1	0	$\dfrac{2}{5}$	1
$f(x)$	-2	0	$-\dfrac{3}{5}\sqrt[3]{\dfrac{4}{25}}$	0

由上表可知,在 $[-1,1]$ 上,函数最大值为 0,最小值为 -2.

习题 4.3

1. 确定下列函数的单调区间:
   (1) $y=1-4x-x^2$;
   (2) $y=x^2(x-3)$;
   (3) $y=(x-3)\sqrt{x}$;
   (4) $y=2x^2-\ln x$;
   (5) $y=\sqrt{2x-x^2}$.

2. 证明方程 $\sin x=x$ 只有一个实根.

3. 求下列函数的极值:
   (1) $y=2x^3-6x^2-18x+7$;
   (2) $y=\dfrac{x^3}{3+x^2}$;
   (3) $y=\sqrt{x}\ln x$.

4. 根据 a 的不同情况,讨论函数 $y=x^3-3ax^2+2$ 的极值. 方程 $x^3-3ax^2+2=0$ 何时有惟一的实根? 何时有三个不同的实根?

5. 求下列函数在指定区间上的最大值与最小值:
   (1) $f(x)=\dfrac{x}{1+x^2}$,$[-2,5]$;
   (2) $f(x)=\sqrt{x(10-x)}$,$[0,10]$.

4.4 函数的凹凸性与拐点

1. 凹凸性

前面已经讨论了函数的单调性和极值,这对于了解函数的性态,描绘函数的图形有很大的帮助. 但是仅仅依靠这些还不能准确地反映函数图形的主要特性. 例如,图 4.8 中,$y=x^2$ 和 $y=\sqrt{x}$ 都在 $(0,1)$ 内单调上升,但两者的图像却有明显的差别——它们的弯曲方向不同. 这种差别就是所谓的"凹凸性"的区别.

定义 4.4 设 $f(x)$ 在 $[a,b]$ 上连续.

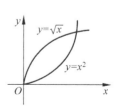

图 4.8

(1) 如果对 (a,b) 内任意两点 x_1 和 x_2，恒有
$$f\left(\frac{x_1+x_2}{2}\right) < \frac{f(x_1)+f(x_2)}{2},$$
则称 $f(x)$ 在 $[a,b]$ 是**凹的**；

(2) 如果对 (a,b) 内任意两点 x_1 和 x_2，恒有
$$f\left(\frac{x_1+x_2}{2}\right) > \frac{f(x_1)+f(x_2)}{2},$$
则称 $f(x)$ 在 $[a,b]$ 是**凸的**.

先来观察上述定义反映的几何性质. 在图 4.9(a) 和图 4.9(b) 中，$\dfrac{x_1+x_2}{2}$ 是区间 $[x_1,x_2]$ 的中点，$f\left(\dfrac{x_1+x_2}{2}\right)$ 是曲线 $y=f(x)$ 上对应于中点的高度，而 $\dfrac{f(x_1)+f(x_2)}{2}$ 则是割线 AB 上对应于中点的高度. 由定义可知，如果连接曲线上任意两点的割线段都在该两点间的曲线弧之上，那么该段曲线弧称为凹的，反之则称为凸的. 这里将**函数的凹凸性**与函数所对应的**曲线的凹凸性**视为同一概念.

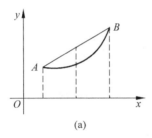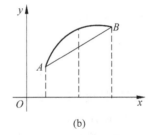

图 4.9

这时还可以从另一角度来观察曲线的凹凸性. 如图 4.10 可以看出，凹弧上任一点的切线都在曲线弧之下，而凸弧上任一点的切线都在曲线弧之上.

下面讨论函数的凹凸性和函数的导数之间的联系.

在图 4.10 中，注意到在凹弧上，曲线各点的切线的斜率随着 x 的增大而增大，在凸弧上，曲线各点的切线的斜率随着 x 的增大而减小. 由此可知，如果 $f(x)$ 在 (a,b) 是凹（或凸）的，则 $f'(x)$（如果存在的话）将是 (a,b) 上的单调增（或减）函数.

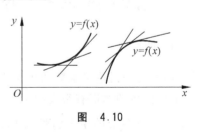

图 4.10

定理 4.8 设 $f(x)$ 在 $[a,b]$ 上连续，在 (a,b) 内具有二阶导数.

(1) 若在 (a,b) 内 $f''(x) > 0$，则 $f(x)$ 在 $[a,b]$ 上的图形是凹的；

(2) 若在 (a,b) 内 $f''(x)<0$，则 $f(x)$ 在 $[a,b]$ 上的图形是凸的.

证明 (1) 设 x_1 和 x_2 为 (a,b) 内任意两点，且 $x_1<x_2$，记 $x_0=\dfrac{x_1+x_2}{2}$，并记 $x_2-x_0=x_0-x_1=h$，则 $x_1=x_0-h, x_2=x_0+h$，由拉格朗日中值定理，有
$$f(x_0+h)-f(x_0)=f'(x_0+\theta_1 h)h, \quad 0<\theta_1<1,$$
$$f(x_0)-f(x_0-h)=f'(x_0-\theta_2 h)h, \quad 0<\theta_2<1,$$
两式相减，有
$$f(x_0+h)+f(x_0-h)-2f(x_0)=[f'(x_0+\theta_1 h)-f'(x_0-\theta_2 h)]h.$$
对 $f'(x)$ 在区间 $[x_0-\theta_2 h, x_0+\theta_1 h]$ 上再应用一次拉格朗日中值定理，得
$$[f'(x_0+\theta_1 h)-f'(x_0-\theta_2 h)]h=f''(\xi)(\theta_1+\theta_2)h^2,$$
其中 $x_0-\theta_2 h<\xi<x_0+\theta_1 h$. 由定理的条件知，$f''(\xi)>0$，故有
$$f(x_0+h)+f(x_0-h)-2f(x_0)>0,$$
即
$$\frac{f(x_0+h)+f(x_0-h)}{2}>f(x_0),$$
亦即
$$\frac{f(x_1)+f(x_2)}{2}>f\left(\frac{x_1+x_2}{2}\right).$$
所以，$f(x)$ 在 $[a,b]$ 上的图形是凹的.

类似可证 (2).

例 4.29 讨论函数 $f(x)=\arctan x$ 的凹凸性.

解 求一、二阶导数，有
$$f'(x)=\frac{1}{1+x^2}, \quad f''(x)=-\frac{2x}{(1+x^2)^2}.$$
当 $x<0$ 时，$f''(x)>0$，所以 $\arctan x$ 在 $(-\infty,0)$ 内的图形为凹的；
当 $x>0$ 时，$f''(x)<0$，所以 $\arctan x$ 在 $(0,+\infty)$ 内的图形为凸的.

例 4.30 讨论函数 $f(x)=x^3$ 的凹凸性.

解 求一、二阶导数，有 $f'(x)=3x^2, f''(x)=6x$.
当 $x<0$ 时，$f''(x)<0$，所以曲线在 $(-\infty,0]$ 内的图形为凸的；
当 $x>0$ 时，$f''(x)>0$，所以曲线在 $(0,+\infty]$ 内的图形为凹的.

注意到，在例 4.30 中，曲线在点 $O(0,0)$ 的两侧有不同的凹凸性.

2. 拐点

定义 4.5 一条处处有切线的连续曲线 $y=f(x)$，若在点 $(x_0, f(x_0))$ 两侧，曲线有不同的凹凸性，即在此点的一边为凹的，而在它的另一边为凸的，则称此点为曲线的**拐点**.

如何来寻求曲线的拐点呢?

已知,由 $f''(x)$ 的符号可以判定曲线的凹凸性. 如果 $f''(x_0)=0$,而 $f''(x)$ 在 x_0 的左右两侧邻近异号,那么点 $(x_0,f(x_0))$ 就是一个拐点. 因此如果 $f(x)$ 在区间 (a,b) 内每一点都有二阶导数,就可以按下列步骤来求曲线 $f(x)$ 的拐点:

(1) 求 $f''(x)$;

(2) 令 $f''(x)=0$,求出这个方程在区间 (a,b) 内的实根;

(3) 对于解出的每一个实根 x_0,检查 $f''(x)$ 在 x_0 左、右两侧邻近的符号,当 $f''(x)$ 在 x_0 左、右两侧的符号相反时,$(x_0,f(x_0))$ 就是拐点;当两侧的符号相同时,点 $(x_0,f(x_0))$ 不是拐点.

例 4.31 求函数 $f(x)=x^4-2x^3+1$ 的凹凸区间及对应曲线的拐点.

解 由 $f(x)=x^4-2x^3+1$ $(-\infty<x<+\infty)$,求导得
$$f'(x)=4x^3-6x^2, \quad f''(x)=12x^2-12x=12(x-1)x.$$
令 $f''(x)=0$,解得 $x=0$ 和 $x=1$. 它们将定义域分成 3 个区间,列表如下("$\cup$"表示凹,"$\cap$"表示凸).

x	$(-\infty,0)$	0	$(0,1)$	1	$(1,+\infty)$
$f''(x)$	+	0	−	0	+
$f(x)$	$\cup$	1	$\cap$	0	$\cup$

注 上述求拐点的方法是基于函数 $f(x)$ 在区间 (a,b) 内每一点都有二阶导数,如果 $f(x)$ 在区间 (a,b) 上有不存在二阶导数的点,这样的点也可能是拐点.

例 4.32 求 $f(x)=\sqrt[3]{x}$ 的凹凸区间及对应曲线的拐点.

解 由 $f(x)=\sqrt[3]{x}$,求得 $f'(x)=\dfrac{1}{3\sqrt[3]{x}}$,$f''(x)=-\dfrac{2}{9\sqrt[3]{x^5}}$.

二阶导数在 $(-\infty,+\infty)$ 内无零点,但 $x=0$ 是 $f''(x)$ 不存在的点,它把 $(-\infty,+\infty)$ 分成两个区间. 列表如下.

x	$(-\infty,0)$	0	$(0,+\infty)$
$f''(x)$	+	不存在	−
$f(x)$	$\cup$	0	$\cap$

在 $(-\infty,0)$ 内,$f''(x)>0$,曲线是凹的;在 $(0,+\infty)$ 内,$f''(x)<0$,曲线是凸的,点 $(0,0)$ 是曲线的拐点.

习题 4.4

1 求下列曲线的凹凸区间和拐点:

(1) $y=x^3-6x^2+12x+4$；   (2) $y=\dfrac{x^3}{x^2+12}$；

(3) $y=(1+x^2)e^x$；   (4) $y=\arctan x-x$.

2. 证明：曲线 $y=\dfrac{x-1}{x^2+1}$ 的三个拐点在同一直线上.

4.5 渐近线

定义 4.6 当曲线 C 上的点 P 沿曲线 C 无限远移时，若 P 到某直线 l 的距离 d 趋于零（图 4.11），那么直线 l 就称为曲线的**渐近线**.

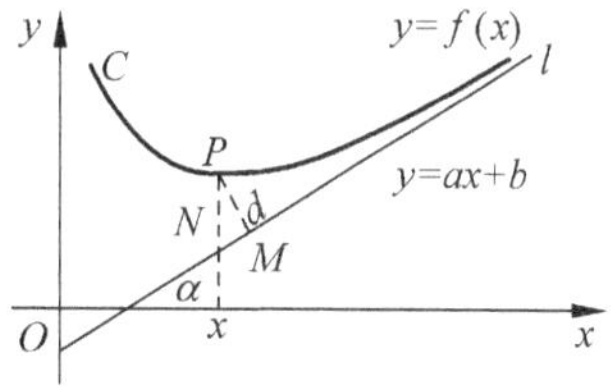

垂直于 x 轴的渐近线称为**铅直渐近线**，其他的渐近线称为**斜渐近线**（其中平行于 x 轴的渐近线又称为**水平渐近线**），也可以把水平渐近线从斜渐近线中分离出来单独讨论.

图 4.11

(1) 铅直渐近线

若 $\lim\limits_{x\to x_0^+}f(x)=\infty$ 或 $\lim\limits_{x\to x_0^-}f(x)=\infty$，则直线 $x=x_0$ 就是曲线 $y=f(x)$ 的一条铅直渐近线.

例如，对于曲线 $y=\dfrac{1}{(x-1)(x+1)}$，容易看出，$x=-1$ 和 $x=1$ 是它的两条铅直渐近线，而 $y=\tan x$ 则有着无数条渐近线 $x=\pm\dfrac{1}{2}\pi, x=\pm\dfrac{3}{2}\pi,\cdots$.

(2) 水平渐近线

如果 $\lim\limits_{x\to+\infty}f(x)=b$ 或 $\lim\limits_{x\to-\infty}f(x)=b$（$b$ 为常数），那么，$y=b$ 就是曲线 $y=f(x)$ 的一条水平渐近线.

例如，对于函数 $y=\arctan x$，因为

$$\lim_{x\to+\infty}\arctan x=\dfrac{\pi}{2},\quad \lim_{x\to-\infty}\arctan x=-\dfrac{\pi}{2},$$

所以，$y=\dfrac{\pi}{2}, y=-\dfrac{\pi}{2}$ 都是曲线 $y=\arctan x$ 的水平渐近线.

(3) 斜渐近线

为了简单起见，用 $x\to\infty$ 的记号来代替 $x\to+\infty$ 或 $x\to-\infty$ 的任一种情况.

设直线 $y=ax+b$ 是曲线 $y=f(x)$ 的一条斜渐近线. 怎样确定常数 a 和 b 呢？

曲线 $y=f(x)$ 上任一点 $P(x,y)$ 到渐近线的距离是

$$|PM|=|PN\cos\alpha|=|f(x)-(ax+b)|\cos\alpha,$$

其中 α 是直线 l 与 x 轴的夹角（如图 4.11）.

由定义 4.6,当 $x \to \infty$ 时,$|PM| \to 0$,所以,
$$\lim_{x \to \infty} [f(x) - (ax + b)] = 0, \qquad (4.3)$$
当然就有
$$\lim_{x \to \infty} \frac{f(x) - ax - b}{x} = 0,$$
$$\lim_{x \to \infty} \frac{f(x) - ax - b}{x} = \lim_{x \to \infty} \left[\frac{f(x)}{x} - a - \frac{b}{x}\right] = \lim_{x \to \infty} \left[\frac{f(x)}{x} - a\right] = 0,$$
即
$$\lim_{x \to \infty} \frac{f(x)}{x} = a. \qquad (4.4)$$
再由(4.3)式,可得
$$\lim_{x \to \infty} [f(x) - ax] = b. \qquad (4.5)$$
所以,如果直线 $y = ax + b$ 是曲线 $y = f(x)$ 的斜渐近线,则我们可按(4.4)式与(4.5)式求出 a 与 b,从而得到渐近线的方程.

例 4.33 求曲线 $y = \ln(1 + e^x)$ 的渐近线.

解 (1) 铅直渐近线

很明显,当 x 趋于任何有限数时,y 都不会趋于 ∞,故它没有铅直渐近线.

(2) 水平渐近线

因 $\lim\limits_{x \to -\infty} \ln(1 + e^x) = 0$,故当 $x \to -\infty$ 时,有水平渐近线 $y = 0$.

(3) 斜渐近线

$$a = \lim_{x \to +\infty} \frac{f(x)}{x} = \lim_{x \to +\infty} \frac{\ln(1 + e^x)}{x} = \lim_{x \to +\infty} \frac{\frac{1}{1 + e^x} \cdot e^x}{1} = 1,$$
$$b = \lim_{x \to +\infty} [f(x) - x] = \lim_{x \to +\infty} (\ln(1 + e^x) - x)$$
$$= \lim_{x \to +\infty} (\ln(1 + e^x) - \ln e^x) = \lim_{x \to +\infty} \ln \frac{1 + e^x}{e^x}$$
$$= \ln \lim_{x \to +\infty} \frac{1 + e^x}{e^x} = \ln 1 = 0.$$

所以,$y = x$ 是曲线 $y = f(x)$ 的斜渐近线.

注 求曲线的水平渐近线和斜渐近线时要分别考虑当 $x \to -\infty$ 与 $x \to +\infty$ 的情况.

例 4.34 讨论曲线 $y = x + \ln x$ 的渐近线.

解 $y = x + \ln x$,定义域为 $(0, +\infty)$.

(1) 铅直渐近线

因为 $\lim\limits_{x \to 0^+} (x + \ln x) = -\infty$,所以 $x = 0$ 是曲线的一条铅直渐近线.

(2) 斜渐近线

$$\lim_{x \to +\infty} \frac{f(x)}{x} = \lim_{x \to +\infty} \frac{x + \ln x}{x} = 1,$$

但

$$\lim_{x \to +\infty} [f(x) - x] = \lim_{x \to +\infty} \ln x = +\infty (\text{不存在}),$$

所以，曲线没有斜渐近线（包括水平渐近线）.

例 4.35 求曲线 $y = f(x) = \dfrac{(x-3)^2}{4(x-1)}$ 的渐近线.

解 已知 $\lim\limits_{x \to 1} \dfrac{(x-3)^2}{4(x-1)} = \infty$，则 $x = 1$ 是曲线的铅直渐近线. 又有

$$a = \lim_{x \to \infty} \frac{f(x)}{x} = \lim_{x \to \infty} \frac{(x-3)^2}{4x(x-1)} = \frac{1}{4},$$

$$b = \lim_{x \to \infty} [f(x) - ax] = \lim_{x \to \infty} \left[\frac{(x-3)^2}{4(x-1)} - \frac{x}{4} \right] = -\frac{5}{4},$$

直线 $y = \dfrac{1}{4} x - \dfrac{5}{4}$ 是曲线的斜渐近线.

4.6 函数图形的描绘

这一节讨论函数作图的问题. 描绘函数的图像，通常采用的是描点法，在函数的定义域中选择一些样本点 $x_1, x_2, \cdots, x_n$，计算出这些点上的函数值，并在坐标平面上标出相应的点，然后用光滑的曲线把相邻的点连接起来，就得到了 $y = f(x)$ 的大致图像. 如何选择样本点是描点法的一个关键步骤，在不了解函数性态的情况下，常用的方法是等间距取样. 这样做点描得太少，图像不准确，点描得多了，工作量又太大，而且画出的图像也难以准确地表达函数的某些主要特性（如曲线的凹凸性、极值、拐点、渐近线等）. 合理的做法是先讨论函数的性质，据此选出一些关键性的点描图，这样做工作量不大，却可以比较准确地掌握图像的概貌. 一般说来，描绘函数的图像可按下列步骤进行：

(1) 确定函数的定义域；

(2) 讨论函数的一些基本性质，如奇偶性、周期性等；

(3) 求出 $f'(x), f''(x)$ 的零点和不存在的点，用所求出的点把定义域分成若干区间，列表，确定函数的单调性、凹凸性、极值点和拐点；

(4) 确定函数是否存在渐近线；

(5) 求出曲线上一些特殊点的坐标（包括与坐标轴的交点等）；

(6) 在直角坐标系中，首先标明所有关键性的点的坐标，画出渐近线，然后按照曲线的性态逐段描绘.

例 4.36 试作出函数 $y=\dfrac{2x^2}{x^2-1}$ 的图像.

解 (1) $f(x)=\dfrac{2x^2}{x^2-1}$，$f(x)$ 的定义域为 $(-\infty,-1)\cup(-1,1)\cup(1,+\infty)$；

(2) $f(x)$ 为偶函数，无周期性；

(3) $f'(x)=-\dfrac{4x}{(x^2-1)^2}$，$f''(x)=\dfrac{12x^2+4}{(x^2-1)^3}$，$f(x)$ 和 $f'(x)$ 的零点是 $x=0$；在 $x=\pm1$ 处，$f(x)$，$f'(x)$，$f''(x)$ 均不存在；

(4) 用 $-1,0,1$ 这 3 个点把定义域分为 4 个区间，并列表如下.

x	$(-\infty,-1)$	$(-1,0)$	0	$(0,1)$	$(1,+\infty)$
$f'(x)$	+	+	0	−	−
$f''(x)$	+	−	−4	−	+
$f(x)$	↗ ∪	↗ ∩	极大 0	↘ ∩	↘ ∪

(5) 考察曲线的渐近线.

$\lim\limits_{x\to -1}f(x)=\infty$，$\lim\limits_{x\to +1}f(x)=\infty$，所以 $x=\pm1$ 均是铅直渐近线.

$\lim\limits_{x\to\infty}f(x)=2$，所以 $y=2$ 是一条水平渐近线.

(6) 综合上述讨论，绘出函数 $y=\dfrac{2x^2}{x^2-1}$ 的图像（如图 4.12）.

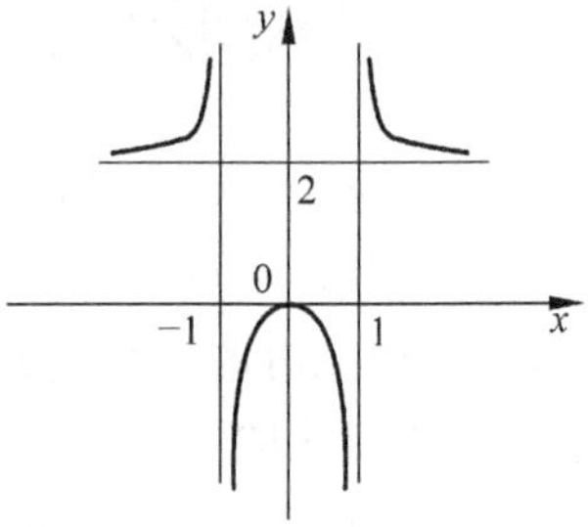

图 4.12

例 4.37 试作出函数 $y=\dfrac{(x-3)^2}{4(x-1)}$ 的图像.

解 $f(x)$ 的定义域为 $(-\infty,1)\cup(1,+\infty)$；$f(x)$ 为非奇非偶函数，无周期性；

$$f'(x)=\dfrac{(x-3)(x+1)}{4(x-1)^2},\quad f''(x)=\dfrac{2}{(x-1)^3},$$

$f'(x)$ 的零点是 $x_1=-1,x_2=3$，$f''(x)$ 无零点，$-1,1,3$ 三个点把定义域分为 4 个区间，列表如下.

x	$(-\infty,-1)$	-1	$(-1,1)$	$(1,3)$	3	$(3,+\infty)$
$f'(x)$	+	0	−	−	0	+
$f''(x)$	−	−	−	+	+	+

续表

x	$(-\infty,-1)$	-1	$(-1,1)$	$(1,3)$	3	$(3,+\infty)$
$f(x)$	↗ ∩	极大点	↘ ∩	↘ ∪	极小点	↗ ∪

考察曲线的渐近线.

$$\lim_{x\to 1}\frac{(x-3)^2}{4(x-1)}=\infty,$$

所以 $x=1$ 是铅直渐近线,

$$\lim_{x\to\infty}\frac{f(x)}{x}=\lim_{x\to\infty}\frac{(x-3)^2}{4(x-1)x}=\frac{1}{4},$$

$$\lim_{x\to\infty}\left(f(x)-\frac{1}{4}x\right)=\lim_{x\to\infty}\left[\frac{(x-3)^2}{4(x-1)}-\frac{1}{4}x\right]$$
$$=\lim_{x\to\infty}\frac{-5x+9}{4(x-1)}=-\frac{5}{4},$$

所以, $y=\frac{1}{4}x-\frac{5}{4}$ 是 $f(x)$ 的斜渐近线.

综合上述讨论,绘出函数的图像(如图 4.13).

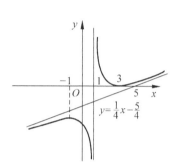

图 4.13

例 4.38 描绘函数 $y=e^{-x^2}$ 的图像.

解 $f(x)$ 的定义域是 $(-\infty,+\infty)$, $f(x)$ 为偶函数,无周期性;

$$f'(x)=-2xe^{-x^2}, \quad f''(x)=2(2x^2-1)e^{-x^2},$$

$f'(x)$ 的零点是 0, $f''(x)$ 的零点是 $-\frac{1}{\sqrt{2}}$ 与 $\frac{1}{\sqrt{2}}$, 它们把定义域分成 3 个区间,列表如下.

x	$\left(-\infty,-\frac{1}{\sqrt{2}}\right)$	$-\frac{1}{\sqrt{2}}$	$\left(-\frac{1}{\sqrt{2}},0\right)$	0	$\left(0,\frac{1}{\sqrt{2}}\right)$	$\frac{1}{\sqrt{2}}$	$\left(\frac{1}{\sqrt{2}},+\infty\right)$
$f'(x)$	+		+	0	−		−
$f''(x)$	+	0	−		−	0	+
$f(x)$	↗ ∪	拐点	↗ ∩	极大点	↘ ∩	拐点	↘ ∪

因为 $\lim_{x\to\infty}e^{-x^2}=0$, 所以 $y=0$ 是水平渐近线.

综合上述讨论,绘出函数的图像(如图 4.14).

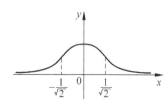

图 4.14

习题 4.6

研究下列函数的性质并作出其图形：

(1) $y = 1 + x^2 - \dfrac{x^4}{4}$；

(2) $y = \dfrac{x^3}{(x-1)^2}$；

(3) $y = (x+1)\ln^2(1+x)$；

(4) $y = x - \arctan x$.

人物传记

拉 格 朗 日

拉格朗日(Joseph Louis Lagrange,1736—1813)不喜欢几何,但在变分法及分析力学上有杰出发现.他在数论与代数上也有贡献,并为其后高斯和阿贝尔的成长提供了思想源泉.他的数学事业可以看作是欧拉(年纪和功绩都大于同时代的其他数学家)工作的自然延伸,他在许多方面推进和改进了欧拉的工作.

拉格朗日生于意大利的都灵,为法意混血的后代.他童年时的兴趣在古典学科而不在自然科学,但早在中学时代就因读了哈莱(Edmund Halley)谈代数在光学上的应用一文而引起他对数学的兴趣,然后他开始有计划地独立自学,而且进步很快,使他在19岁时就被聘为皇家炮兵学院的数学教授.

拉格朗日在变分法上的贡献属于他早期最重要的工作之一.1775年他写信给欧拉告诉他解等周问题的乘子方法.这些问题欧拉多年来对之束手无策,因为那是他自己的半几何方法所不能解决的.利用此方法欧拉可以立刻解出他多年来所苦思的许多问题,但他以使人钦佩的亲切与宽厚的态度回信给拉格朗日,而把自己的工作扣留不发表,"以免剥夺你所理该享受的任何一部分荣誉".拉格朗日继续进行了多年的变分法的解析研究,并和欧拉一起用它来解决了许多新型的问题,特别是力学中的问题.

1776年欧拉离柏林去彼得堡时,向腓特烈大帝建议聘请拉格朗日接替他的工作.拉格朗日应聘去柏林,在那里住了20年直到腓特烈死时为止.在这一时期内他在代数和数论方面进行了广泛的研究工作,写出了他的杰作《分析力学》(1788),在该书内他把普通力学统一起来,并且把它写成"一种科学诗篇".在这部著作里留给后人的不朽遗产中包括:拉格朗日运动方程,广义坐标以及势能概念.

腓特烈死后,科学家感到普鲁士宫廷里的气氛不甚惬意,于是拉格朗日接受路易十六的聘请转道巴黎,后者让他住在卢浮宫里.拉格朗日虽有伟大天才,但非常谦逊而不固执己见;并且虽然他与贵族交游——他自己确实也是个贵族,但在整个法国大革命那个混乱的年月里,各党派的人都尊敬他.他在这些年里的最重要的工作是领导建立了米制度量衡.在数学方面他想给分析中的基本运算步骤提供令人满意的基础,但这些工作大部分归于失败.拉格朗日在接近临终之日时觉得数学已经走进了死胡同,此后最有才能的人将转向化学、物理、生物以及其他学科上去.但若他能预见到有高斯及其后继者的登场,使19世纪成为漫长数学史上成果最丰富的时代,也许能使他释免这种悲观思想.

第 5 章 不 定 积 分

在微分学中,讨论了如何求一个函数的导函数的问题. 但是,在很多问题中,常常需要解决相反的问题,即要寻求一个函数,使它的导函数等于已知函数. 本章将解决这个问题.

5.1 不定积分的概念与性质

1. 原函数与不定积分的概念

定义 5.1 设 $f(x)$ 是定义在区间 I 上的函数,如果存在函数 $F(x)$,对于 $\forall x \in I$,都有
$$F'(x) = f(x) \quad \text{或} \quad \mathrm{d}F(x) = f(x)\mathrm{d}x,$$
则称函数 $F(x)$ 为函数 $f(x)$ 在区间 I 上的一个**原函数**.

例如,$\sin x$ 是 $\cos x$ 的原函数,因为 $(\sin x)' = \cos x$. 又因为 $(x^2)' = 2x, (x^2+1)' = 2x$,所以 x^2 和 x^2+1 都是 $2x$ 的原函数.

由上面的例子可以看出,一个函数的原函数不是惟一的. 关于原函数,有如下两点说明:

(1) 如果函数 $f(x)$ 在区间 I 上有原函数 $F(x)$,那么从原函数的定义立即可得:对任何常数 $C, F(x)+C$ 也是 $f(x)$ 的原函数. 这说明,如果 $f(x)$ 有一个原函数,那么 $f(x)$ 就有无穷多个原函数;

(2) 如果 $F(x)$ 为函数 $f(x)$ 在区间 I 上的一个原函数,$G(x)$ 是函数 $f(x)$ 在区间 I 上的任意一个原函数,即 $(F(x))' = f(x), (G(x))' = f(x)$,于是有
$$(G(x) - F(x))' = G'(x) - F'(x) = f(x) - f(x) = 0.$$
由于导数恒为零的函数必为常数,所以 $G(x) - F(x) = C$,或 $G(x) = F(x)+C$. 因此,$f(x)$ 的所有原函数应为 $\{F(x)+C | C \in \mathbb{R}\}$,习惯上,简写为 $F(x)+C$. 由上面的说明,给出不定积分的概念.

定义 5.2 函数 $f(x)$ 的所有原函数称为 $f(x)$ 的**不定积分**,记作 $\int f(x)\mathrm{d}x$. 其中"$\int$"

称为积分号,$f(x)$ 称为被积函数,$f(x)\mathrm{d}x$ 称为被积表达式,x 称为积分变量.

由前面的讨论可知,如果 $F(x)$ 是 $f(x)$ 的一个原函数,那么表达式 $F(x)+C$ 就是 $f(x)$ 的不定积分,即

$$\int f(x)\mathrm{d}x = F(x)+C.$$

例 5.1 求 $\int \dfrac{\mathrm{d}x}{1+x^2}$.

解 由于 $(\arctan x)' = \dfrac{1}{1+x^2}$,所以 $\arctan x$ 是 $\dfrac{1}{1+x^2}$ 的一个原函数,因此

$$\int \frac{\mathrm{d}x}{1+x^2} = \arctan x + C.$$

例 5.2 求 $\int x^\alpha \mathrm{d}x$.

解 当 $\alpha \neq -1$ 时,$(x^{\alpha+1})' = (\alpha+1)x^\alpha$,亦有 $\left(\dfrac{1}{\alpha+1}x^{\alpha+1}\right)' = x^\alpha$,即 $\dfrac{1}{\alpha+1}x^{\alpha+1}$ 是 x^α 的一个原函数,因此

$$\int x^\alpha \mathrm{d}x = \frac{1}{\alpha+1}x^{\alpha+1} + C;$$

当 $\alpha = -1$ 时,所要求的不定积分为 $\int \dfrac{1}{x}\mathrm{d}x$. 因为 $(\ln |x|)' = \dfrac{1}{x}$,因此

$$\int \frac{1}{x}\mathrm{d}x = \ln |x| + C.$$

从不定积分的定义,可以得出下述关系:

(1) $\dfrac{\mathrm{d}}{\mathrm{d}x}\left(\int f(x)\mathrm{d}x\right) = f(x)$ 或 $\mathrm{d}\left(\int f(x)\mathrm{d}x\right) = f(x)\mathrm{d}x$;

(2) $\int F'(x)\mathrm{d}x = F(x)+C$ 或 $\int \mathrm{d}F(x) = F(x)+C$.

求已知函数的不定积分的运算称为**积分运算**. 可见,积分运算是微分运算的逆运算. 一个函数 $f(x)$ 求不定积分后再求导数就还原了;而若先对一个函数求导数,然后再求不定积分,则结果一般要比原先相差一个常数.

给出了不定积分的概念,自然要提出这样一个问题:函数 $f(x)$ 满足什么条件,才有原函数(或不定积分)呢? 这个问题将在下一章中讨论. 这里先给出如下结论:如果函数 $f(x)$ 在某一区间上连续,则在这个区间上函数 $f(x)$ 的原函数一定存在.

在第 2 章中,曾指出,一切初等函数在其定义区间内都是连续的. 因此初等函数在其定义区间内存在原函数.

2. 基本积分公式

既然不定积分是导数的逆运算,那么根据第 3 章中基本初等函数的导数表,立刻可写出对应的基本积分公式表:

(1) $\int k \mathrm{d}x = kx + C$ (k 是常数);

(2) $\int x^\alpha \mathrm{d}x = \dfrac{x^{\alpha+1}}{\alpha+1} + C$ ($\alpha \neq -1$);

(3) $\int \dfrac{1}{x} \mathrm{d}x = \ln|x| + C$;

(4) $\int \dfrac{1}{1+x^2} \mathrm{d}x = \arctan x + C$;

(5) $\int \dfrac{\mathrm{d}x}{\sqrt{1-x^2}} = \arcsin x + C$;

(6) $\int \cos x \mathrm{d}x = \sin x + C$;

(7) $\int \sin x \, \mathrm{d}x = -\cos x + C$;

(8) $\int \dfrac{\mathrm{d}x}{\cos^2 x} = \int \sec^2 x \mathrm{d}x = \tan x + C$;

(9) $\int \dfrac{\mathrm{d}x}{\sin^2 x} = \int \csc^2 x \mathrm{d}x = -\cot x + C$;

(10) $\int \sec x \tan x \mathrm{d}x = \sec x + C$;

(11) $\int \csc x \cdot \cot x \mathrm{d}x = -\csc x + C$;

(12) $\int e^x \mathrm{d}x = e^x + C$;

(13) $\int a^x \mathrm{d}x = \dfrac{a^x}{\ln a} + C$ ($a \neq 1$).

上面所列的是最基本的积分公式,这些公式是求不定积分的基础,必须牢记.

3. 不定积分的性质

性质 1 两个函数的和的不定积分等于这两个函数的不定积分的和,即

$$\int [f(x) + g(x)] \mathrm{d}x = \int f(x) \mathrm{d}x + \int g(x) \mathrm{d}x. \tag{5.1}$$

事实上,

$$\left[\int f(x) \mathrm{d}x + \int g(x) \mathrm{d}x \right]' = \left[\int f(x) \mathrm{d}x \right]' + \left[\int g(x) \mathrm{d}x \right]' = f(x) + g(x).$$

这就说明,(5.1)式右端是 $f(x)+g(x)$ 的原函数,又(5.1)式右端有两个积分记号,形式上含有两个任意常数,由于任意常数之和仍为任意常数,故实际上含一个任意常数.因此(5.1)式右端是 $f(x)+g(x)$ 的不定积分.

性质 1 可推广到有限个函数的和的情况.

性质 2 求不定积分时,被积函数中不为零的常数因子可以提到积分号外面来,即

$$\int kf(x) \mathrm{d}x = k \int f(x) \mathrm{d}x, \quad k \text{ 为常数}, k \neq 0.$$

可按与性质 1 类似的方法证明.

例 5.3 求 $\int \left[3 - 2x + \dfrac{1}{x^2} - 5\sin x\right]dx$.

解
$$\int \left[3 - 2x + \dfrac{1}{x^2} - 5\sin x\right]dx = 3\int dx - 2\int x\,dx + \int \dfrac{dx}{x^2} - 5\int \sin x\,dx$$
$$= 3(x + C_1) - 2\left(\dfrac{x^2}{2} + C_2\right) + \left(\dfrac{x^{-2+1}}{-2+1} + C_3\right)$$
$$- 5(-\cos x + C_4)$$
$$= 3x - x^2 - \dfrac{1}{x} + 5\cos x + C.$$

例 5.4 求 $\int \dfrac{1+x+x^2}{x(1+x^2)}dx$.

基本积分表中没有这种类型的积分，但可将被积函数变形，化为表中所列类型的积分后，再逐项求积分.

解
$$\int \dfrac{1+x+x^2}{x(1+x^2)}dx = \int \left(\dfrac{1}{1+x^2} + \dfrac{1}{x}\right)dx = \int \dfrac{1}{1+x^2}dx + \int \dfrac{1}{x}dx$$
$$= \arctan x + \ln|x| + C.$$

例 5.5 求 $\int \dfrac{x^4}{1+x^2}dx$.

解
$$\int \dfrac{x^4}{1+x^2}dx = \int \dfrac{x^4 - 1 + 1}{1+x^2}dx = \int \dfrac{(x^2+1)(x^2-1)+1}{1+x^2}dx$$
$$= \int \left(x^2 - 1 + \dfrac{1}{1+x^2}\right)dx = \int x^2\,dx - \int dx + \int \dfrac{1}{1+x^2}dx$$
$$= \dfrac{x^3}{3} - x + \arctan x + C.$$

例 5.6 求 $\int \tan^2 x\,dx$.

解 先利用三角恒等式变形，然后再求积分，
$$\int \tan^2 x\,dx = \int (\sec^2 x - 1)dx = \int \sec^2 x\,dx - \int dx = \tan x - x + C.$$

例 5.7 求 $\int \sin^2 \dfrac{x}{2}dx$.

解
$$\int \sin^2 \dfrac{x}{2}dx = \int \dfrac{1}{2}(1 - \cos x)dx = \dfrac{1}{2}\int(1 - \cos x)dx$$
$$= \dfrac{1}{2}\left[\int dx - \int \cos x\,dx\right] = \dfrac{1}{2}(x - \sin x) + C.$$

例 5.8 已知曲线在其上点 $P(x,y)$ 的切线斜率 $k = \dfrac{1}{4}x$，且曲线经过点 $\left(2, \dfrac{5}{2}\right)$，求此曲线方程.

解 设曲线方程为 $y=f(x)$，由假设 $f'(x)=\dfrac{1}{4}x$，故

$$f(x)=\int f'(x)\mathrm{d}x=\dfrac{1}{4}\int x\mathrm{d}x=\dfrac{1}{8}x^2+C,$$

即 $y=\dfrac{x^2}{8}+C(C$ 为常数$)$，如图 5.1 所示.

因曲线经过点 $\left(2,\dfrac{5}{2}\right)$，以此点坐标代入方程，得 $\dfrac{5}{2}=\dfrac{4}{8}+C$，

解得 $C=2$. 因此所求方程为 $y=\dfrac{x^2}{8}+2$.

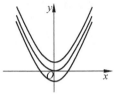

图 5.1

习题 5.1

1. 求下列不定积分：

(1) $\displaystyle\int x^2\sqrt{x}\mathrm{d}x$；

(2) $\displaystyle\int \dfrac{\mathrm{d}x}{x^3\sqrt{x}}$；

(3) $\displaystyle\int x(2x-5)(x+1)\mathrm{d}x$；

(4) $\displaystyle\int (\sqrt{t}-1)(\sqrt{t}+2)\mathrm{d}t$；

(5) $\displaystyle\int \left(\dfrac{2}{1+u^2}-\dfrac{1}{\cos^2 u}-\dfrac{3}{\sqrt{1-u^2}}\right)\mathrm{d}u$；

(6) $\displaystyle\int \dfrac{(y-1)(\sqrt{y}+1)}{y}\mathrm{d}y$；

(7) $\displaystyle\int \dfrac{1}{\sin^2\dfrac{x}{2}\cos^2\dfrac{x}{2}}\mathrm{d}x$；

(8) $\displaystyle\int \dfrac{\cos 2x}{\cos x-\sin x}\mathrm{d}x$；

(9) $\displaystyle\int \sec x(\sec x-\tan x)\mathrm{d}x$；

(10) $\displaystyle\int \dfrac{\cos 2x}{\cos^2 x\sin^2 x}\mathrm{d}x$；

(11) $\displaystyle\int \dfrac{2\cdot 3^x-3\cdot 2^x}{5^x}\mathrm{d}x$；

(12) $\displaystyle\int \dfrac{3x^4+3x^2+1}{x^2+1}\mathrm{d}x$.

2. 已知一曲线在任一点处切线的斜率等于该点横坐标的倒数，(1)试求此曲线的方程，(2)若曲线经过点 $(\mathrm{e}^2,3)$，求此曲线方程.

5.2 换元积分法

一般来说，求不定积分要比求导数困难得多. 在上节中，求不定积分都是直接利用不定积分的基本公式，或将被积函数变形后利用不定积分的基本公式来求不定积分的. 但是，根据不定积分的运算法则和基本公式，只能求得很少一部分比较简单的函数的不定积分，而大多数函数的不定积分要因函数的不同形式或不同类型选用不同的方法. 本节介绍的换元积分法是求不定积分的最基本最常用的方法之一.

1. 第一类换元法

例 5.9 求 $\int \cos 2x \mathrm{d}x$.

解 $\int \cos 2x \mathrm{d}x = \dfrac{1}{2}\int \cos 2x \mathrm{d}(2x)$,令 $2x = u$,得

$$\int \cos 2x \mathrm{d}x = \frac{1}{2}\int \cos u \mathrm{d}u = \frac{1}{2}\sin u + C,$$

代回原变量,得

$$\int \cos 2x \mathrm{d}x = \frac{1}{2}\sin 2x + C.$$

例 5.10 求 $\int 2x\mathrm{e}^{x^2}\mathrm{d}x$.

解 由 $\mathrm{d}x^2 = 2x\mathrm{d}x$,所求积分可凑成

$$\int 2x\mathrm{e}^{x^2}\mathrm{d}x = \int \mathrm{e}^{x^2}\mathrm{d}x^2,$$

令 $u = x^2$,得

$$\int 2x\mathrm{e}^{x^2}\mathrm{d}x = \int \mathrm{e}^{x^2}\mathrm{d}x^2 = \int \mathrm{e}^u \mathrm{d}u = \mathrm{e}^u + C,$$

代回原变量,得

$$\int 2x\mathrm{e}^{x^2}\mathrm{d}x = \mathrm{e}^{x^2} + C.$$

一般地,有如下结论.

定理 5.1 设 $f(u)$ 是 u 的连续函数,且

$$\int f(u)\mathrm{d}u = F(u) + C,$$

又设 $u = \varphi(x)$ 具有连续的导函数 $\varphi'(x)$,则有

$$\int f[\varphi(x)]\varphi'(x)\mathrm{d}x = F[\varphi(x)] + C.$$

证明 只需证明 $\dfrac{\mathrm{d}F[\varphi(x)]}{\mathrm{d}x} = f[\varphi(x)]\varphi'(x)$ 即可.

根据复合函数的微分法,得

$$\frac{\mathrm{d}F[\varphi(x)]}{\mathrm{d}x} = F'[\varphi(x)]\varphi'(x).$$

又由 $F'(u) = f(u)$,故

$$\frac{\mathrm{d}F[\varphi(x)]}{\mathrm{d}x} = f[\varphi(x)]\varphi'(x).$$

例 5.11 求 $\int \dfrac{1}{3-2x}\mathrm{d}x$.

解 令 $u=3-2x$,则 $\mathrm{d}u=-2\mathrm{d}x$,故
$$\int \frac{\mathrm{d}x}{3-2x}=-\frac{1}{2}\int \frac{\mathrm{d}(3-2x)}{3-2x}=-\frac{1}{2}\int \frac{\mathrm{d}u}{u}=-\frac{1}{2}\ln|u|+C$$
$$=-\frac{1}{2}\ln|3-2x|+C.$$

例 5.12 求 $\int \tan x\mathrm{d}x$.

解 $\int \tan x\mathrm{d}x=\int \dfrac{\sin x}{\cos x}\mathrm{d}x$,因为 $-\sin x\mathrm{d}x=\mathrm{d}\cos x$,设 $u=\cos x$,则 $\mathrm{d}u=-\sin x\mathrm{d}x$,因此,
$$\int \tan x\mathrm{d}x=\int \frac{\sin x}{\cos x}\mathrm{d}x=-\int \frac{\mathrm{d}u}{u}=-\ln|u|+C=-\ln|\cos x|+C.$$

类似可得 $\int \cot x\mathrm{d}x=\ln|\sin x|+C$.

第一换元积分法也称为"凑微分"法,当"凑微分"法应用熟练以后,可不写出换元这一步,而直接写出结果:
$$\int f[\varphi(x)]\varphi'(x)\mathrm{d}x=\int f[\varphi(x)]\mathrm{d}\varphi(x)=F[\varphi(x)]+C.$$

例 5.13 求 $\int \dfrac{1}{a^2+x^2}\mathrm{d}x$.

解 $\int \dfrac{1}{a^2+x^2}\mathrm{d}x=\int \dfrac{1}{a^2}\cdot\dfrac{1}{1+\left(\dfrac{x}{a}\right)^2}\mathrm{d}x=\dfrac{1}{a}\int \dfrac{1}{1+\left(\dfrac{x}{a}\right)^2}\mathrm{d}\left(\dfrac{x}{a}\right)=\dfrac{1}{a}\arctan\dfrac{x}{a}+C.$

例 5.14 求 $\int \dfrac{\mathrm{d}x}{\sqrt{a^2-x^2}}\ (a>0)$.

解 $\int \dfrac{\mathrm{d}x}{\sqrt{a^2-x^2}}=\int \dfrac{1}{a}\dfrac{\mathrm{d}x}{\sqrt{1-\left(\dfrac{x}{a}\right)^2}}=\int \dfrac{\mathrm{d}\left(\dfrac{x}{a}\right)}{\sqrt{1-\left(\dfrac{x}{a}\right)^2}}=\arcsin\dfrac{x}{a}+C.$

例 5.15 求 $\int \dfrac{1}{x^2-a^2}\mathrm{d}x$.

解 由于 $\dfrac{1}{x^2-a^2}=\dfrac{1}{2a}\left(\dfrac{1}{x-a}-\dfrac{1}{x+a}\right)$,所以
$$\int \frac{\mathrm{d}x}{x^2-a^2}=\frac{1}{2a}\int\left(\frac{1}{x-a}-\frac{1}{x+a}\right)\mathrm{d}x=\frac{1}{2a}\left(\int \frac{1}{x-a}\mathrm{d}x-\int \frac{1}{x+a}\mathrm{d}x\right)$$
$$=\frac{1}{2a}\left[\int \frac{1}{x-a}\mathrm{d}(x-a)-\int \frac{1}{x+a}\mathrm{d}(x+a)\right]$$

$$= \frac{1}{2a}[\ln|x-a| - \ln|x+a|] + C$$

$$= \frac{1}{2a}\ln\left|\frac{x-a}{x+a}\right| + C.$$

例 5.16 求 $\int \sin^3 x \, dx$.

解 $\int \sin^3 x \, dx = \int \sin^2 x \sin x \, dx = -\int (1-\cos^2 x) \, d(\cos x)$

$$= -\int d(\cos x) + \int \cos^2 x \, d(\cos x) = -\cos x + \frac{1}{3}\cos^3 x + C.$$

例 5.17 求 $\int \sin^2 x \cos^5 x \, dx$.

解 $\int \sin^2 x \cos^5 x \, dx = \int \sin^2 x \cos^4 x \cos x \, dx$

$$= \int \sin^2 x (1-\sin^2 x)^2 \, d(\sin x)$$

$$= \int (\sin^2 x - 2\sin^4 x + \sin^6 x) \, d(\sin x)$$

$$= \frac{1}{3}\sin^3 x - \frac{2}{5}\sin^5 x + \frac{1}{7}\sin^7 x + C.$$

例 5.18 求 $\int \cos^2 x \, dx$ 与 $\int \sin^2 x \, dx$.

解 $\int \cos^2 x \, dx = \int \frac{1+\cos 2x}{2} dx = \frac{1}{2}\int dx + \frac{1}{2}\int \cos 2x \, dx = \frac{x}{2} + \frac{1}{4}\sin 2x + C.$

$\int \sin^2 x \, dx = \int \frac{1-\cos 2x}{2} dx = \frac{x}{2} - \frac{1}{4}\sin 2x + C.$

例 5.19 求 $\int \sin^4 x \, dx$.

解 由于

$$\sin^4 x = \sin^2 x (1-\cos^2 x) = \sin^2 x - \sin^2 x \cos^2 x = \sin^2 x - \frac{1}{4}(\sin 2x)^2,$$

利用例 5.18 的结果得

$$\int \sin^4 x \, dx = \int \left[\sin^2 x - \frac{1}{4}(\sin 2x)^2\right] dx$$

$$= \frac{x}{2} - \frac{1}{4}\sin 2x - \frac{1}{2} \times \frac{1}{4}\left(\frac{2x}{2} - \frac{\sin 4x}{4}\right) + C$$

$$= \frac{3}{8}x - \frac{1}{4}\sin 2x + \frac{1}{32}\sin 4x + C.$$

例 5.20 求 $\int \cos^4 x \, dx$.

解 由于

$$\cos^4 x = (\cos^2 x)^2 = \left(\frac{1+\cos 2x}{2}\right)^2 = \frac{1}{4}(1+2\cos 2x + \cos^2 2x)$$
$$= \frac{1}{4}\left(1+2\cos 2x + \frac{1+\cos 4x}{2}\right) = \frac{1}{4}\left(\frac{3}{2} + 2\cos 2x + \frac{1}{2}\cos 4x\right),$$

所以

$$\int \cos^4 x \, \mathrm{d}x = \frac{1}{4}\int\left(\frac{3}{2} + 2\cos 2x + \frac{1}{2}\cos 4x\right)\mathrm{d}x$$
$$= \frac{1}{4}\left(\frac{3}{2}x + \sin 2x + \frac{1}{8}\sin 4x\right) + C$$
$$= \frac{3}{8}x + \frac{1}{4}\sin 2x + \frac{1}{32}\sin 4x + C.$$

例 5.21 求 $\int \csc x \, \mathrm{d}x$.

解
$$\int \csc x \, \mathrm{d}x = \int \frac{\mathrm{d}x}{\sin x} = \int \frac{\mathrm{d}x}{2\sin\frac{x}{2}\cos\frac{x}{2}} = \int \frac{\mathrm{d}\left(\frac{x}{2}\right)}{\tan\frac{x}{2}\cos^2\frac{x}{2}} = \int \frac{\sec^2\frac{x}{2}\mathrm{d}\left(\frac{x}{2}\right)}{\tan\frac{x}{2}}$$
$$= \int \frac{\mathrm{d}\left(\tan\frac{x}{2}\right)}{\tan\frac{x}{2}} = \ln\left|\tan\frac{x}{2}\right| + C.$$

又

$$\tan\frac{x}{2} = \frac{\sin\frac{x}{2}}{\cos\frac{x}{2}} = \frac{2\sin^2\frac{x}{2}}{\sin x} = \frac{1-\cos x}{\sin x} = \csc x - \cot x,$$

所以上述不定积分又可表示为

$$\int \csc x \, \mathrm{d}x = \ln|\csc x - \cot x| + C.$$

类似地可求得 $\int \sec x \, \mathrm{d}x = \ln|\sec x + \tan x| + C$.

例 5.22 求 $\int \sec^4 x \, \mathrm{d}x$.

解
$$\int \sec^4 x \, \mathrm{d}x = \int \sec^2 x \sec^2 x \, \mathrm{d}x = \int (1+\tan^2 x) \mathrm{d}(\tan x)$$
$$= \tan x + \frac{1}{3}\tan^3 x + C.$$

例 5.23 求 $\int \sin 2x \cos 3x \, \mathrm{d}x$.

解 利用积化和差公式
$$\sin\alpha\cos\beta = \frac{1}{2}[\sin(\alpha+\beta)+\sin(\alpha-\beta)],$$
得
$$\sin 2x\cos 3x = \frac{1}{2}(\sin 5x - \sin x),$$
所以
$$\int \sin 2x\cos 3x\, dx = \frac{1}{2}\int(\sin 5x - \sin x)dx = \frac{1}{2}\int \sin 5x\, dx - \frac{1}{2}\int \sin x\, dx$$
$$= -\frac{1}{10}\cos 5x + \frac{1}{2}\cos x + C.$$

2. 第二类换元法

定理 5.2 设函数 $x=\varphi(t)$ 严格单调、可导并且 $\varphi'(t)\neq 0$,又设 $f[\varphi(t)]\varphi'(t)$ 具有原函数.则有
$$\int f(x)dx = \left[\int f[\varphi(t)]\varphi'(t)dt\right]_{t=\varphi^{-1}(x)},$$
其中 $\varphi^{-1}(x)$ 是 $x=\varphi(t)$ 的反函数.

证明 设 $\int f[\varphi(t)]\varphi'(t)dt = F(t)+C$,则只需验证
$$[F(\varphi^{-1}(x))+C]' = f(x)$$
成立即可.利用复合函数的求导法则及反函数的导数公式,得到
$$\frac{d}{dx}F(\varphi^{-1}(x)) = \frac{dF(t)}{dt}\cdot\frac{dt}{dx} = f[\varphi(t)]\varphi'(t)\cdot\frac{1}{\varphi'(t)} = f[\varphi(t)] = f(x).$$

例 5.24 求 $\int \dfrac{dx}{1+\sqrt{x}}$.

解 作变量代换 $x=t^2$(以消去根式),于是 $\sqrt{x}=t, dx=2t\,dt$,从而
$$\int \frac{dx}{1+\sqrt{x}} = 2\int \frac{t}{1+t}dt = 2\int\left(1-\frac{1}{1+t}\right)dt$$
$$= 2t - 2\ln(1+t) + C = 2\sqrt{x} - 2\ln(1+\sqrt{x}) + C.$$

例 5.25 求 $\int \sqrt{a^2-x^2}\,dx\ (a>0)$.

解 此积分难点在于被积函数中的根号,为去掉根号,令 $x=a\sin t, -\dfrac{\pi}{2}\leqslant t\leqslant\dfrac{\pi}{2}$,则 $dx=a\cos t\,dt, \sqrt{a^2-x^2}=a\cos t$,于是

$$\int \sqrt{a^2-x^2}\,dx = \int a\cos t \cdot a\cos t\,dt = a^2\int \cos^2 t\,dt$$
$$= a^2\int \frac{1+\cos 2t}{2}\,dt = \frac{a^2}{2}\left(t+\frac{1}{2}\sin 2t\right)+C.$$

回代变量,由 $\sin t=\dfrac{x}{a}$,得 $t=\arcsin\dfrac{x}{a}$,$\cos t=\dfrac{\sqrt{a^2-x^2}}{a}$,于是

$$\frac{1}{2}\sin 2t = \sin t\cos t = \frac{x\sqrt{a^2-x^2}}{a^2},$$

故有

$$\int \sqrt{a^2-x^2}\,dx = \frac{a^2}{2}\left(\arcsin\frac{x}{a}+\frac{x\sqrt{a^2-x^2}}{a^2}\right)+C$$
$$= \frac{a^2}{2}\arcsin\frac{x}{a}+\frac{x}{2}\sqrt{a^2-x^2}+C.$$

为了把 $\cos t$ 换成 x 的函数,可利用图 5.2 中的直角三角形. 由这个三角形可以方便地得到 $\cos t=\dfrac{\sqrt{a^2-x^2}}{a}$.

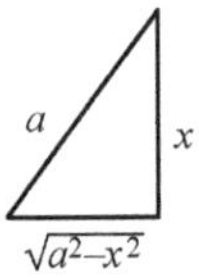

图 5.2

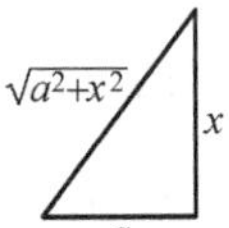

图 5.3

例 5.26 求 $\int \dfrac{dx}{\sqrt{x^2+a^2}}\ (a>0)$.

解 利用三角公式 $1+\tan^2 t=\sec^2 t$ 来化去根式(见图 5.3).

设 $x=a\tan t\left(-\dfrac{\pi}{2}<t<\dfrac{\pi}{2}\right)$,则 $dx=a\sec^2 t\,dt$,

$$\sqrt{x^2+a^2} = \sqrt{a^2+a^2\tan^2 t} = a\sqrt{1+\tan^2 t} = a\sec t,$$

于是

$$\int \frac{dx}{\sqrt{x^2+a^2}} = \int \frac{a\sec^2 t}{a\sec t}\,dt = \int \sec t\,dt = \ln|\sec t+\tan t|+C.$$

由 $\tan t=\dfrac{x}{a}$,得 $\sec t=\dfrac{\sqrt{x^2+a^2}}{a}$,因此,

$$\int \frac{dx}{\sqrt{x^2+a^2}} = \ln\left(\frac{x}{a}+\frac{\sqrt{x^2+a^2}}{a}\right)+C = \ln\left(x+\sqrt{x^2+a^2}\right)+C_1,$$

其中 $C_1 = C - \ln a$.

例 5.27 求 $\displaystyle\int \frac{\mathrm{d}x}{\sqrt{x^2 - a^2}}$ $(a > 0)$.

解 当 $x > 0$ 时，令 $x = a\sec t$，利用公式 $\sec^2 t - \tan^2 t = 1$ 有 $\sqrt{x^2 - a^2} = a\tan t$，$\mathrm{d}x = a\sec t\tan t\,\mathrm{d}t$. 于是有

$$\int \frac{\mathrm{d}x}{\sqrt{x^2 - a^2}} = \int \frac{a\sec t\tan t}{a\tan t}\mathrm{d}t = \int \sec t\,\mathrm{d}t$$

$$= \ln|\sec t + \tan t| + C_1$$

$$= \ln\left|\frac{x}{a} + \frac{\sqrt{x^2 - a^2}}{a}\right| + C_1$$

$$= \ln\left|x + \sqrt{x^2 - a}\right| - \ln a + C_1$$

$$= \ln\left|x + \sqrt{x^2 - a}\right| + C_2.$$

当 $x < 0$ 时，令 $x = -u$，则 $u > 0$. 利用上段结果得

$$\int \frac{\mathrm{d}x}{\sqrt{x^2 - a^2}} = -\int \frac{\mathrm{d}u}{\sqrt{u^2 - a^2}} = -\ln|u + \sqrt{u^2 - a^2}| + C_2$$

$$= -\ln\left|-x + \sqrt{x^2 - a^2}\right| + C_2 = \ln\frac{-x - \sqrt{x^2 - a^2}}{a^2} + C_2$$

$$= \ln(-x - \sqrt{x^2 - a^2}) - \ln a^2 + C_2$$

$$= \ln\left|x + \sqrt{x^2 - a^2}\right| + C.$$

综上有

$$\int \frac{\mathrm{d}x}{\sqrt{x^2 - a^2}} = \ln|x + \sqrt{x^2 - a}| + C.$$

例 5.28 求 $\displaystyle\int \frac{\mathrm{d}x}{1 + \sqrt{\mathrm{e}^x}}$.

解 为化去根式，令 $\sqrt{\mathrm{e}^x} = t$，则 $x = \ln t^2 = 2\ln t$，$\mathrm{d}x = \dfrac{2\mathrm{d}t}{t}$，于是

$$\int \frac{\mathrm{d}x}{1 + \sqrt{\mathrm{e}^x}} = \int \frac{2}{t(1 + t)}\mathrm{d}t = 2\int \frac{1 + t - t}{t(1 + t)}\mathrm{d}t$$

$$= 2\int \left(\frac{1}{t} - \frac{1}{1 + t}\right)\mathrm{d}t = 2(\ln|t| - \ln|1 + t|) + C$$

$$= \ln\left(\frac{t}{1 + t}\right)^2 + C.$$

将 $t = \sqrt{\mathrm{e}^x}$ 回代，得

$$\int \frac{dx}{1+\sqrt{e^x}} = \ln\left[\frac{\sqrt{e^x}}{1+\sqrt{e^x}}\right]^2 + C.$$

在本节的例题中,有几个积分是以后经常遇到的,通常也作为公式来使用,除了基本积分表中以外,再增加以下几个公式:

(14) $\int \tan x\, dx = -\ln|\cos x| + C;$

(15) $\int \cot x\, dx = \ln|\sin x| + C;$

(16) $\int \sec x\, dx = \ln|\sec x + \tan x| + C;$

(17) $\int \csc x\, dx = \ln|\csc x - \cot x| + C;$

(18) $\int \dfrac{dx}{a^2+x^2} = \dfrac{1}{a}\arctan \dfrac{x}{a} + C \ (a \ne 0);$

(19) $\int \dfrac{dx}{x^2-a^2} = \dfrac{1}{2a}\ln\left|\dfrac{x-a}{x+a}\right| + C \ (a \ne 0);$

(20) $\int \dfrac{dx}{a^2-x^2} = \dfrac{1}{2a}\ln\left|\dfrac{a+x}{a-x}\right| + C \ (a \ne 0);$

(21) $\int \dfrac{dx}{\sqrt{a^2-x^2}} = \arcsin \dfrac{x}{a} + C;$

(22) $\int \dfrac{dx}{\sqrt{x^2 \pm a^2}} = \ln\left|x + \sqrt{x^2 \pm a^2}\right| + C.$

例 5.29 求 $\int \dfrac{dx}{2x^2+4x+3}.$

解 $\int \dfrac{dx}{2x^2+4x+3} = \dfrac{1}{2}\int \dfrac{dx}{x^2+2x+\dfrac{3}{2}} = \dfrac{1}{2}\int \dfrac{dx}{(x+1)^2+\dfrac{1}{2}}$

$= \dfrac{1}{2}\int \dfrac{1}{(x+1)^2+\left(\dfrac{1}{\sqrt{2}}\right)^2} d(x+1) = \dfrac{1}{2} \cdot \sqrt{2}\arctan \dfrac{x+1}{\dfrac{1}{\sqrt{2}}} + C$

$= \dfrac{\sqrt{2}}{2}\arctan \sqrt{2}(x+1) + C.$

例 5.30 求 $\int \dfrac{dx}{\sqrt{4x^2+9}}.$

解 $\int \dfrac{dx}{\sqrt{4x^2+9}} = \int \dfrac{dx}{\sqrt{(2x)^2+3^2}} = \dfrac{1}{2}\int \dfrac{d(2x)}{\sqrt{(2x)^2+3^2}}$

$= \dfrac{1}{2}\ln(2x+\sqrt{4x^2+9}) + C.$

习题 5.2

1. 在下列各式等号右端的空白处添入适当的系数,使等式成立.

(1) $dx = \underline{\quad} d(ax)$; (2) $dx = \underline{\quad} d(7x-4)$;

(3) $xdx = \underline{\quad} d(x^2)$; (4) $xdx = \underline{\quad} d(1-x^2)$;

(5) $x^3 dx = \underline{\quad} d(6x^4+5)$; (6) $e^{2x} dx = \underline{\quad} d(e^{2x})$;

(7) $e^{-\frac{x}{2}} dx = \underline{\quad} d(2+e^{-\frac{x}{2}})$; (8) $\sin ax\, dx = \underline{\quad} d(\cos ax)$;

(9) $\dfrac{dx}{1+9x^2} = \underline{\quad} d(\arctan 3x)$; (10) $\dfrac{1}{x} dx = \underline{\quad} d(3\ln|x|)$;

(11) $\dfrac{dx}{\sqrt{1-x^2}} = \underline{\quad} d(1-\arcsin x)$; (12) $\dfrac{x dx}{\sqrt{1-x^2}} dx = \underline{\quad} d(\sqrt{1-x^2})$.

2. 求下列不定积分:

(1) $\displaystyle\int x e^{2x^2+1} dx$; (2) $\displaystyle\int \dfrac{dx}{1-4x}$;

(3) $\displaystyle\int \dfrac{dx}{4+x^2}$; (4) $\displaystyle\int \dfrac{e^{2x}}{1+e^x} dx$;

(5) $\displaystyle\int (3x+1)^{99} dx$; (6) $\displaystyle\int t^2 \sqrt{1-t^3}\, dt$;

(7) $\displaystyle\int \sin u \cos u\, du$; (8) $\displaystyle\int \sin^2 x \cos^2 x\, dx$;

(9) $\displaystyle\int \cos^3 x\, dx$; (10) $\displaystyle\int \sin 6x \cos 2x\, dx$;

(11) $\displaystyle\int \dfrac{\sin^5 x}{\cos^4 x} dx$; (12) $\displaystyle\int \dfrac{dx}{1+\sqrt[3]{x}}$;

(13) $\displaystyle\int \dfrac{x+2}{\sqrt{2x+1}} dx$; (14) $\displaystyle\int \dfrac{dx}{x\sqrt{a^2-x^2}}$;

(15) $\displaystyle\int \dfrac{dx}{(x^2+a^2)^2}$; (16) $\displaystyle\int \dfrac{dx}{(x^2-a^2)^{\frac{3}{2}}}$;

(17) $\displaystyle\int \dfrac{1-x}{\sqrt{9-4x^2}} dx$; (18) $\displaystyle\int \dfrac{10^{2\arccos x} dx}{\sqrt{1-x^2}}$;

(19) $\displaystyle\int \dfrac{dx}{x\ln x \ln(\ln x)}$; (20) $\displaystyle\int \dfrac{1+\ln x}{(x\ln x)^2} dx$;

(21) $\displaystyle\int \dfrac{x^3 dx}{9+x^2}$; (22) $\displaystyle\int \dfrac{dx}{\sqrt{x}(1+x)}$;

(23) $\displaystyle\int \dfrac{dx}{1+\sqrt{1-x^2}}$.

5.3 分部积分法

有些形如 $\int f(x)g(x)\mathrm{d}x$ 的积分 $\left(\text{如} \int x\cos x\mathrm{d}x, \int x^2 \mathrm{e}^x \mathrm{d}x, \int \mathrm{e}^x \sin x\mathrm{d}x \text{ 等}\right)$，用换元积分法无法求出其积分，必须寻求另外的方法来解决. 对于这类的积分，可利用两个函数乘积的求导法则，来推得另一个求积分的基本方法——**分部积分法**.

设 $u(x), v(x)$ 具有连续导数. 由导数公式，有
$$(uv)' = u'v + uv',$$
移项得，
$$uv' = (uv)' - u'v.$$
对这个等式两边求不定积分，得
$$\int uv'\mathrm{d}x = uv - \int u'v\mathrm{d}x. \tag{5.2}$$

公式(5.2)称为**分部积分公式**. 如果求积分 $\int uv'\mathrm{d}x$ 有困难，而求 $\int u'v\mathrm{d}x$ 比较容易时，分部积分公式就可以发挥作用了.

为简便起见，公式(5.2)常写成下面的形式：
$$\int u\mathrm{d}v = uv - \int v\mathrm{d}u. \tag{5.3}$$

下面通过例子说明如何运用分部积分公式.

例 5.31 求 $\int x\cos x\mathrm{d}x$.

解 这个积分用换元积分法不易求得结果. 现在试用分部积分法来求它.
设 $u=x, \mathrm{d}v=\cos x\mathrm{d}x$，则 $\mathrm{d}u=\mathrm{d}x, v=\sin x$，利用分部积分公式(5.3)得
$$\int x\cos x\mathrm{d}x = x\sin x - \int \sin x\mathrm{d}x = x\sin x + \cos x + C.$$

注 若 u 和 $\mathrm{d}v$ 选得不当，就解不出来.

例如，若令 $u=\cos x, \mathrm{d}v=x\mathrm{d}x$，则 $\mathrm{d}u=-\sin x\mathrm{d}x, v=\dfrac{x^2}{2}$，于是
$$\int x\cos x\mathrm{d}x = \frac{1}{2}x^2 \cos x + \frac{1}{2}\int x^2 \sin x\mathrm{d}x,$$
显然，$\int x^2 \sin x\mathrm{d}x$ 比 $\int x\cos x\mathrm{d}x$ 更不易求出，所以这样行不通.

由此可见，如果 u 和 $\mathrm{d}v$ 选取不当，就求不出结果，所以应用分部积分法时，恰当选取 u 和 $\mathrm{d}v$ 是关键. 一般要考虑下面两点：

(1) v 要容易求得；

(2) $\int v \mathrm{d}u$ 要比 $\int u \mathrm{d}v$ 容易积出.

例 5.32 求 $\int x \mathrm{e}^x \mathrm{d}x$.

解 设 $u=x, \mathrm{d}v=\mathrm{e}^x \mathrm{d}x$, 则 $\mathrm{d}u=\mathrm{d}x, v=\mathrm{e}^x$, 于是
$$\int x \mathrm{e}^x \mathrm{d}x = x \mathrm{e}^x - \int \mathrm{e}^x \mathrm{d}x = x \mathrm{e}^x - \mathrm{e}^x + C.$$

例 5.33 求 $\int x^2 \mathrm{e}^x \mathrm{d}x$.

解 设 $u=x^2, \mathrm{d}v=\mathrm{e}^x \mathrm{d}x$, 则 $\mathrm{d}u=2x \mathrm{d}x, v=\mathrm{e}^x$, 利用公式(5.3)得
$$\int x^2 \mathrm{e}^x \mathrm{d}x = x^2 \mathrm{e}^x - 2 \int x \mathrm{e}^x \mathrm{d}x.$$

这里 $\int x \mathrm{e}^x \mathrm{d}x$ 比 $\int x^2 \mathrm{e}^x \mathrm{d}x$ 容易求得, 因为被积函数中 x 的幂次前者比后者降低了一次. 由例 5.33 对 $\int x \mathrm{e}^x \mathrm{d}x$ 再使用一次分部积分法就可以了. 于是
$$\int x^2 \mathrm{e}^x \mathrm{d}x = x^2 \mathrm{e}^x - 2 \int x \mathrm{e}^x \mathrm{d}x$$
$$= x^2 \mathrm{e}^x - 2(x \mathrm{e}^x - \mathrm{e}^x) + C = (x^2 - 2x + 2)\mathrm{e}^x + C.$$

在比较熟练了以后, 就不必写出 u, v, 只要在心里想着就可以了.

例 5.34 求 $\int \ln x \mathrm{d}x$.

解 $\int \ln x \mathrm{d}x = x \ln x - \int x \mathrm{d}\ln x = x \ln x - \int x \cdot \frac{1}{x} \mathrm{d}x = x \ln x - x + C.$

例 5.35 求 $\int x \arctan x \mathrm{d}x$.

解
$$\int x \arctan x \mathrm{d}x = \int \arctan x \mathrm{d}\left(\frac{x^2}{2}\right) = \frac{x^2}{2} \arctan x - \int \frac{x^2}{2} \mathrm{d}(\arctan x)$$
$$= \frac{x^2}{2} \arctan x - \frac{1}{2} \int \frac{x^2}{1+x^2} \mathrm{d}x$$
$$= \frac{x^2}{2} \arctan x - \frac{1}{2} \int \frac{1+x^2-1}{1+x^2} \mathrm{d}x$$
$$= \frac{x^2}{2} \arctan x - \frac{1}{2} \int \left(1 - \frac{1}{1+x^2}\right) \mathrm{d}x$$
$$= \frac{x^2}{2} \arctan x - \frac{1}{2}(x - \arctan x) + C.$$

通过上面的例子可以看出, 如果被积函数是幂函数与三角函数的乘积、幂函数与指数函数的乘积、幂函数与对数函数的乘积或幂函数与反三角函数的乘积, 就可以考虑用分部积分法. (请读者总结一下, 在使用分部积分法求这几类函数的积分时, 应怎样选取

u 和 $\mathrm{d}v$?)

有时,在反复使用分部积分法后,又回到原来所求的积分,也有可能求出结果.下面的几个例子所用方法都是比较典型的.

例 5.36 求 $\int \mathrm{e}^x \sin x \mathrm{d}x$.

解 $\int \mathrm{e}^x \sin x \mathrm{d}x = \int \sin x \mathrm{d}\mathrm{e}^x = \mathrm{e}^x \sin x - \int \mathrm{e}^x \mathrm{d}\sin x = \mathrm{e}^x \sin x - \int \mathrm{e}^x \cos x \mathrm{d}x.$

注意到 $\int \mathrm{e}^x \cos x \mathrm{d}x$ 与所求积分是同一类型的,需再用一次分部积分,

$$\int \mathrm{e}^x \sin x \mathrm{d}x = \mathrm{e}^x \sin x - \int \cos x \mathrm{d}\mathrm{e}^x = \mathrm{e}^x \sin x - \left(\mathrm{e}^x \cos x - \int \mathrm{e}^x \mathrm{d}\cos x\right)$$
$$= \mathrm{e}^x \sin x - \mathrm{e}^x \cos x - \int \mathrm{e}^x \sin x \mathrm{d}x.$$

上式右端第三项就是所求的积分 $\int \mathrm{e}^x \sin x \mathrm{d}x$,移项后,两端同除以 2,得

$$\int \mathrm{e}^x \sin x \mathrm{d}x = \frac{1}{2} \mathrm{e}^x (\sin x - \cos x) + C.$$

例 5.37 求 $\int \sec^3 x \mathrm{d}x$.

解 $\int \sec^3 x \mathrm{d}x = \int \sec x \sec^2 x \mathrm{d}x = \int \sec x \mathrm{d}\tan x = \sec x \tan x - \int \tan x \mathrm{d}\sec x$

$$= \sec x \tan x - \int \sec x \tan^2 x \mathrm{d}x = \sec x \tan x - \int \sec x (\sec^2 x - 1) \mathrm{d}x$$
$$= \sec x \tan x - \int (\sec^3 x - \sec x) \mathrm{d}x = \sec x \tan x - \int \sec^3 x \mathrm{d}x + \int \sec x \mathrm{d}x$$
$$= \sec x \tan x + \ln|\sec x + \tan x| - \int \sec^3 x \mathrm{d}x,$$

$$\int \sec^3 x \mathrm{d}x = \frac{1}{2}(\sec x \tan x + \ln|\sec x + \tan x|) + C.$$

例 5.38 求 $I_n = \int \dfrac{\mathrm{d}x}{(x^2+a^2)^n}$(其中 n 为正整数).

解 当 $n>1$ 时,

$$I_{n-1} = \int \frac{\mathrm{d}x}{(x^2+a^2)^{n-1}} = \frac{x}{(x^2+a^2)^{n-1}} - \int x \mathrm{d}\left[\frac{1}{(x^2+a^2)^{n-1}}\right]$$
$$= \frac{x}{(x^2+a^2)^{n-1}} - \int \frac{x \cdot [-(n-1)(x^2+a^2)^{n-2}] \cdot 2x}{(x^2+a^2)^{2n-2}} \mathrm{d}x$$
$$= \frac{x}{(x^2+a^2)^{n-1}} + 2(n-1) \int \frac{x^2}{(x^2+a^2)^n} \mathrm{d}x$$
$$= \frac{x}{(x^2+a^2)^{n-1}} + 2(n-1) \int \frac{x^2+a^2-a^2}{(x^2+a^2)^n} \mathrm{d}x$$

$$= \frac{x}{(x^2+a^2)^{n-1}} + 2(n-1)\left[\int \frac{\mathrm{d}x}{(x^2+a^2)^{n-1}} - \int \frac{a^2}{(x^2+a^2)^n}\mathrm{d}x\right]$$

$$= \frac{x}{(x^2+a^2)^{n-1}} + 2(n-1)(I_{n-1} - a^2 I_n).$$

于是

$$I_n = \frac{1}{2a^2(n-1)}\left[\frac{x}{(x^2+a^2)^{n-1}} + (2n-3)I_{n-1}\right].$$

由此作递推公式,并由 $I_1 = \frac{1}{a}\arctan\frac{x}{a} + C$,即得 I_n.

习题 5.3

求下列不定积分:

(1) $\int x\ln x\,\mathrm{d}x$;

(2) $\int \arcsin x\,\mathrm{d}x$;

(3) $\int x^2 \arctan x\,\mathrm{d}x$;

(4) $\int x\tan^2 x\,\mathrm{d}x$;

(5) $\int x^2 \sin^2 x\,\mathrm{d}x$;

(6) $\int x\sin x\cos x\,\mathrm{d}x$;

(7) $\int x\ln(x-1)\,\mathrm{d}x$;

(8) $\int (\arcsin x)^2\,\mathrm{d}x$;

(9) $\int x^3 \ln^2 x\,\mathrm{d}x$;

(10) $\int \ln(1+x^2)\,\mathrm{d}x$;

(11) $\int \mathrm{e}^{ax}\sin bx\,\mathrm{d}x$;

(12) $\int \mathrm{e}^x \sin^2 x\,\mathrm{d}x$.

第 6 章 定 积 分

在第 1 章中看到,求曲边梯形的面积与求变力所做的功等许多问题,都归结为求和式
$$\sum_{i=1}^{n} f(\xi_i) \Delta x_i$$
的极限,这样的和式的极限就是定积分.本章给出定积分的定义,讨论定积分的性质和计算.

6.1 定积分的概念

1. 定积分的定义

定义 6.1 设 $f(x)$ 在区间 $[a,b]$ 有定义,在 $[a,b]$ 内任意插入 $n-1$ 个分点:
$$x_1, x_2, \cdots, x_{n-1},$$
令 $a = x_0, x_n = b$,使
$$a = x_0 < x_1 < x_2 < \cdots < x_{n-1} < x_n = b,$$
此分法表示为 T. 分法 T 将 $[a,b]$ 分成 n 个小区间:
$$[x_0, x_1], [x_1, x_2], \cdots, [x_{i-1}, x_i], \cdots, [x_{n-1}, x_n].$$
第 i 个小区间 $[x_{i-1}, x_i]$ 的长度表示为
$$\Delta x_i = x_i - x_{i-1},$$
$d(T)$ 表示这 n 个小区间的长度的最大者:
$$d(T) = \max\{\Delta x_1, \Delta x_2, \cdots, \Delta x_n\}.$$
在 $[x_{i-1}, x_i]$ 中任取一点 $\xi_i (i=1,2,3,\cdots,n)$,作和数
$$S = \sum_{i=1}^{n} f(\xi_i) \Delta x_i,$$
称为 $f(x)$ 在 $[a,b]$ 上的积分和. 如果当 $d(T) \to 0$ 时,和数 S 趋于确定的极限 I,且 I 与分法 T 无关,也与 ξ_i 在 $[x_{i-1}, x_i]$ 中的取法无关,则称 $f(x)$ 在 $[a,b]$ 上可积,极限 I 称为 $f(x)$ 在 $[a,b]$ 上的**定积分**,简称为**积分**,记作 $\int_a^b f(x) \mathrm{d}x.$ 即

$$\int_a^b f(x)\mathrm{d}x = \lim_{d(T) \to 0} \sum_{i=1}^n f(\xi_i)\Delta x_i,$$

其中 $f(x)$ 称为**被积函数**，$f(x)\mathrm{d}x$ 称为**被积表达式**，x 称为**积分变量**，a 与 b 称为积分的**下限与上限**，符号 $\int$ 是积分符号.

如果当 $d(T) \to 0$ 时，积分和 S 不存在极限，则称 $f(x)$ 在 $[a,b]$ 上**不可积**.

注　定积分的值只与被积函数 $f(x)$ 以及积分区间 $[a,b]$ 有关，而与积分变量写成什么字母无关，也就是说，如果把积分变量 x 换成其他字母，其积分值不会改变. 例如，把 x 改成 t，则 $\int_a^b f(x)\mathrm{d}x = \int_a^b f(t)\mathrm{d}t$.

2. 定积分的几何意义及定积分的存在性

在定积分的定义中，若在 $[a,b]$ 上，$f(x) \geqslant 0$，则定积分 $\int_a^b f(x)\mathrm{d}x$ 在几何上表示由曲线 $y=f(x)$，x 轴及直线 $x=a$，$x=b$ 所围成的曲边梯形的面积(图 6.1(a))；若在 $[a,b]$ 上，$f(x) \leqslant 0$，则定积分 $\int_a^b f(x)\mathrm{d}x \leqslant 0$，$\int_a^b f(x)\mathrm{d}x$ 在几何上表示上述曲边梯形的面积的相反数(如图 6.1(b))；若函数 $f(x)$ 在 $[a,b]$ 上有正有负(图 6.1(c))，那么定积分的几何意义是：介于曲线 $y=f(x)$，x 轴及直线 $x=a$，$x=b$ 之间的各部分面积的代数和，这里，在 x 轴上方的图形面积赋予正号，在 x 轴下方的图形面积赋予负号.

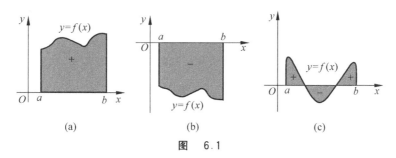

图　6.1

由定积分的定义，我们有下列定理.

定理 6.1　若函数 $f(x)$ 在 $[a,b]$ 上可积，则 $f(x)$ 在 $[a,b]$ 上有界.

函数 $f(x)$ 满足什么条件，在 $[a,b]$ 上一定可积？对于这个问题，不加证明给出以下两个充分条件.

定理 6.2　若函数 $f(x)$ 在 $[a,b]$ 上连续，则 $f(x)$ 在 $[a,b]$ 上可积.

定理 6.3　若函数 $f(x)$ 在 $[a,b]$ 上有界，且只有有限个间断点，则 $f(x)$ 在 $[a,b]$ 上可积.

函数 $f(x)$ 在 $[a,b]$ 上的定积分 $\int_a^b f(x)\mathrm{d}x$ 的定义要求 $a<b$，为了运算上的方便，规定：

当 $a=b$ 时，$\int_a^a f(x)\mathrm{d}x=0$；

当 $a>b$ 时，$\int_a^b f(x)\mathrm{d}x=-\int_b^a f(x)\mathrm{d}x$.

最后，举一个按定义计算定积分的例子.

例 6.1 计算定积分 $\int_a^b \sin x\mathrm{d}x$.

解 因为 $f(x)=\sin x$ 在 $[a,b]$ 上连续，故 $\sin x$ 在 $[a,b]$ 上可积，因此可以对 $[a,b]$ 采用特殊的分法（只要 $d(T)\to 0$），以及选取特殊的点 ξ_i，取极限 $\lim\limits_{d(T)\to 0}\sum\limits_{i=1}^n f(\xi_i)\Delta x_i$ 即得到积分值.

将 $[a,b]$ n 等分，则 $\Delta x_i=\dfrac{b-a}{n}$，取 $\xi_i=a+\dfrac{(i-1)(b-a)}{n}(i=1,2,\cdots,n)$，则有

$$\int_a^b \sin x\mathrm{d}x=\lim_{n\to\infty}\sum_{i=0}^{n-1}\sin\left[a+\frac{i(b-a)}{n}\right]\frac{b-a}{n}.$$

为了书写方便，令 $h=\dfrac{b-a}{n}$，利用积化和差公式有：

$$\sum_{i=0}^{n-1}\sin(a+ih)=\frac{1}{2\sin\frac{h}{2}}\left[2\sin a\sin\frac{h}{2}+2\sin(a+h)\sin\frac{h}{2}+\cdots\right.$$

$$+2\sin[a+(n-1)h]\sin\frac{h}{2}\bigg]$$

$$=\frac{1}{2\sin\frac{h}{2}}\left[\cos\left(a-\frac{h}{2}\right)-\cos\left(a+\frac{h}{2}\right)\right.$$

$$+\left(\cos\left(a+\frac{h}{2}\right)-\cos\left(a+\frac{3h}{2}\right)\right)+\cdots$$

$$+\left(\cos\left(a+\frac{2n-3}{2}h\right)-\cos\left(a+\frac{2n-1}{2}h\right)\right)\bigg]$$

$$=\frac{1}{2\sin\frac{h}{2}}\left[\cos\left(a-\frac{h}{2}\right)-\cos\left(a+\frac{2n-1}{2}h\right)\right],$$

所以

$$\int_a^b \sin x\mathrm{d}x=\lim_{n\to\infty}\sum_{i=0}^{n-1}\sin\left[a+\frac{i(b-a)}{n}\right]\frac{b-a}{n}$$

$$= \lim_{n\to\infty} \frac{\cos\left(a - \frac{b-a}{2n}\right) - \cos\left(a + \frac{2n-1}{2n}(b-a)\right)}{\sin\frac{b-a}{2n}} \cdot \frac{b-a}{2n}$$

$$= \cos a - \cos b.$$

习题 6.1

1. 在定积分的定义中,能否将"$d(T) \to 0$"改成"$n \to \infty$"? 为什么?
2. 利用定积分的几何意义,说明下列等式:

(1) $\int_0^2 \mathrm{d}x = 2$;   (2) $\int_{-\pi}^{\pi} \sin x \mathrm{d}x = 0$;

(3) $\int_0^1 \sqrt{1-x^2}\mathrm{d} = \frac{\pi}{4}$;   (4) $\int_{-\frac{\pi}{2}}^{\frac{\pi}{2}} \cos x \mathrm{d}x = 2\int_0^{\frac{\pi}{2}} \cos x \mathrm{d}x$.

3. 用定积分的定义计算下列积分:

(1) $\int_0^1 \mathrm{e}^x \mathrm{d}x$;   (2) $\int_a^b \cos x \mathrm{d}x$.

4. 证明:若 $f(x)$ 在 $[a,b]$ 上是可积的,则 $f(x)$ 在 $[a,b]$ 上必有界.

6.2 定积分的基本性质

根据定积分的定义以及极限运算法则,容易得到定积分的下列基本性质,这里假定各性质中所给出的函数都是可积的.

性质 1 函数的和(差)的定积分等于它们的定积分的和(差),即
$$\int_a^b [f(x) \pm g(x)]\mathrm{d}x = \int_a^b f(x)\mathrm{d}x \pm \int_a^b g(x)\mathrm{d}x.$$

证明
$$\int_a^b [f(x) \pm g(x)]\mathrm{d}x = \lim_{d(T)\to 0} \sum_{i=1}^n [f(\xi_i) \pm g(\xi_i)]\Delta x_i$$
$$= \lim_{d(T)\to 0} \sum_{i=1}^n f(\xi_i)\Delta x_i \pm \lim_{d(T)\to 0} \sum_{i=1}^n g(\xi_i)\Delta x_i$$
$$= \int_a^b f(x)\mathrm{d}x \pm \int_a^b g(x)\mathrm{d}x.$$

性质 2 被积函数的常数因子可以提到积分号外面,即
$$\int_a^b kf(x)\mathrm{d}x = k\int_a^b f(x)\mathrm{d}x, \quad k \text{ 为常数}.$$

证明 $\int_a^b kf(x)\mathrm{d}x = \lim_{d(T)\to 0} \sum_{i=1}^n kf(\xi_i)\Delta x_i = \lim_{d(T)\to 0} k\sum_{i=1}^n f(\xi_i)\Delta x_i$

$$= k \lim_{d(T) \to 0} \sum_{i=1}^{n} f(\xi_i) \Delta x_i = k \int_a^b f(x) \mathrm{d}x.$$

性质 3 如果将积分区间分成两部分,则在整个区间上的定积分等于这两部分区间上定积分之和,即设 $a<c<b$,则

$$\int_a^b f(x) \mathrm{d}x = \int_a^c f(x) \mathrm{d}x + \int_c^b f(x) \mathrm{d}x.$$

证明 因为函数 $f(x)$ 在 $[a,b]$ 上可积,所以不论 $[a,b]$ 怎样划分,不论 ξ_i 怎样选取,当 $d(T) \to 0$ 时,积分和的极限是不变的,故可选取 $c(a<c<b)$ 永远是个分点,于是

$$\lim_{d(T) \to 0} \sum_{i=1}^{n} f(\xi_i) \Delta x_i = \lim_{d(T) \to 0} \left[\sum_{[a,c]} f(\xi_i) \Delta x_i + \sum_{[c,b]} f(\xi_i) \Delta x_i \right]$$

$$= \lim_{d(T) \to 0} \sum_{[a,c]} f(\xi_i) \Delta x_i + \lim_{d(T) \to 0} \sum_{[c,b]} f(\xi_i) \Delta x_i,$$

即 $\int_a^b f(x) \mathrm{d}x = \int_a^c f(x) \mathrm{d}x + \int_c^b f(x) \mathrm{d}x.$

性质 3 称为定积分关于积分区间的可加性.实际上,不论 a,b,c 的相对位置如何,总有等式:

$$\int_a^b f(x) \mathrm{d}x = \int_a^c f(x) \mathrm{d}x + \int_c^b f(x) \mathrm{d}x$$

成立.例如,当 $a<b<c$ 时,由于

$$\int_a^c f(x) \mathrm{d}x = \int_a^b f(x) \mathrm{d}x + \int_b^c f(x) \mathrm{d}x,$$

则

$$\int_a^b f(x) \mathrm{d}x = \int_a^c f(x) \mathrm{d}x - \int_b^c f(x) \mathrm{d}x = \int_a^c f(x) \mathrm{d}x + \int_c^b f(x) \mathrm{d}x.$$

性质 4 如果 $f(x)=1$,则 $\int_a^b f(x) \mathrm{d}x = \int_a^b \mathrm{d}x = b-a.$

性质 5 如果在区间 $[a,b]$ 上 $f(x) \geqslant 0$,则 $\int_a^b f(x) \mathrm{d}x \geqslant 0 (a<b).$

证明 $\int_a^b f(x) \mathrm{d}x = \lim_{d(T) \to 0} \sum_{i=1}^{n} f(\xi_i) \Delta x_i$,因为 $f(x) \geqslant 0$,故 $f(\xi_i) \geqslant 0$ $(i=1,2,\cdots,n)$.又 $\Delta x_i \geqslant 0$ $(i=1,2,\cdots,n)$,因此 $\sum_{i=1}^{n} f(\xi_i) \Delta x_i \geqslant 0$,所以,$\lim_{d(T) \to 0} \sum_{i=1}^{n} f(\xi_i) \Delta x_i \geqslant 0$,即 $\int_a^b f(x) \mathrm{d}x \geqslant 0.$

推论 1 如果在区间 $[a,b]$ 上,$f(x) \leqslant g(x)$,则

$$\int_a^b f(x) \mathrm{d}x \leqslant \int_a^b g(x) \mathrm{d}x, \quad a<b.$$

推论 2 $\left|\int_a^b f(x)\mathrm{d}x\right| \leqslant \int_a^b |f(x)|\mathrm{d}x \ (a<b).$

证明 因为 $-|f(x)|\leqslant f(x)\leqslant|f(x)|$，则
$$-\int_a^b |f(x)|\mathrm{d}x \leqslant \int_a^b f(x)\mathrm{d}x \leqslant \int_a^b |f(x)|\mathrm{d}x,$$
即
$$\left|\int_a^b f(x)\mathrm{d}x\right| \leqslant \int_a^b |f(x)|\mathrm{d}x.$$

注 由 $f(x)$ 是可积的，可推出 $|f(x)|$ 也是可积的，在这里不予证明.

推论 3 设 M,m 分别是函数 $f(x)$ 在 $[a,b]$ 上的最大值和最小值，则
$$m(b-a) \leqslant \int_a^b f(x)\mathrm{d}x \leqslant M(b-a).$$

证明 因为 $m\leqslant f(x)\leqslant M$，由推论 1 得
$$\int_a^b m\,\mathrm{d}x \leqslant \int_a^b f(x)\mathrm{d}x \leqslant \int_a^b M\,\mathrm{d}x,$$
再由性质 2 及性质 4 可得
$$m(b-a) \leqslant \int_a^b f(x)\mathrm{d}x \leqslant M(b-a).$$

性质 6 如果函数 $f(x)$ 在闭区间 $[a,b]$ 上连续，则在积分区间 $[a,b]$ 上至少存在一点 ξ，使下式成立：
$$\int_a^b f(x)\mathrm{d}x = f(\xi)(b-a).$$

证明 因 $f(x)$ 在 $[a,b]$ 上连续，故必存在最大值 M 与最小值 m，由推论 3 知，
$$m(b-a) \leqslant \int_a^b f(x)\mathrm{d}x \leqslant M(b-a),$$
或
$$m \leqslant \frac{1}{b-a}\int_a^b f(x)\mathrm{d}x \leqslant M.$$

这说明，数 $\frac{1}{b-a}\int_a^b f(x)\mathrm{d}x$ 介于 M 与 m 之间，根据闭区间连续函数的介值定理，在区间 $[a,b]$ 内存在一点 ξ，使
$$f(\xi) = \frac{1}{b-a}\int_a^b f(x)\mathrm{d}x,$$
即
$$\int_a^b f(x)\mathrm{d}x = f(\xi)(b-a).$$

此性质称为**积分中值定理**.

积分中值定理有其明显的几何意义.

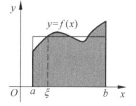

图 6.2

设 $f(x) \geqslant 0$,由曲线 $y = f(x)$,x 轴及直线 $x = a, x = b$ 所围成的曲边梯形的面积等于以区间 $[a, b]$ 为底,某一函数值 $f(\xi)$ 为高的矩形面积(如图 6.2).

习题 6.2

1. 证明性质 4.

2. 证明性质 5 的推论 1.

3. 不计算积分值,比较下列每组积分值的大小:

(1) $\int_0^1 x^2 \mathrm{d}x$ 与 $\int_0^1 x^3 \mathrm{d}x$;

(2) $\int_1^2 x^2 \mathrm{d}x$ 与 $\int_1^2 x^3 \mathrm{d}x$;

(3) $\int_0^1 x \mathrm{d}x$ 与 $\int_0^1 \ln(1+x) \mathrm{d}x$;

(4) $\int_0^1 \mathrm{e}^x \mathrm{d}x$ 与 $\int_0^1 (1+x) \mathrm{d}x$.

4. 估计下列各积分的值:

(1) $\int_0^2 \mathrm{e}^{x^2-x} \mathrm{d}x$;

(2) $\int_{\frac{\pi}{4}}^{\frac{\pi}{2}} \frac{\sin x}{x} \mathrm{d}x$.

5. 证明:若 $f(x)$ 在 $[a, b]$ 上连续,$f(x) \geqslant 0$,且 $f(x)$ 不恒为零,则有
$$\int_a^b f(x) \mathrm{d}x > 0.$$

6.3 微积分基本定理

在 6.1 节中,利用定积分的定义计算积分 $\int_a^b \sin x \mathrm{d}x$,可以看出,对于这样简单的函数 $f(x) = \sin x$,也是相当麻烦的,并且这种计算法也只是对少数特殊情形才适用,所以必须寻求计算定积分的简单方法,下面将对直线运动中的位置函数 $S(t)$ 及速度函数 $v(t)$ 之间的联系来分析定积分的计算公式应取何种形式.

1. 变速直线运动中的位置函数与速度函数之间的联系

设一物体作直线运动,在这直线上取定原点 O、正向及长度单位,使它成一数轴,设在 $t=0$ 时,物体位于原点 O,于是,在 t 时刻,它到 O 点的距离 S 是 t 的函数.即
$$S = S(t),$$
在 t 时刻的速度
$$v = v(t) = S'(t).$$
从 1.3 节的例子可知,物体从 $t=a$ 到 $t=b$ 这段时间所经过的距离为 $\int_a^b v(t) \mathrm{d}t$.另一方面,此距离又为 $S(b) - S(a)$,由此可知,位置函数 $S(t)$ 与速度函数 $v(t)$ 之间有如下

关系：
$$\int_a^b v(t)dt = S(b) - S(a). \tag{6.1}$$

(6.1)式说明，要计算定积分 $\int_a^b v(t)dt$，只要求出函数 $S = S(t)$（$v(t)$ 的原函数），再计算函数 $S(t)$ 在区间$[a,b]$的增量就可以了.

2. 积分上限函数

设函数 $f(t)$ 在区间$[a,b]$上连续，并且设 x 为$[a,b]$上的任意一点，则 $f(t)$ 在区间$[a,x]$上也是连续的，故定积分 $\int_a^x f(t)dt$ 是存在的. 于是，$\forall x \in [a,b]$，有惟一确定的数 $\int_a^x f(t)dt$ 与之对应，所以在$[a,b]$上定义了一个函数，记作 $\Phi(x)$，

$$\Phi(x) = \int_a^x f(t)dt, \quad a \leqslant x \leqslant b. \tag{6.2}$$

将(6.2)式定义的函数称为**积分上限的函数**.

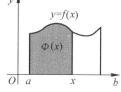

图 6.3

积分上限函数的几何意义：如果 $\forall x \in [a,b]$，有 $f(x) \geqslant 0$，对$[a,b]$上任意 x，积分上限函数 $\Phi(x)$ 是区间$[a,x]$上的曲边梯形的面积（如图 6.3）.

定理 6.4 如果函数 $f(x)$ 在区间$[a,b]$上连续，则积分上限的函数 $\Phi(x) = \int_a^x f(t)dt$ 在$[a,b]$上可导，并且它的导数是

$$\Phi'(x) = \frac{d}{dx}\int_a^x f(t)dt = f(x), \quad a \leqslant x \leqslant b. \tag{6.3}$$

证明 设自变量 x 有增量 Δx，使 $x + \Delta x \in [a,b]$，则函数 $\Phi(x)$ 具有增量

$$\Delta\Phi = \Phi(x+\Delta x) - \Phi(x) = \int_a^{x+\Delta x} f(t)dt - \int_a^x f(t)dt$$

$$= \int_a^x f(t)dt + \int_x^{x+\Delta x} f(t)dt - \int_a^x f(t)dt = \int_x^{x+\Delta x} f(t)dt.$$

利用积分中值定理，则有 $\Delta\Phi = f(\xi)\Delta x$，$\xi$ 介于 x 与 $x+\Delta x$ 之间. 于是，有

$$\frac{\Delta\Phi}{\Delta x} = f(\xi), \tag{6.4}$$

ξ 介于 x 与 $x+\Delta x$ 之间.

由于 $f(x)$ 在$[a,b]$上连续，且当 $\Delta x \to 0$ 时，$\xi \to x$，有

$$\lim_{\Delta x \to 0} \frac{\Delta\Phi}{\Delta x} = \lim_{\xi \to x} f(\xi) = f(x).$$

定理 6.4 说明：积分上限函数 $\Phi(x) = \int_a^x f(t) dt$ 的导数就是被积函数 $f(x)$，或者说，积分上限函数就是被积函数的一个原函数，从而得到原函数的存在定理.

定理 6.5 如果函数 $f(x)$ 在 $[a,b]$ 上连续，则函数 $\Phi(x) = \int_a^x f(t)dt$ 就是 $f(x)$ 在 $[a,b]$ 上的一个原函数.

3. 牛顿-莱布尼茨公式

定理 6.6 如果函数 $F(x)$ 是连续函数 $f(x)$ 在区间 $[a,b]$ 上的一个原函数，则

$$\int_a^b f(x)dx = F(b) - F(a). \tag{6.5}$$

证明 已知函数 $F(x)$ 是函数 $f(x)$ 的一个原函数，由定理 6.5，积分上限的函数

$$\Phi(x) = \int_a^x f(t)dt$$

也是 $f(x)$ 的一个原函数，于是这两个原函数之差 $F(x) - \Phi(x)$ 在 $[a,b]$ 上必定是某一常数 C：

$$F(x) - \Phi(x) = C, \quad a \leqslant x \leqslant b. \tag{6.6}$$

在上式中，令 $x = a$，则 $F(a) - \Phi(a) = C$.

又 $\Phi(a) = \int_a^a f(t)dt = 0$，因此 $C = F(a)$，代入 (6.6) 式，有

$$\int_a^x f(t)dt = F(x) - F(a).$$

在上式中令 $x = b$，即得

$$\int_a^b f(x)dx = F(b) - F(a).$$

注 由定积分的补充规定，当 $a > b$ 时，(6.5) 式仍然成立.

为了方便起见，以后把 $F(b) - F(a)$ 记成 $[F(x)]_a^b$ 或 $F(x)|_a^b$，于是公式 (6.5) 就写成：

$$\int_a^b f(x)dx = [F(x)]_a^b \quad \text{或} \quad \int_a^b f(x)dx = F(x)|_a^b,$$

公式 (6.5) 称为**微积分基本公式**，也称**牛顿-莱布尼茨公式**.

由定理 6.6，求连续函数的定积分 $\int_a^b f(x)dx$，只需求出 $f(x)$ 的一个原函数 $F(x)$，然后按公式 (6.5) 计算即可.

例 6.2 计算定积分 $\int_a^b \sin x dx$.

解 $-\cos x$ 是 $\sin x$ 的一个原函数，根据牛顿-莱布尼茨公式，有

$$\int_a^b \sin x dx = [-\cos x]_a^b = \cos a - \cos b.$$

例 6.3 计算 $\int_1^{\sqrt{3}} \dfrac{1}{1+x^2} \mathrm{d}x$.

解 $\arctan x$ 是 $\dfrac{1}{1+x^2}$ 的一个原函数，所以

$$\int_1^{\sqrt{3}} \dfrac{1}{1+x^2} \mathrm{d}x = \arctan x \Big|_1^{\sqrt{3}} = \arctan \sqrt{3} - \arctan 1$$

$$= \dfrac{\pi}{3} - \dfrac{\pi}{4} = \dfrac{\pi}{12}.$$

例 6.4 计算 $\int_1^3 |x-2| \mathrm{d}x$.

解 要去掉绝对值符号，必须分区间积分，显然点 $x=2$ 为区间的分界点，

$$\int_1^3 |x-2| \mathrm{d}x = \int_1^2 |x-2| \mathrm{d}x + \int_2^3 |x-2| \mathrm{d}x$$

$$= \int_1^2 (2-x) \mathrm{d}x + \int_2^3 (x-2) \mathrm{d}x$$

$$= \left[2x - \dfrac{1}{2}x^2\right]_1^2 + \left[\dfrac{1}{2}x^2 - 2x\right]_2^3 = 1.$$

例 6.5 计算 $\int_0^2 f(x) \mathrm{d}x$，其中 $f(x) = \begin{cases} x^2, & 0 \leqslant x \leqslant 1, \\ x-1, & 1 < x < 2. \end{cases}$

解 由于被积函数是分段函数，故可首先利用定积分对积分区间的可加性，得

$$\int_0^2 f(x) \mathrm{d}x = \int_0^1 f(x) \mathrm{d}x + \int_1^2 f(x) \mathrm{d}x.$$

注意到 $f(x)$ 在 $x=1$ 处不连续，可以证明，改变被积数在有限个点处的值，不改变积分值. 于是将 $\int_1^2 f(x) \mathrm{d}x$ 的中被积函数 $f(x)$ 在 $x=1$ 点处的值由 1 变为 0，此时

$$\int_1^2 f(x) \mathrm{d}x = \int_1^2 (x-1) \mathrm{d}x,$$

于是

$$\int_0^2 f(x) \mathrm{d}x = \int_0^1 x^2 \mathrm{d}x + \int_1^2 (x-1) \mathrm{d}x$$

$$= \dfrac{1}{3}x^3 \Big|_0^1 + \dfrac{1}{2}(x-1)^2 \Big|_1^2 = \dfrac{5}{6}.$$

例 6.6 求极限 $\lim\limits_{x \to 0} \dfrac{\int_0^x \cos t^2 \mathrm{d}t}{x}$.

解 这是 $\dfrac{0}{0}$ 型不定式，应用洛必达法则来计算.

$$\lim_{x \to 0} \dfrac{\int_0^x \cos t^2 \mathrm{d}t}{x} = \lim_{x \to 0} \dfrac{\cos x^2}{1} = 1.$$

例 6.7 求 $\dfrac{d}{dx}\displaystyle\int_{\sin x}^{1+x^2}\sqrt{1+t^2}\,dt$.

解 所求导数的函数是上限、下限都是变限的定积分，前面只讨论过变上限的积分的导数，为此把积分分区间讨论，

$$\int_{\sin x}^{1+x^2}\sqrt{1+t^2}\,dt=\int_{\sin x}^{1}\sqrt{1+t^2}\,dt+\int_{1}^{1+x^2}\sqrt{1+t^2}\,dt$$
$$=-\int_{1}^{\sin x}\sqrt{1+t^2}\,dt+\int_{1}^{1+x^2}\sqrt{1+t^2}\,dt,$$

上式两部分积分一个是以 $\sin x$ 为上限的积分，一个是以 $1+x^2$ 为上限的积分.

令 $u=\sin x, v=1+x^2$ 为中间变量，则上式变为

$$\int_{\sin x}^{1+x^2}\sqrt{1+t^2}\,dt=-\int_{1}^{u}\sqrt{1+t^2}\,dt+\int_{1}^{v}\sqrt{1+t^2}\,dt=-\Phi(u)+\Phi(v).$$

利用复合函数的求导法，得

$$\dfrac{d}{dx}\int_{\sin x}^{1+x^2}\sqrt{1+t^2}\,dt=\dfrac{d}{dx}(-\Phi(u)+\Phi(v))$$
$$=-\dfrac{d\Phi(u)}{dx}+\dfrac{d\Phi(v)}{dx}=-\dfrac{d\Phi(u)}{du}\cdot\dfrac{du}{dx}+\dfrac{d\Phi(v)}{dv}\cdot\dfrac{dv}{dx}$$
$$=-\sqrt{1+u^2}\cos x+\sqrt{1+v^2}(2x)$$
$$=-\sqrt{1+\sin^2 x}\cos x+2x\sqrt{2+2x^2+x^4}.$$

例 6.8 计算极限 $\displaystyle\lim_{n\to\infty}\sum_{k=1}^{n}\dfrac{\sqrt{k}}{n^{\frac{3}{2}}}$.

解 $\displaystyle\sum_{k=1}^{n}\dfrac{\sqrt{k}}{n^{\frac{3}{2}}}=\sum_{k=1}^{n}\dfrac{1}{n}\sqrt{\dfrac{k}{n}}$ 是函数 $f(x)=\sqrt{x}$ 在 $[0,1]$ 上的一个积分和. 它是把 $[0,1]$ n 等分，ξ_i 取为区间 $\left[\dfrac{i-1}{n},\dfrac{i}{n}\right]$ 的右端点 $\left(\text{即 } \xi_i=\dfrac{i}{n}, f(\xi_i)=\sqrt{\dfrac{i}{n}}\right)$ 构成的积分和. 因为函数 $f(x)=\sqrt{x}$ 在 $[0,1]$ 上可积，由定积分的定义，有

$$\lim_{n\to\infty}\sum_{k=1}^{n}\dfrac{\sqrt{k}}{n^{\frac{3}{2}}}=\lim_{n\to\infty}\sum_{k=1}^{n}\dfrac{1}{n}\sqrt{\dfrac{k}{n}}=\int_{0}^{1}\sqrt{x}\,dx=\dfrac{2}{3}.$$

习题 6.3

1. 求下列函数的导数：

(1) $y=\displaystyle\int_{\sin x}^{\cos x}\sin(\pi t^2)\,dt$；

(2) $y=\displaystyle\int_{1}^{2x}\dfrac{\sin t}{t^2}\,dt$；

(3) $\int_0^y e^t dt + \int_0^x \cos t dt = 0$;   (4) $y = \int_{x^2}^1 \frac{1}{\sqrt{1+t^2}} dt$.

2. 计算下列定积分：

(1) $\int_{-\frac{1}{2}}^{\frac{1}{2}} \frac{dx}{\sqrt{1-x^2}}$;   (2) $\int_0^1 \frac{dx}{\sqrt{4-x^2}}$;

(3) $\int_{-e^{-1}}^{-2} \frac{dx}{1+x}$;   (4) $\int_0^2 |x-1| dx$.

3. 下述计算是否正确？说明理由.

解：$\int_0^2 \frac{dx}{(x-1)^2} = \int_0^2 \frac{d(x-1)}{(x-1)^2} = \left(-\frac{1}{x-1}\right)\Big|_0^2 = -1-1 = -2$.

4. 求下列极限：

(1) $\lim_{x \to 0} \frac{\int_{\cos x}^1 e^{-t^2} dt}{x^2}$;   (2) $\lim_{x \to +\infty} \frac{\left(\int_0^x e^{t^2} dt\right)^2}{\int_0^x e^{2t^2} dt}$.

5. 设 $f(x)$ 在 $(-\infty, +\infty)$ 内连续，且 $f(x) > 0$，证明函数

$$F(x) = \frac{\int_0^x t f(t) dt}{\int_0^x f(t) dt}$$

在 $(0, +\infty)$ 内单调增加.

6.4 定积分的换元积分法

应用牛顿-莱布尼茨公式求定积分，首先求被积函数的原函数；其次再按公式(6.5)计算. 在一般情况下，把这两步截然分开是比较麻烦的. 通常在应用换元积分法求原函数的过程中，也相应变换积分的上、下限，这样可简化计算.

定理 6.7 若函数 $f(x)$ 在区间 $[a,b]$ 上连续，函数 $x = \varphi(t)$ 在区间 $[\alpha, \beta]$ 上具有连续的导数，当 t 在区间 $[\alpha, \beta]$ 上变化时，$x = \varphi(t)$ 的值在 $[a,b]$ 上变化，又 $\varphi(\alpha) = a, \varphi(\beta) = b$，则

$$\int_a^b f(x) dx = \int_\alpha^\beta f[\varphi(t)] \varphi'(t) dt. \tag{6.7}$$

证明 设 $F(x)$ 是 $f(x)$ 在 $[a,b]$ 上的一个原函数，则

$$\int_a^b f(x) dx = F(b) - F(a).$$

再设 $\Phi(t) = F[\varphi(t)]$，对 $\Phi(t)$ 求导，得

$$\Phi'(t) = \frac{dF}{dx} \frac{dx}{dt} = f(x) \varphi'(t) = f[\varphi(t)] \varphi'(t),$$

即 $\Phi(t)$ 是 $f[\varphi(t)]\varphi'(t)$ 的一个原函数,因此有
$$\int_\alpha^\beta f[\varphi(t)]\varphi'(t)\mathrm{d}t = \Phi(\beta) - \Phi(\alpha).$$
又 $\Phi(t) = F[\varphi(t)]$, $\varphi(\alpha) = a$, $\varphi(\beta) = b$, 可知
$$\Phi(\beta) - \Phi(\alpha) = F[\varphi(\beta)] - F[\varphi(\alpha)] = F(b) - F(a),$$
所以
$$\int_a^b f(x)\mathrm{d}x = \int_\alpha^\beta f[\varphi(t)]\varphi'(t)\mathrm{d}t.$$

注 1 将定理中的条件 $\varphi(\alpha) = a$, $\varphi(\beta) = b$, 换为 $\varphi(\alpha) = b$, $\varphi(\beta) = a$, 定理同样成立.

注 2 此定理也可反过来使用,即计算定积分 $\int_a^b f[\varphi(x)]\varphi'(x)\mathrm{d}x$ 时,引入 $t = \varphi(x)$, 记 $\varphi(a) = \alpha$, $\varphi(b) = \beta$, 则有
$$\int_a^b f[\varphi(x)]\varphi'(x)\mathrm{d}x = \int_\alpha^\beta f(t)\mathrm{d}t.$$

注 3 计算定积分时,当然可以先求出原函数,然后利用牛顿-莱布尼茨公式求出定积分的值.但是,利用换元法求原函数时还要代回原来的变量,这一过程有时相当复杂,在使用公式(6.7)计算定积分时,在作变量代换的同时,积分限也要换成相应的新变量的积分限,就不必代回原来的变量,直接代入新的变量,这样就简单了.

例 6.9 计算 $\int_1^{\mathrm{e}^3} \dfrac{\mathrm{d}x}{x\sqrt{1+\ln x}}$.

解 令 $t = \ln x$, 则 $x = \mathrm{e}^t$, $\mathrm{d}x = \mathrm{e}^t \mathrm{d}t$. 当 $x = 1$ 时, $t = 0$, 当 $x = \mathrm{e}^3$ 时, $t = 3$, 于是
$$\int_1^{\mathrm{e}^3} \frac{\mathrm{d}x}{x\sqrt{1+\ln x}} = \int_0^3 \frac{\mathrm{e}^t \mathrm{d}t}{\mathrm{e}^t \sqrt{1+t}} = \int_0^3 \frac{\mathrm{d}t}{\sqrt{1+t}} = 2\sqrt{1+t}\Big|_0^3 = 2.$$

例 6.10 计算 $\int_0^1 \sqrt{(1-x^2)^3}\,\mathrm{d}x$.

解 令 $x = \sin t$ $\left(0 \leqslant t \leqslant \dfrac{\pi}{2}\right)$, 则 $\mathrm{d}x = \cos t\, \mathrm{d}t$. 当 $x = 0$ 时, $t = 0$; 当 $x = 1$ 时, $t = \dfrac{\pi}{2}$, 于是
$$\int_0^1 \sqrt{(1-x^2)^3}\,\mathrm{d}x = \int_0^{\frac{\pi}{2}} \cos^3 t \cos t\, \mathrm{d}t = \int_0^{\frac{\pi}{2}} \left(\frac{1+\cos 2t}{2}\right)^2 \mathrm{d}t$$
$$= \frac{1}{4} \int_0^{\frac{\pi}{2}} (1 + 2\cos 2t + \cos^2 2t)\,\mathrm{d}t$$
$$= \frac{1}{4}\left[t + \sin 2t\right]_0^{\frac{\pi}{2}} + \frac{1}{8}\int_0^{\frac{\pi}{2}}(1+\cos 4t)\,\mathrm{d}t$$
$$= \frac{\pi}{8} + \frac{1}{8}[t]_0^{\frac{\pi}{2}} + \frac{1}{32}[\sin 4t]_0^{\frac{\pi}{2}} = \frac{3}{16}\pi.$$

例 6.11 设函数 $f(x)$ 在 $[-a, a]$ 上连续,证明:

(1) 若 $f(x)$ 是偶函数,则 $\int_{-a}^{a} f(x) \mathrm{d}x = 2\int_{0}^{a} f(x) \mathrm{d}x$;

(2) 若 $f(x)$ 是奇函数,则 $\int_{-a}^{a} f(x) \mathrm{d}x = 0$.

证明 因为
$$\int_{-a}^{a} f(x) \mathrm{d}x = \int_{-a}^{0} f(x) \mathrm{d}x + \int_{0}^{a} f(x) \mathrm{d}x,$$
在上式右端第一项中,令 $x = -t$,则有
$$\int_{-a}^{0} f(x) \mathrm{d}x = \int_{a}^{0} f(-t) \cdot (-1) \mathrm{d}t = \int_{0}^{a} f(-t) \mathrm{d}t,$$
所以
$$\int_{-a}^{a} f(x) \mathrm{d}x = \int_{0}^{a} f(-x) \mathrm{d}x + \int_{0}^{a} f(x) \mathrm{d}x = \int_{0}^{a} [f(-x) + f(x)] \mathrm{d}x;$$
当 $f(x)$ 为偶函数时,$f(-x) = f(x)$,则 $\int_{-a}^{a} f(x) \mathrm{d}x = 2\int_{0}^{a} f(x) \mathrm{d}x$;

当 $f(x)$ 为奇函数时,即 $f(-x) = -f(x)$,则 $\int_{-a}^{a} f(x) \mathrm{d}x = \int_{0}^{a} 0 \mathrm{d}x = 0$.

例 6.12 若 $f(x)$ 在 $[0,1]$ 上连续,证明:$\int_{0}^{\frac{\pi}{2}} f(\sin x) \mathrm{d}x = \int_{0}^{\frac{\pi}{2}} f(\cos x) \mathrm{d}x$.

证明 设 $x = \frac{\pi}{2} - t$,则 $\mathrm{d}x = -\mathrm{d}t$,当 $x = 0$ 时,$t = \frac{\pi}{2}$;当 $x = \frac{\pi}{2}$ 时,$t = 0$. 于是
$$\int_{0}^{\frac{\pi}{2}} f(\sin x) \mathrm{d}x = -\int_{\frac{\pi}{2}}^{0} f\left[\sin\left(\frac{\pi}{2} - t\right)\right] \mathrm{d}t = \int_{0}^{\frac{\pi}{2}} f(\cos t) \mathrm{d}t = \int_{0}^{\frac{\pi}{2}} f(\cos x) \mathrm{d}x.$$

例 6.13 若 $f(x)$ 在 $[0,1]$ 上连续,证明:
$$\int_{0}^{\pi} x f(\sin x) \mathrm{d}x = \pi \int_{0}^{\frac{\pi}{2}} f(\sin x) \mathrm{d}x,$$
并由此计算
$$\int_{0}^{\pi} \frac{x \sin x}{1 + \cos^2 x} \mathrm{d}x.$$

证明
$$\int_{0}^{\pi} x f(\sin x) \mathrm{d}x = \int_{0}^{\frac{\pi}{2}} x f(\sin x) \mathrm{d}x + \int_{\frac{\pi}{2}}^{\pi} x f(\sin x) \mathrm{d}x,$$
对于上式右端第二项的积分,设 $\pi - x = t$,则 $-\mathrm{d}x = \mathrm{d}t$. 当 $x = \frac{\pi}{2}$ 时,$t = \frac{\pi}{2}$;当 $x = \pi$ 时,$t = 0$,于是
$$\int_{0}^{\pi} x f(\sin x) \mathrm{d}x = \int_{0}^{\frac{\pi}{2}} x f(\sin x) \mathrm{d}x + \int_{\frac{\pi}{2}}^{0} (\pi - t) f(\sin t)(-\mathrm{d}t)$$

$$= \int_0^{\frac{\pi}{2}} xf(\sin x)\mathrm{d}x + \int_0^{\frac{\pi}{2}} (\pi - t)f(\sin t)\mathrm{d}t$$

$$= \int_0^{\frac{\pi}{2}} xf(\sin x)\mathrm{d}x + \int_0^{\frac{\pi}{2}} (\pi - x)f(\sin x)\mathrm{d}x$$

$$= \pi \int_0^{\frac{\pi}{2}} f(\sin x)\mathrm{d}x.$$

利用上述结论,即得

$$\int_0^\pi \frac{x\sin x}{1+\cos^2 x}\mathrm{d}x = \int_0^\pi \frac{x\sin x}{2-\sin^2 x}\mathrm{d}x = \pi \int_0^{\frac{\pi}{2}} \frac{\sin x}{2-\sin^2 x}\mathrm{d}x$$

$$= -\pi \int_0^{\frac{\pi}{2}} \frac{\mathrm{d}(\cos x)}{1+\cos^2 x} = -\pi \left[\arctan(\cos x)\right]_0^{\frac{\pi}{2}}$$

$$= -\pi \left(0 - \frac{\pi}{4}\right) = \frac{\pi^2}{4}.$$

习题 6.4

1. 计算下列定积分的值:

(1) $\int_0^{2a} x^2 \sqrt{2ax-x^2}\mathrm{d}x\ (a>0)$;

(2) $\int_1^5 \frac{\sqrt{x-1}}{x}\mathrm{d}x$;

(3) $\int_0^4 \frac{\mathrm{d}x}{1+\sqrt{x}}$;

(4) $\int_0^1 \frac{x^5}{\sqrt{1+x^3}}\mathrm{d}x$.

2. 下述定积分的计算正确吗?说明原因.

计算: $\int_{-1}^1 \frac{\mathrm{d}x}{1+x^2}$,令 $x=\frac{1}{t}$,则 $\mathrm{d}x = -\frac{1}{t^2}\mathrm{d}t$,于是

$$\int_{-1}^1 \frac{\mathrm{d}x}{1+x^2} = \int_{-1}^1 \frac{-\frac{1}{t^2}\mathrm{d}t}{1+\frac{1}{t^2}} = -\int_{-1}^1 \frac{\mathrm{d}t}{1+t^2} = -\int_{-1}^1 \frac{\mathrm{d}x}{1+x^2},$$

移项得

$$2\int_{-1}^1 \frac{\mathrm{d}x}{1+x^2} = 0, \quad 即 \quad \int_{-1}^1 \frac{\mathrm{d}x}{1+x^2} = 0.$$

3. 证明:若 $f(x)$ 是一个以 T 为周期的连续函数,则对任意的常数 a,有

$$\int_a^{a+T} f(x)\mathrm{d}x = \int_0^T f(x)\mathrm{d}x.$$

4. 利用 $\int_{-a}^a f(x)\mathrm{d}x = \int_0^a (f(x)+f(-x))\mathrm{d}x$,计算 $\int_{-\frac{\pi}{4}}^{\frac{\pi}{4}} \frac{\mathrm{d}x}{1+\sin x}$ 的值.

5. 计算 $\int_0^\pi \frac{x\sin^3 x}{1+\cos^2 x}\mathrm{d}x$.

6.5 定积分的分部积分法

设函数 $u(x), v(x)$ 在区间 $[a,b]$ 上具有连续导数,由函数乘积的导数公式,有
$$(uv)' = u'v + uv',$$
分别求上述等式两端在 $[a,b]$ 上的定积分,并注意到 $\int_a^b (uv)' dx = [uv]_a^b$,得
$$[uv]_b^a = \int_a^b u'v dx + \int_a^b uv' dx,$$
即
$$\int_a^b uv' dx = [uv]_a^b - \int_a^b u'v dx \quad \text{或} \quad \int_a^b u dv = [uv]_a^b - \int_a^b v du.$$
这就是定积分的分部积分公式.

例 6.14 计算 $\int_0^{\frac{\pi}{2}} x\cos x dx$.

解
$$\int_0^{\frac{\pi}{2}} x\cos x dx = \int_0^{\frac{\pi}{2}} x d(\sin x) = [x\sin x]_0^{\frac{\pi}{2}} - \int_0^{\frac{\pi}{2}} \sin x dx$$
$$= \frac{\pi}{2} + \cos x \Big|_0^{\frac{\pi}{2}} = \frac{\pi}{2} - 1.$$

例 6.15 计算 $\int_0^1 e^{\sqrt{x}} dx$.

解 令 $\sqrt{x} = t$,则 $x = t^2$, $dx = 2t dt$,于是
$$\int_0^1 e^{\sqrt{x}} dx = \int_0^1 e^t 2t dt = 2\int_0^1 t e^t dt = 2\int_0^1 t de^t$$
$$= 2[te^t]_0^1 - 2\int_0^1 e^t dt = 2e - 2[e^t]_0^1$$
$$= 2e - 2(e-1) = 2.$$

例 6.16 计算 $\int_0^{\frac{\pi}{2}} e^{2x} \cos x dx$.

解 设 $I = \int_0^{\frac{\pi}{2}} e^{2x} \cos x dx$,即
$$I = \int_0^{\frac{\pi}{2}} e^{2x} d\sin x = [e^{2x} \sin x]_0^{\frac{\pi}{2}} - 2\int_0^{\frac{\pi}{2}} e^{2x} \sin x dx$$
$$= e^{\pi} + 2\int_0^{\frac{\pi}{2}} e^{2x} d\cos x = e^{\pi} + 2\left\{[e^{2x} \cos x]_0^{\frac{\pi}{2}} - 2\int_0^{\frac{\pi}{2}} e^{2x} \cos x dx\right\}$$
$$= e^{\pi} - 2 - 4I,$$

移项,解得 $I = \dfrac{1}{5}(e^\pi - 2)$.

例 6.17 求 $I_n = \displaystyle\int_0^{\frac{\pi}{2}} \sin^n x \, dx$,其中 n 为非负整数.

解 $I_0 = \displaystyle\int_0^{\frac{\pi}{2}} dx = \dfrac{\pi}{2}, I_1 = \int_0^{\frac{\pi}{2}} \sin x \, dx = 1$.

当 $n \geqslant 2$ 时,

$$\begin{aligned} I_n &= -\int_0^{\frac{\pi}{2}} \sin^{n-1} x \, d\cos x \\ &= -\left[\sin^{n-1} x \cos x\right]_0^{\frac{\pi}{2}} + \int_0^{\frac{\pi}{2}} \cos x \, d(\sin^{n-1} x) \\ &= (n-1) \int_0^{\frac{\pi}{2}} \cos^2 x \sin^{n-2} x \, dx \\ &= (n-1) \int_0^{\frac{\pi}{2}} (1 - \sin^2 x) \sin^{n-2} x \, dx \\ &= (n-1) \int_0^{\frac{\pi}{2}} \sin^{n-2} x \, dx - (n-1) \int_0^{\frac{\pi}{2}} \sin^n x \, dx \\ &= (n-1) I_{n-2} - (n-1) I_n. \end{aligned}$$

移项,得到积分 I_n 的递推公式

$$I_n = \frac{n-1}{n} \cdot I_{n-2}.$$

(1) 当 n 为偶数时,设 $n = 2m$,有

$$I_{2m} = \int_0^{\frac{\pi}{2}} \sin^{2m} x \, dx = \frac{(2m-1)(2m-3) \cdots 3 \cdot 1}{(2m)(2m-2) \cdots 4 \cdot 2} \frac{\pi}{2} = \frac{(2m-1)!!}{(2m)!!} \frac{\pi}{2},$$

(2) 当 n 为奇数时,设 $n = 2m+1$,有

$$I_{2m+1} = \int_0^{\frac{\pi}{2}} \sin^{2m+1} x \, dx = \frac{(2m)(2m-2) \cdots 4 \cdot 2}{(2m+1)(2m-1) \cdots 5 \cdot 3} = \frac{(2m)!!}{(2m+1)!!}.$$

直接利用上面的结果,如

$$\int_0^{\frac{\pi}{2}} \sin^7 x \, dx = \frac{6 \times 4 \times 2}{7 \times 5 \times 3} = \frac{16}{35},$$

$$\int_0^{\frac{\pi}{2}} \cos^6 x \, dx = \frac{5 \times 3 \times 1}{6 \times 4 \times 2} \times \frac{\pi}{2} = \frac{5\pi}{32}.$$

习题 6.5

计算下列定积分:

(1) $\int_{-1}^{1} x^5 e^x dx$;

(2) $\int_{\frac{1}{e}}^{e} |\ln x| dx$;

(3) $\int_{0}^{1} \sqrt{x^2+1} dx$;

(4) $\int_{0}^{\frac{1}{2}} \arcsin x dx$;

(5) $\int_{1}^{4} \frac{\ln x}{\sqrt{x}} dx$;

(6) $\int_{0}^{\sqrt{\ln 2}} x^3 e^{-x^2} dx$;

(7) $\int_{0}^{1} (\arcsin x)^2 dx$;

(8) $\int_{0}^{\frac{1}{2}} x \ln \frac{1+x}{1-x} dx$;

(9) $\int_{a}^{x} \ln(x+\sqrt{x^2-a^2}) dx$;

(10) $\int_{0}^{\frac{\pi}{2}} x^2 \sin x dx$.

6.6 定积分在几何中的应用

1. 微元分析法

在引进定积分概念时,曾先介绍了两个实例:曲边梯形的面积和变速直线运动的路程问题,从而知道,定积分所解决的问题是求某个分布在区间 $[a,b]$ 上的整体量 A,由于分布是不均匀的,因此解决问题的具体步骤是:分割——取近似——求和——取极限.

这里的整体量 A 对于区间 $[a,b]$ 具有可加性,即若把 $[a,b]$ 分成若干个小区间 $[x_{i-1},x_i](i=1,2,\cdots,n)$,就有

$$A = \sum_{i=1}^{n} \Delta A_i,$$

其中 ΔA_i 是对应于小区间 $[x_{i-1},x_i]$ 的局部量,可以近似地求出 ΔA_i,即

$$\Delta A_i \approx f(\xi_i) \Delta x_i, \quad i=1,2,\cdots,n,$$

这里 $f(x)$ 是根据实际问题所确定的一个已知函数,

$$\xi_i \in [x_{i-1}, x_i], \quad i=1,2,\cdots,n,$$

并且满足: $\Delta A_i - f(\xi_i) \Delta x_i$ 是比 Δx_i 高阶的无穷小量(当 $\Delta x_i \to 0$ 时),即 $f(\xi_i) \Delta x_i$ 应是整体量 A 的微分 dA,从而 A 可以表示为定积分

$$A = \int_{a}^{b} f(x) dx.$$

由此可见,在上面四步中,关键是第二步,确定局部量 ΔA_i 的近似值,写出近似等式. 一般地,如果实际问题中的所求量 A 符合下列条件:

(1) A 是与一个变量的变化区间 $[a,b]$ 有关的量;

(2) A 对于区间 $[a,b]$ 具有可加性;

(3) 局部量 ΔA_i 的近似值可表示为 $f(\xi_i) \Delta x_i$,这里 $f(x)$ 是根据实际问题确定的函数.

那么，就可以用定积分来表达这个量 A.

通常写出这个量的定积分表达式分两步：

第 1 步 分割区间，写出微元.

分割区间 $[a,b]$，取具有代表性的任意一个小区间（不必写出下标号），记作 $[x,x+dx]$，设相应的局部量为 ΔA，分析局部量 ΔA，确定函数 $f(x)$，写出近似等式

$$\Delta A \approx dA = f(x)dx.$$

第 2 步 求定积分得整体量.

令 $\Delta x \to 0$ 对这些微元求和取极限，得到的定积分就是所要求的整体量

$$A = \int_a^b dA = \int_a^b f(x)dx.$$

上述方法，就称为**微元分析法**.

2. 平面图形的面积

围成平面区域的曲线可用不同的形式来表示，我们分以下几种情况.

(1) 由曲线 $y=f(x)(f(x)\geqslant 0)$，直线 $x=a,x=b$ 及 $y=0$ 所围成的曲边梯形的面积

$$A = \int_a^b f(x)dx.$$

(2) 如果 $\forall x \in [a,b]$，有 $f(x) \leqslant 0$，则 $\int_a^b f(x)dx \leqslant 0$. 因为平面图形的面积不能是负数，所以在区间 $[a,b]$ 上的连续曲线 $y=f(x)$（有的部分为正，有的部分为负），x 轴及二直线 $x=a$ 与 $x=b$ 所围成的平面图形的面积为

$$A = \int_a^b |f(x)|\,dx.$$

例 6.18 求由连续曲线 $y=\ln x$，x 轴及二直线 $x=\dfrac{1}{2}$ 与 $x=2$ 所围成的平面图形的面积（见图 6.4）.

解 已知在 $\left[\dfrac{1}{2},1\right]$ 上，$\ln x \leqslant 0$，在 $[1,2]$ 上，$\ln x \geqslant 0$，此平面图形的面积

$$A = \int_{\frac{1}{2}}^{2} |\ln x|\,dx = -\int_{\frac{1}{2}}^{1} \ln x\,dx + \int_{1}^{2} \ln x\,dx$$

$$= -[x\ln x - x]_{\frac{1}{2}}^{1} + [x\ln x - x]_{1}^{2} = \dfrac{3}{2}\ln 2 - \dfrac{1}{2}.$$

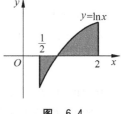

图 6.4

(3) 如果平面区域是由区间 $[a,b]$ 上的两条连续曲线 $y=f(x)$ 与 $y=g(x)$（彼此可能相交）及二直线 $x=a$ 与 $x=b$ 围成（如图 6.5），则它的面积

$$A = \int_a^b |f(x) - g(x)| \, dx.$$

(4) 如果平面区域是由区间 $[c,d]$ 上的两条连续曲线 $x = \varphi(y)$ 与 $x = \psi(y)$（彼此可能相交）及二直线 $y = c$ 与 $y = d$ 围成（如图 6.6），则它的面积

$$A = \int_c^d |\varphi(y) - \psi(y)| \, dy.$$

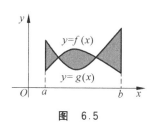

图 6.5

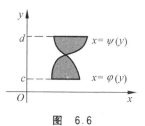

图 6.6

例 6.19 求由曲线 $y^2 = x, y = x^2$ 所围成图形的面积.

解 为了确定区域的范围，先求出两条曲线的交点. 为此解方程组

$$\begin{cases} y^2 = x, \\ y = x^2, \end{cases}$$

得到交点为 $(0,0)$ 和 $(1,1)$，从而知道图形在直线 $x = 0$ 及 $x = 1$ 之间（如图 6.7）. 故所求面积为

$$A = \int_0^1 (\sqrt{x} - x^2) \, dx = \left[\frac{2}{3} x^{\frac{3}{2}} - \frac{1}{3} x^3 \right]_0^1 = \frac{1}{3}.$$

例 6.20 求抛物线 $y^2 = 2x$ 和直线 $y = -x + 4$ 所围成的图形的面积.

解 先求出所给抛物线和直线的交点，为此解方程组

$$\begin{cases} y^2 = 2x, \\ y = -x + 4, \end{cases}$$

得交点 $(2,2)$ 和 $(8,-4)$（如图 6.8）.

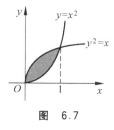

图 6.7

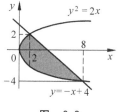

图 6.8

如果选横坐标 x 为积分变量，它的变化区间为 $[0,8]$，所求平面图形的面积为

$$A = \int_0^2 2\sqrt{2x}\,dx + \int_2^8 (-x+4+\sqrt{2x})\,dx$$
$$= \frac{2}{3}\left[(2x)^{\frac{3}{2}}\right]_0^2 + \left[\frac{1}{3}(2x)^{\frac{3}{2}} - \frac{1}{2}x^2 + 4x\right]_2^8$$
$$= 18.$$

如果选纵坐标 y 作积分变量,则 y 的变化区间为 $[-4,2]$,所求的面积为

$$A = \int_{-4}^2 \left(4 - y - \frac{y^2}{2}\right)dy = \left[4y - \frac{1}{2}y^2 - \frac{1}{6}y^3\right]_{-4}^2 = 18.$$

比较两种解法可以看出,若积分变量选得适当,计算就简便一些. 一般来说,选择积分变量时,应综合考察下列因素:

① 被积函数的原函数较易求得;

② 较少的分割区域;

③ 积分上、下限比较简单.

另外,在计算面积时,要注意利用图形的对称性,若图形的边界曲线用参数方程表示较简单时,也可利用参数方程来计算.

例 6.21 求椭圆 $\dfrac{x^2}{a^2} + \dfrac{y^2}{b^2} = 1$ 所围成的面积.

解 此椭圆关于两个坐标轴都对称(如图 6.9),故只需求在第一象限内的面积 A_1,则椭圆的面积为

$$A = 4A_1 = 4\int_0^a y\,dx.$$

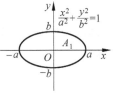

图 6.9

利用椭圆的参数方程

$$\begin{cases} x = a\cos t, \\ y = b\sin t, \end{cases}$$

得到

$$y = b\sin t, \quad dx = -a\sin t\,dt,$$

当 $x = 0$ 时,$t = \dfrac{\pi}{2}$;当 $x = a$ 时,$t = 0$. 于是

$$A = 4\int_0^a y\,dx = 4\int_{\frac{\pi}{2}}^0 b\sin t(-a\sin t)\,dt = 4ab\int_0^{\frac{\pi}{2}} \sin^2 t\,dt = 4ab \cdot \frac{1}{2} \cdot \frac{\pi}{2} = \pi ab.$$

当 $a = b$ 时,就得到圆的面积公式 $A = \pi a^2$.

一般地,若曲边梯形的曲边 $y = f(x), x \in [a,b]$ 由参数方程

$$\begin{cases} x = \varphi(t), \\ y = \psi(t), \end{cases} \quad \alpha \leqslant t \leqslant \beta$$

给出时,且 $\varphi(t),\psi(t)$ 在 $[\alpha,\beta]$ 上具有连续导数,$\varphi'(t)>0$(对于 $\varphi'(t)<0$,或 $\psi'(t)\neq 0$ 的情形可作类似的讨论),则 $\varphi(\alpha)=a,\varphi(\beta)=b$. 曲边梯形的面积为

$$A = \int_a^b |f(x)| \, dx = \int_\alpha^\beta |\psi(t)| \, \varphi'(t) dt.$$

设曲线 AB 是由极坐标方程

$$r = f(\theta), \quad \alpha \leqslant \theta \leqslant \beta$$

给出,其中 $f(\theta)$ 在 $[\alpha,\beta]$ 连续. 求由曲线 $r=f(\theta)$,半直线 $\theta=\alpha$ 和半直线 $\theta=\beta$ 所围成的曲边扇形 OAB 的面积(图 6.10).

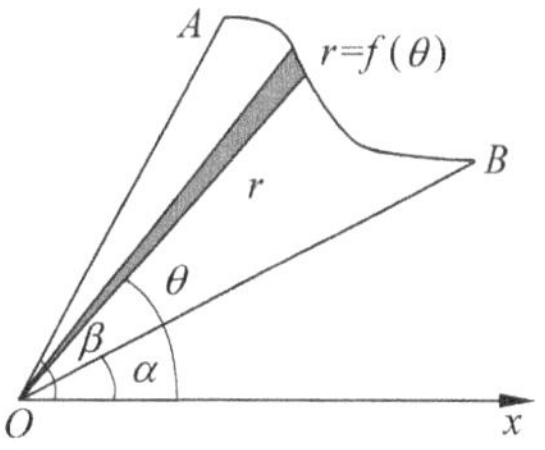

$\forall \theta \in [\alpha,\beta]$,相应于任一小区间 $[\theta,\theta+d\theta]$ 的窄曲边扇形的面积,可以用半径为 $r=f(\theta)$,中心角为 $d\theta$ 的圆扇形的面积来近似代替,从而得到这窄曲边扇形的面积的近似值,即曲边扇形的面积微元

$$dS = \frac{1}{2}r^2 d\theta = \frac{1}{2}f^2(\theta)d\theta,$$

于是得到极坐标曲边扇形面积公式

$$S = \frac{1}{2}\int_\alpha^\beta r^2 d\theta = \frac{1}{2}\int_\alpha^\beta f^2(\theta)d\theta.$$

图 6.10

例 6.22 求双纽线 $r^2 = a^2 \cos 2\theta (a>0)$ 围成的区域的面积(如图 6.11).

解 双纽线关于两个坐标轴都对称,双纽线围成的区域的面积是第一象限那部分区域面积的 4 倍. 在第一象限中,θ 的变化范围是 $\left[0,\dfrac{\pi}{4}\right]$,于是,双纽线围成的区域的面积为

$$A = 4\int_0^{\frac{\pi}{4}} \frac{1}{2}r^2 d\theta = 2\int_0^{\frac{\pi}{4}} a^2 \cos 2\theta d\theta = 2a^2 \left.\frac{\sin 2\theta}{2}\right|_0^{\frac{\pi}{4}} = a^2.$$

例 6.23 计算心形线 $r=a(1+\cos\theta),a>0$ 所围成的图形的面积.

解 心形线所围成的图形如图 6.12 所示,这个图形对称于极轴,因此所求图形的面积是极轴以上部分图形面积的两倍. 对于极轴以上部分图形,θ 的变化范围是 $[0,\pi]$,于是心形线所围成的图形的面积为

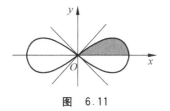

图 6.11

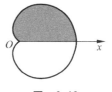

图 6.12

$$A = 2\int_0^\pi \frac{1}{2}r^2 d\theta = \int_0^\pi a^2(1+\cos\theta)^2 d\theta$$

$$= a^2\int_0^\pi (1+2\cos\theta+\cos^2\theta)d\theta = a^2\int_0^\pi \left(\frac{3}{2}+2\cos\theta+\frac{1}{2}\cos 2\theta\right)d\theta$$

$$= a^2\left[\frac{3}{2}\theta+2\sin\theta+\frac{1}{4}\sin 2\theta\right]_0^\pi = \frac{3}{2}\pi a^2.$$

3. 体积

(1) 平行截面面积为已知函数的立体体积

设有一立体，被垂直于 x 轴的平面所截得到的截面面积为 $S(x)(a \leqslant x \leqslant b)$，且 $S(x)$ 是 x 的连续函数，求该立体的体积(如图 6.13)．这里用微元法推出体积公式．

在区间 $[a,b]$ 上任取一点 x，已知截面的面积是 $S(x)$，设厚度是微分 dx，则在点 x 的体积微元 dV 是底为 $S(x)$、高为 dx 的柱体的体积，即

$$dV = S(x)dx,$$

积分，得

$$V = \int_a^b S(x)dx.$$

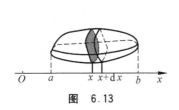

图 6.13

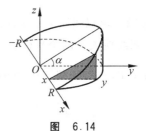

图 6.14

例 6.24 设底面半径为 R 的圆柱，被通过其底面直径且与底面交角为 α 的平面所截，求截体的体积 V．

解 设底面圆方程为

$$x^2 + y^2 = R^2,$$

用过点 x 且垂直于 x 轴的平面截立体所得的截面是直角三角形(如图 6.14)，其面积是

$$S(x) = \frac{1}{2}y \cdot y\tan\alpha = \frac{1}{2}y^2\tan\alpha = \frac{1}{2}(R^2-x^2)\tan\alpha,$$

所以

$$V = \int_{-R}^R S(x)dx = \frac{1}{2}\int_{-R}^R (R^2-x^2)\tan\alpha\, dx$$

$$= \tan\alpha\int_0^R (R^2-x^2)dx = \tan\alpha\left[R^2 x - \frac{x^3}{3}\right]_0^R = \frac{2}{3}R^3\tan\alpha.$$

例 6.25 两个底半径为 R 的圆柱体垂直相交,求它们公共部分的体积.

解 如图 6.15 所示,公共部分的体积为第一卦限体积的 8 倍,现考虑公共部分位于第一卦限的部分,此时,任一垂直于 Ox 轴的截面为正方形,因此截面面积为
$$S(x) = R^2 - x^2.$$
所以
$$V = 8\int_0^R (R^2 - x^2)\mathrm{d}x = 8\left[R^2 x - \frac{1}{3}x^3\right]_0^R = \frac{16}{3}R^3.$$

(2) 旋转体的体积

由连续曲线 $y=f(x)(f(x)\geqslant 0)$ 与直线 $x=a, x=b$ 及 x 轴所围成的曲边梯形绕 x 轴旋转,所得的立体称为**旋转体**(如图 6.16).

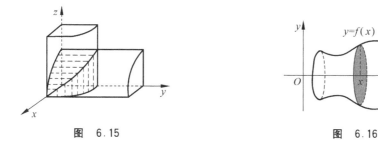

图 6.15   图 6.16

显然,过点 $x(a\leqslant x\leqslant b)$ 且垂直于 x 轴的截面是以 $f(x)$ 为半径的圆,其面积是 $S(x) = \pi f^2(x)$,于是得旋转体的体积
$$V = \pi\int_a^b f^2(x)\mathrm{d}x.$$

类似地,由连续曲线 $x=\varphi(y)$ 和直线 $y=c, y=d$ 及 y 轴所围成曲边梯形绕 y 轴旋转所生成的旋转体的体积为
$$V = \pi\int_c^d \varphi^2(y)\mathrm{d}y.$$

例 6.26 求椭圆 $\dfrac{x^2}{a^2} + \dfrac{y^2}{b^2} = 1$ 分别绕 x 轴和 y 轴旋转所得旋转体的体积.

解 绕 x 轴旋转的情形. 此旋转体可以看作是由半个椭圆 $y = \dfrac{b}{a}\sqrt{a^2-x^2}$ 及 x 轴围成的图形绕 x 轴旋转而成的立体,于是,得
$$V_x = \pi\int_{-a}^a \frac{b^2}{a^2}(a^2-x^2)\mathrm{d}x = \pi\frac{b^2}{a^2}\left[a^2 x - \frac{1}{3}x^3\right]_{-a}^a = \frac{4}{3}\pi ab^2.$$

绕 y 轴旋转的情形.
$$V_y = \pi\int_{-b}^b \frac{a^2}{b^2}(b^2-y^2)\mathrm{d}y = \pi\frac{a^2}{b^2}\left[b^2 y - \frac{1}{3}y^3\right]_{-b}^b = \frac{4}{3}\pi a^2 b.$$

当 $a=b$ 时,得半径为 a 的球体体积

$$V = \frac{4}{3}\pi a^3.$$

习题 6.6

1. 求下列曲线所围成的平面区域的面积:

(1) $ax=y^2, ay=x^2 (a>0)$;
(2) $y=x^2, x+y=2$;
(3) $x^2-y^2=1, x-y=1, x+y=2$;
(4) $y=x-x^2, y=\sqrt{2x-x^2}, x=1$;
(5) $y=e^{-x}, y=e^x, x=2$;
(6) $y=\dfrac{1}{x+1}, y=1, x=2$;
(7) $y=x^2-1, y=(x-1)^2, y=(x+1)^2$;
(8) $y=\sqrt{x}, y=1, y=10-2x$;
(9) $y^2=4(x+1), y^2=4(1-x)$;
(10) $2y=x^2+y^2, 2x=x^2+y^2$.

2. 求下列平面曲线所围成的图形的面积 ($a>0$):

(1) $x=a\cos^3 t, y=a\sin^3 t$;
(2) $x=2t-t^2, y=2t^2-t^3$;
(3) $r=\sqrt{2}\sin\theta, r^2=\cos 2\theta$;
(4) $r=a\cos 2\theta$;
(5) $r=2a(1-\cos\theta)$.

3. 一立体的底面为一半径为 5 的圆. 已知垂直于底面的一条直径的截面都是等边三角形, 求立体的体积.

4. 一立体的底面为由双曲线 $16x^2-9y^2=144$ 与直线 $x=6$ 所围成的平面图形. 如果垂直于 x 轴的立体截面都是 (1) 正方形; (2) 等边三角形; (3) 高为 3 的等腰三角形. 求各种情况的立体的体积.

5. 求 $y=\sqrt{2x-4}, x=2, x=4$ 所围成图形分别绕 x 轴及 y 轴旋转所得旋转体体积.

6. 求由曲线 $y=4-x^2$ 及 $y=0$ 所围成的图形绕直线 $x=3$ 旋转一圈所得旋转体的体积.

人物传记

莱布尼茨

莱布尼茨(Leibniz,1646—1716)为德国的百科全书式的天才.莱比锡某大学教授之子.他一方面从事政治、外交活动,另一方面对各种科学、技术有创造性的贡献.除了是外交官,莱布尼茨还是哲学家、法学家、历史学家、语言学家和先驱的地质学家.他在逻辑学、力学、光学、数学、流体力学、气体学、航海学和计算机方面做了重要的工作.他的遗稿分类整理为神学、哲学、数学、自然科学、历史和技术等41个项目,但完整的全集尚未出版.

莱布尼茨1666年在阿尔特多夫毕业,著《论组合的艺术》一书,企图以数学为标准将一切学科体系化.1670—1671年,他完成了第一篇力学论文.1672年3月出差到巴黎,这次访问使他同数学家和科学家接触,其中值得注意的是惠更斯激起了他对数学的兴趣.1673年访问伦敦时,他见到了许多数学家,学到了不少关于无穷级数的知识.虽然他靠做外交官生活,但却更深入地研究了笛卡儿和帕斯卡等人的著作,发现了微积分学的基本定理,引入巧妙的记号建立了微积分学的基础.他为发展科学制订了世界科学院的计划,还想建立通用符号、通用语言,以便统一一切学科,他有无穷的梦想.他建立了统一新旧哲学的单子论(monadism).1700年在他的影响下创立了柏林科学院.他的符号逻辑和计算机的构想,到他死后才结出丰硕的成果.

牛顿和莱布尼茨二人对微积分的创立都做出了伟大的贡献.1687年以前,牛顿没有发表过微积分方面的任何工作,虽然他从1665—1687年把结果通知了他的朋友.特别地,1669年他把他的短文《分析学》送给巴罗.莱布尼茨1672—1673年先后访问巴黎和伦敦,并和一些知道牛顿工作的人通信.然而,他直到1684年才发表微积分的著作.于是就发生了莱布尼茨是否知道牛顿工作详情的问题,他被指责为剽窃者.但是,在两人去世后很久,调查证明,虽然牛顿工作的大部分是在莱布尼茨之前做的,但是莱布尼茨是微积分主要思想的独立发明者.两个人都受到巴罗的很多启发.这场争论使数学家分成两派:欧洲大陆数学家,尤其是伯努利兄弟,支持莱布尼茨,而英国数学家捍卫牛顿.两派不和甚至尖锐地互相敌对.

这件事的结果,英国和欧洲大陆的数学家停止了思想交换.因为牛顿在关于微积分的主要工作和第一出版物,即《自然哲学的数学原理》中使用了几何方法,所以在他死后差不多一百年中,英国人继续以几何为主要工具.而欧洲大陆的数学家继续莱布尼茨的分析法,使他发展并得到改善.这些事情的影响非常巨大,他不仅使英国的数学家落在后面,而且使数学损失了一些最有才能的人应作出的贡献.

第 7 章 级 数

级数是高等数学中的一个重要概念,是表达和研究函数的重要形式之一,无论是在理论上和应用上都具有重要的意义.

7.1 级数的概念与性质

已知数列$\{u_n\}$,即

$$u_1, u_2, \cdots, u_n, \cdots. \tag{7.1}$$

将数列(7.1)的项依次用加号连接起来,即

$$u_1 + u_2 + u_3 + \cdots + u_n + \cdots \quad \text{或} \quad \sum_{n=1}^{\infty} u_n \tag{7.2}$$

称为**数值级数**,简称**级数**. 其中u_n称为级数(7.2)的第n项或通项.

级数(7.2)的前n项的和用S_n来表示,即

$$S_n = u_1 + u_2 + \cdots + u_n \quad \text{或} \quad S_n = \sum_{k=1}^{n} u_k,$$

称为级数(7.2)的n项部分和. 显然,对于给定的级数(7.2),其任意n项部分和S_n都是已知的. 于是,级数(7.2)对应着一个部分和数列$\{S_n\}$.

定义 7.1 若级数(7.2)的部分和数列$\{S_n\}$收敛,设

$$\lim_{n \to \infty} S_n = S,$$

则称级数$\sum_{n=1}^{\infty} u_n$收敛,S是级数(7.2)的和,表示为

$$S = \sum_{n=1}^{\infty} u_n = u_1 + u_2 + \cdots + u_n + \cdots,$$

并称

$$R_n = u_{n+1} + u_{n+2} + \cdots = \sum_{k=n+1}^{\infty} u_k = S - S_n$$

为级数的**余和**.

若数列$\{S_n\}$发散,则称级数(7.2)**发散**,此时级数(7.2)没有和.

例 7.1 判断几何级数 $\sum_{n=1}^{\infty} x^{n-1}$ 的收敛性.

解 (1) 当 $|x| \neq 1$ 时,由于
$$S_n = 1 + x + \cdots + x^{n-1} = \frac{1-x^n}{1-x},$$
若 $|x| < 1$,则
$$\lim_{n \to \infty} S_n = \frac{1}{1-x},$$
所以 $|x| < 1$ 时,级数收敛. 若 $|x| > 1$,则
$$\lim_{n \to \infty} S_n = \infty,$$
所以,$|x| > 1$ 时,级数 $\sum_{n=1}^{\infty} x^{n-1}$ 发散.

(2) 当 $|x| = 1$ 时,有两种情况:

① 当 $x = 1$ 时,$S_n = n$,所以级数 $\sum_{n=1}^{\infty} x^{n-1}$ 发散.

② 当 $x = -1$ 时,$S_n = \begin{cases} 1, & n \text{ 为奇数}, \\ 0, & n \text{ 为偶数}. \end{cases}$ 所以级数 $\sum_{n=1}^{\infty} x^{n-1}$ 发散.

综合以上可知:当 $|x| < 1$ 时,级数 $\sum_{n=1}^{\infty} x^{n-1}$ 收敛;当 $|x| \geqslant 1$ 时,级数 $\sum_{n=1}^{\infty} x^{n-1}$ 发散.

由于级数 (7.2) 的敛散性是由其部分和数列的敛散性决定的,所以可以把数列收敛的判断方法用于级数上. 但是,研究级数的收敛性并不是对数列的简单重复,而有其自身的特点.

例 7.2 判断级数 $\sum_{n=1}^{\infty} \frac{1}{n}$ (调和级数) 的收敛性.

解 考虑它的前 n 项和
$$S_n = 1 + \frac{1}{2} + \cdots + \frac{1}{n}.$$
由于对一切 n,总有
$$\left(1 + \frac{1}{n}\right)^n < \mathrm{e},$$
所以
$$\frac{1}{n} > \ln\left(1 + \frac{1}{n}\right) = \ln \frac{n+1}{n},$$
于是
$$S_n = 1 + \frac{1}{2} + \cdots + \frac{1}{n} > \ln \frac{2}{1} + \ln \frac{3}{2} + \cdots + \ln \frac{n+1}{n} = \ln(n+1),$$

所以,当 $n\to\infty$ 时,S_n 是无穷大.因此调和级数 $\sum\limits_{n=1}^{\infty}\dfrac{1}{n}$ 发散.

例 7.3 讨论级数 $\sum\limits_{n=1}^{\infty}\dfrac{1}{n^2}$ 的收敛性.

解 显然,对一切 $n\neq 1$,有
$$\frac{1}{n^2}<\frac{1}{n(n-1)}=\frac{1}{n-1}-\frac{1}{n}.$$
所以
$$S_n=1+\frac{1}{2^2}+\frac{1}{3^2}+\cdots+\frac{1}{n^2}<1+\frac{1}{1\cdot 2}+\frac{1}{2\cdot 3}+\cdots+\frac{1}{n(n-1)}$$
$$=1+\left(1-\frac{1}{2}\right)+\left(\frac{1}{2}-\frac{1}{3}\right)+\cdots+\left(\frac{1}{n-1}-\frac{1}{n}\right)=2-\frac{1}{n}.$$

因此 $S_n<2$.又易知 $\{S_n\}$ 是单调增加的,由单调有界原理知 $\{S_n\}$ 收敛,即级数 $\sum\limits_{n=1}^{\infty}\dfrac{1}{n^2}$ 收敛$\left(\text{它的和是}\dfrac{\pi^2}{6}\right)$.

定理 7.1 如果级数
$$\sum_{n=1}^{\infty}u_n=u_1+u_2+\cdots+u_n+\cdots$$
与级数
$$\sum_{n=1}^{\infty}v_n=v_1+v_2+\cdots+v_n+\cdots$$
都收敛,它们的和分别是 U 与 V,则对任意常数 a 与 b,以 au_n+bv_n 作为一般项而成的级数
$$\sum_{n=1}^{\infty}(au_n+bv_n)$$
也收敛,且其和为 $aU+bV$.

证明 设 $U_n=u_1+u_2+\cdots+u_n$,则 $\lim\limits_{n\to\infty}U_n=U$;$V_n=v_1+v_2+\cdots+v_n$,则 $\lim\limits_{n\to\infty}V_n=V$.又设 $\sum\limits_{n=1}^{\infty}(au_n+bv_n)$ 的前 n 项和是 S_n,则有
$$S_n=aU_n+bV_n,$$
因此
$$\lim_{n\to\infty}S_n=aU+bV,$$
所以
$$\sum_{n=1}^{\infty}(au_n+bv_n)=aU+bV.$$

定理 7.2 改变(包括去掉、加上、改变前后次序、改变数值)级数有限项,不影响级数的敛散性.

证明 这里仅对改变有限项的情形加以证明,其他情形类似.

设级数
$$\sum_{n=1}^{\infty} u_n = u_1 + u_2 + \cdots + u_m + u_{m+1} + \cdots,$$
改变有限项以后,从第 $m+1$ 项开始都没有改变,设新级数为
$$\sum_{n=1}^{\infty} v_n = v_1 + v_2 + \cdots + v_m + v_{m+1} + \cdots, \quad 当 n > m 时, v_n = u_n.$$
又设
$$u_1 + u_2 + \cdots + u_m = a, \quad v_1 + v_2 + \cdots + v_m = b,$$
记级数 $\sum_{n=1}^{\infty} u_n$ 前 n 项和为 U_n,$\sum_{n=1}^{\infty} v_n$ 前 n 项和是 V_n,则当 $n > m$ 时,有
$$U_n = V_n + a - b.$$
因此 $\{U_n\}$ 与 $\{V_n\}$ 具有相同的敛散性,从而上面两级数具有相同的敛散性.

定理 7.3 如果一个级数收敛,则加括号后所形成的新级数也收敛,且和不变.

证明 设级数 $\sum_{n=1}^{\infty} u_n$ 收敛,且和是 S. 不失一般性,不妨设加括号后的新级数为
$$(u_1 + u_2) + (u_3 + u_4 + u_5) + (u_6 + u_7) + \cdots,$$
用 W_m 表示新级数的前 m 项部分和,用 S_n 表示原级数的前 n 项相应部分和,因此有
$$W_1 = S_2, \quad W_2 = S_5, \quad W_3 = S_7, \cdots, \quad W_m = S_n, \cdots,$$
显然,$m \leqslant n$,则 $m \to \infty$ 时,必有 $n \to \infty$,于是
$$\lim_{m \to \infty} W_n = \lim_{n \to \infty} S_n = S.$$

注 定理 7.3 的逆命题并不成立,即有些级数加括号后收敛,原级数却发散.

例如,级数 $(1-1) + (1-1) + \cdots + (1-1) + \cdots$ 收敛于 0,但 $1 - 1 + 1 - 1 + \cdots + (-1)^{n-1} + \cdots$ 却不收敛.

定理 7.4 如果级数 $\sum_{n=1}^{\infty} u_n$ 收敛,则 $\lim_{n \to \infty} u_n = 0$.

证明 由于级数收敛,可设 $\lim S_n = S$.

由于 $u_n = S_n - S_{n-1}$ (假定 $S_0 = 0$),所以
$$\lim_{n \to \infty} u_n = \lim_{n \to \infty} S_n - \lim_{n \to \infty} S_{n-1} = S - S = 0.$$

由此定理可知,若一级数收敛,则其一般项必趋于 0,即级数收敛的必要条件是一般项趋于 0. 因而若 $\lim_{n \to \infty} u_n$ 不为 0 或不存在,则级数一定发散.

例 7.4 对于 $p \leqslant 0$,判断级数 $\sum\limits_{n=1}^{\infty} \dfrac{1}{n^p}$ 的收敛性.

解 当 $p<0$ 时,$\lim\limits_{n\to\infty} \dfrac{1}{n^p} = +\infty \neq 0$;当 $p=0$ 时,$\lim\limits_{n\to\infty} \dfrac{1}{n^p} = 1 \neq 0$. 从而可知级数发散.

注 定理 7.4 的逆命题不成立,请读者自己举例说明之.

习题 7.1

1. 用无穷级数表示下列无限循环小数,并求级数的和;另比较 $0.\dot{9}$ 与 1 的大小.
   (1) $0.\dot{3}$;　　　　(2) $0.7\dot{5}\dot{2}$;　　　　(3) $0.5\dot{3}\dot{2}$.

2. 根据级数收敛与发散定义,判断下面级数的收敛性:
   (1) $\sum\limits_{n=1}^{\infty} n^2$;　　　　(2) $\sum\limits_{n=1}^{\infty} \dfrac{1}{\sqrt{n+1}+\sqrt{n}}$;　　　　(3) $\sum\limits_{n=1}^{\infty} \dfrac{1}{4n^2-1}$.

3. 求下面级数的值:
   (1) $\sum\limits_{n=1}^{\infty} \dfrac{2^n+3^n}{6^n}$;　　　　(2) $\sum\limits_{n=1}^{\infty} \left(\dfrac{1}{n(n+1)} + \dfrac{1}{4n^2-1}\right)$;
   (3) $\left(\dfrac{3}{2}+\dfrac{1}{3}\right) + \left(\dfrac{3}{4}+\dfrac{1}{9}\right) + \left(\dfrac{3}{8}+\dfrac{1}{27}\right) + \cdots + \left(\dfrac{3}{2^n}+\dfrac{1}{3^n}\right) + \cdots$.

7.2 正项级数

如果级数 $\sum\limits_{n=1}^{\infty} u_n$ 各项都非负,即 $u_n \geqslant 0$,则称 $\sum\limits_{n=1}^{\infty} u_n$ 为正项级数. 显然正项级数的部分和数列 $\{S_n\}$ 是单调递增数列

$$S_1 \leqslant S_2 \leqslant S_3 \leqslant \cdots \leqslant S_{n-1} \leqslant S_n \leqslant \cdots.$$

由单调有界原理可得下面的定理.

定理 7.5 正项级数收敛的充要条件是它的部分和数列有界.

据此,可以建立下面的比较判别法.

定理 7.6 若两正项级数 $\sum\limits_{n=1}^{\infty} u_n$ 及 $\sum\limits_{n=1}^{\infty} v_n$,满足 $u_n \leqslant c v_n$,c 是正常数,$n=1,2,\cdots$,那么有:

(1) 若 $\sum\limits_{n=1}^{\infty} v_n$ 收敛,则 $\sum\limits_{n=1}^{\infty} u_n$ 收敛;

(2) 若 $\sum\limits_{n=1}^{\infty} u_n$ 发散,则 $\sum\limits_{n=1}^{\infty} v_n$ 发散.

证明 考虑 $\sum_{n=1}^{\infty} u_n$ 及 $\sum_{n=1}^{\infty} v_n$ 的部分和数列 $\{U_n\}$ 和 $\{V_n\}$.

(1) 设 $\lim\limits_{n \to \infty} V_n = V$, 由于 $U_n \leqslant cV_n$, 从而 $U_n \leqslant cV$. 由定理 7.5 知级数 $\sum_{n=1}^{\infty} u_n$ 收敛.
由于(2)是(1)的逆否命题,(1)成立时(2)也成立.

例 7.5 判断广义调和级数
$$\sum_{n=1}^{\infty} \frac{1}{n^p} = 1 + \frac{1}{2^p} + \cdots + \frac{1}{n^p} + \cdots$$
的敛散性.

解 当 $p \leqslant 1$ 时, $\frac{1}{n^p} \geqslant \frac{1}{n}$, 以前曾证明级数 $\sum_{n=1}^{\infty} \frac{1}{n}$ 发散, 由比较判别法知 $\sum_{n=1}^{\infty} \frac{1}{n^p}$ 发散.

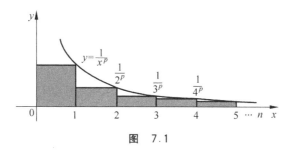

图 7.1

当 $p > 1$ 时, 由于 $f(x) = \frac{1}{x^p}$ 是单调减少趋于 0 的, 因此有(如图 7.1 所示)
$$\frac{1}{n^p} = \frac{1}{n^p} \cdot 1 = \int_{n-1}^{n} \frac{1}{n^p} dx < \int_{n-1}^{n} \frac{1}{x^p} dx, \quad n \geqslant 2,$$
所以
$$\sum_{n=1}^{n} \frac{1}{n^p} < 1 + \int_{1}^{2} \frac{dx}{x^p} + \int_{2}^{3} \frac{dx}{x^p} + \cdots + \int_{n-1}^{n} \frac{dx}{x^p} = 1 + \int_{1}^{n} \frac{dx}{x^p}.$$
由于 $p > 1$, 所以无穷积分 $\int_{1}^{+\infty} \frac{dx}{x^p}$ 收敛于 $\frac{1}{p-1}$, 因此有
$$\sum_{n=1}^{n} \frac{1}{n^p} < 1 + \frac{1}{p-1} = \frac{p}{p-1},$$
即级数的部分和有界, 因此 $\sum_{n=1}^{\infty} \frac{1}{n^p}$ 收敛.

综上所述, 广义调和级数在 $p > 1$ 时收敛, 在 $p \leqslant 1$ 时发散.

例 7.6 判断 $\sum_{n=0}^{\infty} \frac{1}{n!}$ 的收敛性(规定 $0! = 1$).

解 $n \geqslant 2$ 时,$n! = n(n-1) \times \cdots \times 3 \times 2 \times 1 > 2^{n-1}$,所以有
$$\frac{1}{n!} < \frac{1}{2^{n-1}},$$
由几何级数 $\sum\limits_{n=1}^{\infty} \frac{1}{2^{n-1}}$ 的收敛性及比较判别法知级数 $\sum\limits_{n=0}^{\infty} \frac{1}{n!}$ 收敛.

比较判别法有如下的极限形式.

推论 1 设有两正项级数 $\sum\limits_{n=1}^{\infty} u_n$ 及 $\sum\limits_{n=1}^{\infty} v_n (v_n \neq 0)$,且
$$\lim_{n \to \infty} \frac{u_n}{v_n} = k, \quad 0 \leqslant k \leqslant +\infty.$$

(1) 若 $\sum\limits_{n=1}^{\infty} v_n$ 收敛,且 $0 \leqslant k < +\infty$,则 $\sum\limits_{n=1}^{\infty} u_n$ 收敛;

(2) 若 $\sum\limits_{n=1}^{\infty} v_n$ 发散,且 $0 < k \leqslant +\infty$,则 $\sum\limits_{n=1}^{\infty} u_n$ 发散.

请读者自己给出证明.

注 若 $0 < k < +\infty$,则 $\sum\limits_{n=1}^{\infty} u_n$ 与 $\sum\limits_{n=1}^{\infty} v_n$ 具有相同的收敛性.

例 7.7 判定下列正项级数的敛散性:

(1) $\sum\limits_{n=1}^{\infty} \frac{1}{n \cdot n!}$; (2) $\sum\limits_{n=1}^{\infty} \ln\left(1 + \frac{1}{n}\right)$.

解 (1) 取 $v_n = \frac{1}{n!}$,有
$$\lim_{n \to \infty} \frac{\frac{1}{n \cdot n!}}{\frac{1}{n!}} = \lim_{n \to \infty} \frac{1}{n} = 0,$$
已知级数 $\sum\limits_{n=1}^{\infty} \frac{1}{n!}$ 收敛,由推论得级数 $\sum\limits_{n=1}^{\infty} \frac{1}{n \cdot n!}$ 也收敛.

(2) 取 $v_n = \frac{1}{n}$,有
$$\lim_{n \to \infty} \frac{\ln\left(1 + \frac{1}{n}\right)}{\frac{1}{n}} = \lim_{n \to \infty} \ln\left(1 + \frac{1}{n}\right)^n = 1,$$
已知级数 $\sum\limits_{n=1}^{\infty} \frac{1}{n}$ 发散,由推论,级数 $\sum\limits_{n=1}^{\infty} \ln\left(1 + \frac{1}{n}\right)$ 也发散.

应用正项级数的比较判别法,不仅能直接判别某些正项级数的敛散性,并能导出下面比较简便的正项级数敛散性的判别法.

定理 7.7（达朗贝尔判别法） 设有正项级数 $\sum_{n=1}^{\infty} u_n$. 如果极限

$$\lim_{n\to\infty} \frac{u_{n+1}}{u_n} = l$$

存在，那么：(1) $l<1$ 时，级数收敛；(2) $l>1$ 时，级数发散.

证明 (1) 取 $q(l<q<1)$，由数列极限的保序性，存在正整数 N，$\forall n>N$，有

$$\frac{u_{n+1}}{u_n} < q,$$

于是

$$\frac{u_{N+2}}{u_{N+1}} < q, \quad \frac{u_{N+3}}{u_{N+2}} < q, \quad \cdots,$$

从而

$$u_{N+m} < qu_{N+m-1} < q^2 u_{N+m-2} < \cdots < q^{m-1} u_{N+1}.$$

由于无穷级数 $\sum_{m=1}^{\infty} u_{N+1} q^{m-1} = u_{N+1} \sum_{m=1}^{\infty} q^{m-1}$ 收敛，由比较判别法知 $\sum_{m=1}^{\infty} u_{N+m}$ 收敛，从而 $\sum_{n=1}^{\infty} u_n$ 收敛.

(2) 略.

例 7.8 判断下列级数的收敛性：

(1) $\sum_{n=1}^{\infty} \frac{x^n}{n} \ (x>0)$;   (2) $\sum_{n=1}^{\infty} \frac{n|\sin\sqrt{n}|}{3^n}$.

解 (1) 由于

$$\lim_{n\to\infty} \frac{u_{n+1}}{u_n} = \lim_{n\to\infty} \frac{\frac{x^{n+1}}{n+1}}{\frac{x^n}{n}} = x,$$

所以当 $0<x<1$ 时级数收敛，$x>1$ 时级数发散，而 $x=1$ 时前面已讨论过，级数发散.

(2) 由于 $\frac{n|\sin\sqrt{n}|}{3^n} \leqslant \frac{n}{3^n}$，而级数 $\sum_{n=1}^{\infty} \frac{n}{3^n}$ 满足

$$\lim_{n\to\infty} \frac{\frac{n+1}{3^{n+1}}}{\frac{n}{3^n}} = \frac{1}{3} < 1,$$

由达朗贝尔判别法，级数 $\sum_{n=1}^{\infty} \frac{n}{3^n}$ 收敛，再由比较判别法知 $\sum_{n=1}^{\infty} \frac{n|\sin\sqrt{n}|}{3^n}$ 收敛.

定理 7.8（柯西判别法） 设有正项级数 $\sum_{n=1}^{\infty} u_n$，如果极限

$$\lim_{n\to\infty} \sqrt[n]{u_n} = l$$

存在,那么:(1) $l<1$ 时,级数收敛;(2) $l>1$ 时,级数发散.

证明 (1) 由极限定义,对于 $q(l<q<1)$,由数列极限的保序性,存在正整数 N,$\forall n>N$ 有

$$\sqrt[n]{u_n} < q,$$

则有 $u_n<q^n(n>N)$,因为级数 $\sum_{m=1}^{\infty} q^{N+m}$ 收敛,由比较判别法知 $\sum_{m=1}^{\infty} u_{N+m}$ 收敛,从而 $\sum_{n=1}^{\infty} u_n$ 收敛.

(2) 略.

例 7.9 判断下列级数的敛散性:

(1) $\sum_{n=1}^{\infty} \left(\dfrac{n}{2n+1}\right)^n$; (2) $\sum_{n=1}^{\infty} n^n \mathrm{e}^{-n}$.

解 (1) 因为

$$\lim_{n\to\infty} \sqrt[n]{u_n} = \lim_{n\to\infty} \sqrt[n]{\left(\dfrac{n}{2n+1}\right)^n} = \lim_{n\to\infty} \dfrac{n}{2n+1} = \dfrac{1}{2} < 1,$$

所以级数 $\sum_{n=1}^{\infty} \left(\dfrac{n}{2n+1}\right)^n$ 收敛.

(2) 因为

$$\lim_{n\to\infty} \sqrt[n]{u_n} = \lim_{n\to\infty} \sqrt[n]{n^n \mathrm{e}^{-n}} = \lim_{n\to\infty} n\mathrm{e}^{-1} = +\infty,$$

所以级数 $\sum_{n=1}^{\infty} n^n \mathrm{e}^{-n}$ 发散.

习题 7.2

1. 研究下面级数的收敛性:

(1) $\sum_{n=1}^{\infty} \dfrac{x^n}{(2n)!!}$ $(x>0)$; (2) $\sum_{n=1}^{\infty} \dfrac{x^n}{n!}$ $(x>0)$;

(3) $\sum_{n=1}^{\infty} \dfrac{(n!)^2}{(2n)!}$; (4) $\dfrac{1}{2} + \dfrac{3}{2^2} + \dfrac{5}{2^3} + \dfrac{7}{2^4} + \cdots$;

(5) $\sum_{n=1}^{\infty} 2^n \sin\dfrac{x}{3^n}$; (6) $\sum_{n=1}^{\infty} \dfrac{1}{1+a^n}$ $(a>0)$;

(7) $\sum_{n=1}^{\infty} 2^{\frac{1}{n}}$; (8) $\sum_{n=0}^{\infty} \left(\dfrac{\mathrm{e}}{\pi}\right)^n$;

(9) $\sum_{n=1}^{\infty} a_n$, 其中 $a_n = \begin{cases} \dfrac{1}{2^n}, & n \text{ 是奇数}, \\ \dfrac{1}{3^n}, & n \text{ 是偶数}. \end{cases}$

2. 若 $\lim\limits_{n \to \infty} \dfrac{u_{n+1}}{u_n} = 1$, 级数 $\sum_{n=1}^{\infty} u_n$ 敛散性如何?

7.3 一般级数, 绝对收敛

在 7.2 节, 假定级数的每一项都是非负的. 如果级数的每一项都小于或等于零, 那么乘以 -1 后就转化为正项级数, 而这个正项级数与原级数具有相同的敛散性. 其次, 如果级数中从某一项以后, 所有的项具有相同的符号, 因为去掉有限项不改变级数的敛散性, 从而也可按正项级数来处理.

当级数中的正数项与负数项均为无穷多时, 称为**一般级数**. 首先讨论正负相间的级数.

如果级数可以用下面形式给出：

$$\sum_{n=1}^{\infty} (-1)^{n-1} u_n = u_1 - u_2 + u_3 - u_4 + \cdots + u_{2k-1} - u_{2k} + \cdots,$$

其中 $u_n > 0 (n = 1, 2, \cdots)$, 则称此级数为**交错级数**.

关于交错级数, 有下面判别收敛的定理.

定理 7.9 (莱布尼茨判别法) 对于交错级数

$$\sum_{n=1}^{\infty} (-1)^{n-1} u_n, \quad u_n > 0,$$

若 (1) $u_n \geqslant u_{n+1}$, $\forall n \in \mathbb{Z}^+$; (2) $\lim\limits_{n \to \infty} u_n = 0$. 则级数 $\sum_{n=1}^{\infty} (-1)^{n-1} u_n$ 收敛.

证明 考虑级数的前 n 项部分和, 当 n 是偶数时, $S_{2k+2} = S_{2k} + (u_{2k+1} - u_{2k+2})$, 由条件 (1), $u_{2k+1} - u_{2k+2} \geqslant 0$, 所以 $S_{2k+2} \geqslant S_{2k}$, 即 $\{S_{2k}\}$ 单调增加. 其次,

$$S_{2k} = u_1 - u_2 + u_3 - u_4 + \cdots + u_{2n-1} - u_{2n}$$
$$= u_1 - (u_2 - u_3) - (u_4 - u_5) - \cdots - (u_{2n-2} - u_{2n-1}) - u_{2n} < u_1,$$

根据单调有界原理知 $\{S_{2k}\}$ 收敛, 设 $\lim\limits_{k \to \infty} S_{2k} = A$, 则

$$\lim_{k \to \infty} S_{2k+1} = \lim_{k \to \infty} (S_{2k} + u_{2k+1}) = \lim_{k \to \infty} S_{2k} + \lim_{k \to \infty} u_{2k+1} = A + 0 = A,$$

所以有 $\lim\limits_{n \to \infty} S_n = A$.

例 7.10 判定交错级数 $\sum_{n=1}^{\infty} \dfrac{(-1)^{n-1}}{n}$ 的敛散性.

解 这里 $u_n = \dfrac{1}{n}$,显然有 $u_n > u_{n+1}$ 且 $\lim\limits_{n \to \infty} u_n = 0$,所以级数收敛.

定理 7.10 如果级数 $\sum\limits_{n=1}^{\infty} |u_n|$ 收敛,则级数 $\sum\limits_{n=1}^{\infty} u_n$ 也收敛.

证明 设

$$a_n = \begin{cases} u_n, & u_n > 0, \\ 0, & u_n \leqslant 0, \end{cases} \quad b_n = \begin{cases} 0, & u_n > 0, \\ -u_n, & u_n \leqslant 0, \end{cases}$$

则

$$u_n = a_n - b_n.$$

$\sum\limits_{n=1}^{\infty} a_n$ 及 $\sum\limits_{n=1}^{\infty} b_n$ 都是正项级数,显然有

$$a_n \leqslant |u_n|, \quad b_n \leqslant |u_n|,$$

由比较判别法及级数 $\sum\limits_{n=1}^{\infty} |u_n|$ 收敛知,$\sum\limits_{n=1}^{\infty} a_n$ 及 $\sum\limits_{n=1}^{\infty} b_n$ 都收敛,所以 $\sum\limits_{n=1}^{\infty} u_n$ 收敛.

注 定理 7.10 的逆命题不成立,请读者自己举例说明.

定义 7.2 如果级数 $\sum\limits_{n=1}^{\infty} u_n$ 的各项绝对值组成的级数 $\sum\limits_{n=1}^{\infty} |u_n|$ 收敛,则称级数 $\sum\limits_{n=1}^{\infty} u_n$ 绝对收敛.

例 7.11 判断级数

$$\sum_{n=1}^{\infty} \frac{(-1)^{[\sqrt{n}]}}{n^2} = -1 - \frac{1}{2^2} - \frac{1}{3^2} + \frac{1}{4^2} + \frac{1}{5^2} + \frac{1}{6^2} + \frac{1}{7^2} + \frac{1}{8^2} - \frac{1}{9^2} - \cdots$$

的收敛性(其中 $[\sqrt{n}]$ 表示不大于 $\sqrt{n}$ 的最大整数).

解 由于级数 $\sum\limits_{n=1}^{\infty} \dfrac{1}{n^2}$ 收敛,应用定理 7.10,可知级数 $\sum\limits_{n=1}^{\infty} \dfrac{(-1)^{[\sqrt{n}]}}{n^2}$ 收敛.

定义 7.3 如果级数 $\sum\limits_{n=1}^{\infty} u_n$ 收敛,而 $\sum\limits_{n=1}^{\infty} |u_n|$ 发散,则称级数 $\sum\limits_{n=1}^{\infty} u_n$ 条件收敛.

显然,条件收敛的级数必有无穷多项正项,同时又有无穷多项负项.条件收敛的原因是正负抵消,而绝对收敛的原因是每项都很小.

例如,级数 $\sum\limits_{n=1}^{\infty} \dfrac{(-1)^{n-1}}{n}$ 收敛,而由它各项的绝对值组成的调和级数 $\sum\limits_{n=1}^{\infty} \dfrac{1}{n}$ 发散,因此级数 $\sum\limits_{n=1}^{\infty} \dfrac{(-1)^{n-1}}{n}$ 条件收敛.

例 7.12 判断下面级数的收敛性:

(1) $\sum\limits_{n=1}^{\infty} \dfrac{(-1)^n n!}{n^n}$; (2) $\sum\limits_{n=1}^{\infty} \dfrac{x^n}{n}$.

解 （1） $\sum_{n=1}^{\infty} \frac{(-1)^n n!}{n^n}$ 各项绝对值组成的级数是 $\sum_{n=1}^{\infty} \frac{n!}{n^n}$，对于这个正项级数，利用达朗贝尔判别法，有

$$\lim_{n\to\infty}\frac{u_{n+1}}{u_n} = \lim_{n\to\infty}\frac{\frac{(n+1)!}{(n+1)^{n+1}}}{\frac{n!}{n^n}} = \lim_{n\to\infty}\left(\frac{n}{n+1}\right)^n = \frac{1}{e} < 1,$$

所以级数 $\sum_{n=1}^{\infty}\frac{n!}{n^n}$ 收敛，因此原级数绝对收敛.

（2）对于级数 $\sum_{n=1}^{\infty}\frac{x^n}{n}$，当 $x=0$ 时，级数显然收敛. 当 $x\neq 0$ 时可求得

$$\lim_{n\to\infty}\frac{\left|\frac{x^{n+1}}{n+1}\right|}{\left|\frac{x^n}{n}\right|} = \lim_{n\to\infty}\frac{n}{n+1}|x| = |x|,$$

所以 $|x|<1$ 时，级数绝对收敛.

若 $|x|>1$，当 n 充分大时，有 $\left|\frac{x^{n+1}}{n+1}\right| > \left|\frac{x^n}{n}\right|$，可见级数一般项 u_n 不满足 $\lim_{n\to\infty} u_n=0$，所以级数发散.

当 $|x|=1$ 时，不难得出，在 $x=1$ 时，级数发散；在 $x=-1$ 时，级数条件收敛.

习题 7.3

1. 若 $\lim_{n\to\infty}\left|\frac{u_{n+1}}{u_n}\right|=1$，级数 $\sum_{n=1}^{\infty}u_n$ 收敛性如何？试举例说明.

2. 判断下面级数的收敛性（是绝对收敛、条件收敛，还是发散）：

(1) $\sum_{n=1}^{\infty}\frac{(-1)^n}{\sqrt{n}}$;

(2) $\sum_{n=1}^{\infty}\frac{(-1)^{n-1}}{(2n-1)^2}$;

(3) $\sum_{n=2}^{\infty}\frac{(-1)^n}{\ln(n+1)}$;

(4) $\sum_{n=1}^{\infty}\frac{(-1)^n n}{3^{n-1}}$;

(5) $\sum_{n=1}^{\infty}(-1)^{\frac{n(n-1)}{2}}\cdot\frac{n^{10}}{2^n}$;

(6) $\sum_{n=1}^{\infty}\frac{(n!)^2}{(2n)!}$;

(7) $\sum_{n=1}^{\infty}3^n\sin\frac{1}{4^n}$;

(8) $\sum_{n=1}^{\infty}\frac{(-1)^n}{\sqrt{n}}$;

(9) $\sum_{n=1}^{\infty}\frac{2^n}{n(n+1)}$;

(10) $\sum_{n=1}^{\infty}n\tan\frac{x}{2^{n+1}}$;

(11) $\sum_{n=1}^{\infty} \frac{(-1)^n n^2}{3^n}$;   (12) $\sum_{n=1}^{\infty} \frac{n!}{n^n}$.

7.4 幂级数

1. 函数项级数

设有函数序列
$$f_1(x), f_2(x), \cdots, f_n(x), \cdots, \tag{7.3}$$
其中每一个函数都在同一区间 I 上有定义,则表达式
$$\sum_{n=1}^{\infty} f_n(x) = f_1(x) + f_2(x) + \cdots + f_n(x) + \cdots \tag{7.4}$$
称为定义在区间 I 上的**函数项级数**.

当 $x = x_0 \in I$ 时,级数(7.4)就成为常数项级数
$$\sum_{n=1}^{\infty} f_n(x_0) = f_1(x_0) + f_2(x_0) + \cdots + f_n(x_0) + \cdots. \tag{7.5}$$
若级数(7.5)收敛,则称 x_0 是函数项级数(7.4)的**收敛点**.函数项级数(7.4)的所有收敛点的集合称为它的**收敛域**.

显然,函数项级数(7.4)在收敛域的每个点都有和.于是,函数项级数(7.4)的和是定义在收敛域上的函数,称为级数(7.4)的**和函数**.

例 7.13 级数 $\sum_{n=1}^{\infty} x^{n-1}$ 是公比等于 x 的等比级数,当 $|x| < 1$ 时级数收敛;当 $|x| \geqslant 1$ 时级数发散.所以级数的收敛域是区间 $(-1, 1)$,而其和是 $\frac{1}{1-x}$.

例 7.14 级数 $\sum_{n=1}^{\infty} \frac{\sin^n x}{n^2}$ 对任意 $x \in (-\infty, +\infty)$ 都收敛,所以它的收敛域为 $(-\infty, +\infty)$.

2. 幂级数及其收敛性

形如
$$\sum_{n=0}^{\infty} a_n x^n = a_0 + a_1 x + a_2 x^2 + \cdots + a_n x^n + \cdots \tag{7.6}$$
和
$$\sum_{n=0}^{\infty} a_n (x-a)^n = a_0 + a_1(x-a) + a_2(x-a)^2 + \cdots + a_n(x-a)^n + \cdots \tag{7.7}$$
的级数叫做**幂级数**,其中 a_n 是与 x 无关的实数,称为幂级数的**系数**.

由于用变量代换 $x-a=y$ 可将级数(7.7)化为级数(7.6)的形式,因此下面主要讨论级数(7.6).

要研究的问题是:

(1) 已知幂级数 $\sum_{n=0}^{\infty} a_n x^n$,如何求收敛域 D 及和函数 $f(x)$ 的有限表达的解析式;

(2) 已知 $f(x)$,如何求出它对应的幂级数.

本节将给出这些问题的部分解答.

定理 7.11(阿贝尔①定理)

(1) 如果级数(7.6)当 $x=x_0 \neq 0$ 时收敛,那么对于所有满足不等式
$$|x| < |x_0|$$
的 x 值,级数(7.6)绝对收敛.

(2) 如果级数(7.6)当 $x=x_0'$ 时发散,那么对于所有满足不等式
$$|x| > |x_0'|$$
的 x 值,级数(7.6)发散.

证明 (1) 因为 $|a_n x^n| = |a_n x_0^n| \left| \dfrac{x}{x_0} \right|^n$,而根据假定,级数 $\sum_{n=0}^{\infty} a_n x_0^n$ 是收敛的,所以它的通项 $a_n x_0^n$ 当 $n \to \infty$ 时趋于零,因而是有界的,即存在 $M>0$,使
$$|a_n x_0^n| \leqslant M, \quad n=1,2,\cdots,$$
从而
$$|a_n x^n| = \left| a_n x_0^n \dfrac{x^n}{x_0^n} \right| \leqslant M \left| \dfrac{x}{x_0} \right|^n.$$

根据条件 $|x|<|x_0|$, $\left|\dfrac{x}{x_0}\right|<1$,故等比级数 $\sum_{n=0}^{\infty} M \left|\dfrac{x}{x_0}\right|^n$ 是收敛的.再根据比较判别法知级数 $\sum_{n=0}^{\infty} |a_n x^n|$ 也是收敛的.所以 $|x|<|x_0|$ 时,级数(7.6)绝对收敛.

(2) 假定级数(7.6)对于满足 $|x|>|x_0'|$ 的某一个 x 值收敛,则由定理的第一部分知,级数(7.6)当 $x=x_0'$ 时将绝对收敛,这与假设矛盾.

定理 7.12 设级数(7.6)既非对所有 x 值收敛,也不只在 $x=0$ 时收敛,则必有一个确定的正数 R 存在,使得级数当 $|x|<R$ 时,绝对收敛,当 $|x|>R$ 时发散.

定理 7.12 中的正数 R 称为幂级数的**收敛半径**.对于两种极端情况,规定:当级数只在 $x=0$ 时收敛时,$R=0$;当级数对所有 x 值收敛时,$R=+\infty$.

定理 7.13 设有幂级数 $\sum_{n=0}^{\infty} a_n x^n$,且有

---

① 阿贝尔(N. H. Abel,1802—1829 年),挪威数学家.

$$\lim_{n\to\infty}\left|\frac{a_n}{a_{n+1}}\right| = R,$$

则 R 即为该级数的收敛半径.

证明 对于幂级数 $\sum_{n=0}^{\infty} a_n x^n = \sum_{n=0}^{\infty} u_n$，则有

$$\lim_{n\to\infty}\left|\frac{u_{n+1}}{u_n}\right| = \lim_{n\to\infty}\left|\frac{a_{n+1}}{a_n}x\right| = \frac{|x|}{R} = l,$$

显然，若 R 是非零的有限数，当 $|x| < R$ 时，$l < 1$，此时幂级数收敛；$|x| > R$ 时，$l > 1$，幂级数发散.

对于 $R = \infty$ 和 0 也有类似的讨论，请读者补充证明.

例 7.15 求级数 $\sum_{n=0}^{\infty} \frac{x^n}{n+1}$ 的收敛半径和收敛域.

解 $a_n = \frac{1}{n+1}$，$\lim_{n\to\infty}\frac{a_n}{a_{n+1}} = \lim_{n\to\infty}\frac{n+2}{n+1} = 1$，得收敛半径 $R = 1$.

当 $x = 1$ 时，已知调和级数 $\sum_{n=0}^{\infty} \frac{1}{n+1}$ 发散.

当 $x = -1$ 时，它为交错级数 $\sum_{n=0}^{\infty} \frac{(-1)^n}{n+1}$，由交错级数判别法易知，级数 $\sum_{n=0}^{\infty} \frac{(-1)^n}{n+1}$ 收敛.

综上所述，幂级数的收敛域为 $[-1, 1)$.

例 7.16 求级数 $\sum_{n=0}^{\infty} \frac{(x-1)^n}{(n+1)^2}$ 的收敛域.

解 级数 $\sum_{n=0}^{\infty} \frac{(x-1)^n}{(n+1)^2}$ 不是关于 x 的幂级数，但却是关于 $x-1$ 的幂级数，设 $x-1 = t$，则

$$\sum_{n=0}^{\infty} \frac{(x-1)^n}{(n+1)^2} = \sum_{n=0}^{\infty} \frac{t^n}{(n+1)^2} = \sum_{n=0}^{\infty} a_n t^n,$$

显然有 $\lim_{n\to\infty}\left|\frac{a_n}{a_{n+1}}\right| = 1$.

因此，幂级数 $\sum_{n=0}^{\infty} \frac{t^n}{(n+1)^2}$ 收敛半径 $R = 1$.

由于 $\sum_{n=0}^{\infty} \frac{1}{(n+1)^2}$ 收敛，故 $|t| = 1$ 时幂级数也收敛.

因此，幂级数 $\sum_{n=0}^{\infty} \frac{t^n}{(n+1)^2}$ 的收敛域为 $-1 \leqslant t \leqslant 1$. 而 $x = t+1$，因此，原级数的收敛域是

$[0,2]$.

例 7.17 求级数 $\sum_{n=0}^{\infty} \dfrac{x^{2n}}{2^n}$ 的收敛区间.

解 显然 $a_{2k+1}=0(k=0,1,2,\cdots)$，所以 $\lim\limits_{n\to\infty}\left|\dfrac{a_n}{a_{n+1}}\right|$ 不存在,因此不能直接运用定理 7.13.

可设 $x^2=t$,便有

$$\sum_{n=0}^{\infty} \dfrac{x^{2n}}{2^n} = \sum_{n=0}^{\infty} \dfrac{t^n}{2^n}, \quad t \geqslant 0,$$

此时应用定理 7.13 求得 $R=2$,而当 $t=2$ 时,级数发散.因此, $\sum_{n=0}^{\infty} \dfrac{t^n}{2^n}$ 的收敛域是 $[0,2)$. 由 $x^2=t<2$,有 $-\sqrt{2}<x<\sqrt{2}$,级数 $\sum_{n=0}^{\infty}\dfrac{x^{2n}}{2^n}$ 的收敛区间是 $(-\sqrt{2},\sqrt{2})$.

3. 幂级数的性质

由于幂级数是定义在其收敛区间上的函数,因此,函数的相应运算可以作用在幂级数上,下面给出幂级数运算的几个性质,证明从略.

(1) 幂级数 $\sum_{n=0}^{\infty} a_n x^n$ 的和函数 $S(x)$ 在其定义域内任一点都连续;

(2) 幂级数 $\sum_{n=0}^{\infty} a_n x^n$ 的和函数 $S(x)$ 在收敛区间 $(-R,R)$ 上可微,且有

$$S'(x) = \sum_{n=1}^{\infty} n a_n x^{n-1}, \quad -R<x<R,$$

即幂级数在收敛区间内可以逐项求导数,且收敛半径不变;

(3) 若幂级数 $f(x) = \sum_{n=0}^{\infty} a_n x^n$ 的收敛半径是 R,则对于 $\forall x \in (-R,R)$,都有

$$\int_0^x f(t)\mathrm{d}t = \sum_{n=0}^{\infty} \int_0^x a_n t^n \mathrm{d}t = \sum_{n=0}^{\infty} \dfrac{a_n}{n+1} x^{n+1}, \quad -R<x<R.$$

注 若逐项微分或逐项积分后的幂级数在 $x=R$ 或 $x=-R$ 时收敛,则微分或积分的等式在 $x=R$ 或 $x=-R$ 时也成立.

例 7.18 设 $f(x) = \sum_{n=1}^{\infty} \dfrac{x^n}{n}$,求 $f(x)$ 的收敛区间(定义区间)和解析表达式,并求交错级数 $\sum_{n=1}^{\infty} \dfrac{(-1)^n}{n}$ 的和.

解 对于 $f(x) = \sum_{n=1}^{\infty} \dfrac{x^n}{n} = \sum_{n=1}^{\infty} a_n x^n$,由

$$\lim_{n\to\infty}\left|\frac{a_n}{a_{n+1}}\right|=\lim_{n\to\infty}\frac{n+1}{n}=1,$$

可知收敛半径 $R=1$. 易知幂级数在 $x=1$ 处不收敛,在 $x=-1$ 处收敛. 所以 $f(x)$ 的收敛区间(定义区间)是 $[-1,1)$.

由于

$$f'(x)=\sum_{n=1}^{\infty}x^{n-1}=1+x+x^2+\cdots+x^n+\cdots=\frac{1}{1-x},$$

可知 $f(x)=-\ln(1-x)+C$.

在 $f(x)=\sum_{n=1}^{\infty}\frac{x^n}{n}$ 中,令 $x=0$,得 $f(0)=0$,于是 $0=-\ln(1-0)+C$,得 $C=0$,因此 $f(x)=-\ln(1-x)$,即

$$\sum_{n=1}^{\infty}\frac{x^n}{n}=-\ln(1-x).$$

令 $x=-1$ 即得 $\sum_{n=1}^{\infty}\frac{(-1)^n}{n}=-\ln 2$.

习题 7.4

1. 对于 $f(x)=\sum_{n=1}^{\infty}\frac{(-1)^{n-1}x^{2n-1}}{2n-1}$,求:

(1) 幂级数的收敛半径和收敛区间;

(2) $f'(x)$;

(3) $f(x)$ 的和函数;

(4) $1-\frac{1}{3}+\frac{1}{5}-\frac{1}{7}+\cdots=\sum_{n=1}^{\infty}\frac{(-1)^{n-1}}{2n-1}$ 的值.

2. 求下列幂级数的收敛区间:

(1) $\sum_{n=1}^{\infty}\frac{2^n}{n+1}x^n$;

(2) $\sum_{n=1}^{\infty}\frac{x^n}{n4^n}$;

(3) $\sum_{n=1}^{\infty}(x-1)^n$;

(4) $\sum_{n=1}^{\infty}2^n(x+3)^{2n}$;

(5) $\sum_{n=1}^{\infty}\frac{\ln(n+1)}{n+1}x^{n+1}$;

(6) $\sum_{n=1}^{\infty}(\ln x)^n$.

3. 求下面函数的和函数:

(1) $\sum_{n=1}^{\infty}nx^{n-1}$ ($|x|<1$);

(2) $\sum_{n=0}^{\infty}\frac{x^{2n+1}}{2n+1}$ ($-1<x<1$).

人物传记

阿 贝 尔

阿贝尔(Niels Henrik Abel,1802—1829)是19世纪最先进的数学家之一,而且也许是斯堪的纳维亚地区所曾出现过的最伟大的天才.他与同时代的高斯和柯西一起,是发展近世数学(其特征为坚持要有严格证明)的一位先锋战士.他一生在贫穷与受冷遇煎熬下乐天知命,对其短促成熟期间的许多杰出成就怀着谦逊的自得其乐的心情,以及面临着早夭命运恬然置生死于度外的胸怀.他的一生就是这种命运的辛辣混合物.

阿贝尔是挪威乡村穷教士家的6个孩子之一.他的巨大的才能是在他只有16岁时被一位教师所发现并激发起来的,不久他就阅读和钻研牛顿、欧拉及拉格朗日的著作.他在其后的数学笔记本空白处记下的这么一句话可作为他对这种经验的感想和体会:"我觉得如果要想在数学上取得进展,就应该阅读大师而不是其门徒的著作."阿贝尔刚18岁,他父亲就去世了,阿贝尔在几位教授的出资捐助下,于1821年进入奥斯陆大学学习.他最早的研究论文发表于1823年,其中包括用积分方程解古典的等时线问题,这是对这类方程的第一个解法,为积分方程在19世纪末20世纪初的广泛发展开了先河.他又证明了一般的五次方程 $ax^5+bx^4+cx^3+dx^2+ex+f=0$ 不能像较低次的方程那样用根号求解,从而解脱了困惑数学家300年之久的一个难题.他自己出资印发了他的证明.

阿贝尔在科学思想上的发展很快超过了挪威当地所能理解的水平,因此他渴望出访法国和德国.在他的朋友和教授的支持下,他向政府申请出国,经过例行的官僚主义的繁文缛节和拖延之后,他终于获得周游欧洲大陆的经费.他把第一年的大部分时间花在柏林.在那里他很有幸地结识了克雷勒(Angust Leopold Crelle),这是一位热情的业余数学爱好者.阿贝尔则启导克雷勒开始创办他那举世闻名的《纯粹与应用数学学报》,这是世界上专载数学研究的第一个期刊.该刊前三期里登载了阿贝尔的22篇文章.

阿贝尔的早期数学训练完全属于以欧拉为典型的18世纪老式形式主义传统.在柏林他受到以高斯和柯西为首的新兴学派思想的影响,他所注重的是严格推导而不是形式运算.除了高斯关于超几何级数的伟大工作之外,当时分析上几乎没有什么证明在今天被人认为是能够站得住脚的.如阿贝尔在给朋友的一封信中所说的:"如果不计那些很简单的情形,整个数学里没有一个无穷级数的和是严格确定了的.换言之,数学里最重要的部门没有坚实的基础."在这时期他写出了关于二项级数的古典研究论文,在那里他奠定了收敛的一般理论,第一次给出了这种级数展开式成立的可靠证明.

阿贝尔把他关于五次方程的小册子寄给格廷根的高斯,想借此作为晋谒高斯的通行证. 但由于某种原因高斯却放下根本没有看, 因在他死后 30 年人们在其遗稿中发现有这本小册子还没拆开. 这对两人都是不幸的事, 阿贝尔觉得他受人冷遇, 不再想见高斯而取道去巴黎.

在巴黎他会见了柯西、勒让德、狄利克雷和其他的人, 但这些会面也是虚应故事, 人们并没有真正认识他的天才. 他已经在克雷勒的《学报》里发表了一些重要的论文, 但法国人几乎完全不知道有这个新刊物, 而阿贝尔有点腼腆, 不好意思在陌生人面前谈他自己的著作. 在到达巴黎后不久, 他完成了他的巨著《论一类极广泛的超越函数的一般性质》, 他自己也认为这是他的杰作. 这著作里含有他所发现的关于代数函数的积分, 如今称为阿贝尔定理, 并且其后成为阿贝尔积分理论、阿贝尔函数以及代数几何里许多内容的基础. 据传埃尔米特在几十年之后提到这部著作时曾说: "阿贝尔留下来的问题, 足够数学家忙 500 年." 雅可比把阿贝尔定理描述为 19 世纪积分学中的最大发现. 阿贝尔把稿件送交法国科学院, 他希望这能引起法国数学家对他的注意, 但他空等了一些时候, 终于因囊中羞涩而不得不返回柏林. 事情的经过是这样的: 稿件被人交给柯西和勒让德审阅, 柯西带回家错放在什么地方一点也记不起了, 直到 1841 年才付印, 但在清样未打出以前原稿又丢失了. 这份原稿 1952 年终于在佛罗伦萨发现. 在柏林, 阿贝尔完成了关于椭圆函数的第一篇革命性论文 (这是他搞了多年的一项研究), 然后回到挪威, 背了一身债.

他原希望回国后能被聘为大学教授, 但他的希望又一次落空. 他靠给私人补课谋生, 一度当代课教师. 这段时间里他不断搞研究工作, 主要搞椭圆函数论, 这是作为椭圆积分的反函数被他所发现的. 这一理论很快就成为 19 世纪分析中的重要领域之一, 它在数论、数学物理以及代数几何中有许多应用. 同时, 阿贝尔的名声传遍欧洲的所有数学中心, 成为世界优秀的数学家之一, 但他身处孤陋寡闻之地, 自己并不知道. 到 1829 年初, 他在旅途中所染的肺病已经发展到使他不能工作的地步, 并且就在当年春天他 26 岁的时候去世. 在他死后不久, 克雷勒写信告诉他所谋之事获得成功, 阿贝尔将被聘为柏林大学数学教授. 克雷勒在他的《学报》里赞扬阿贝尔道: "阿贝尔在他的所有著作里都打下了天才的烙印和表现出了不起的思维能力. 我们可以说他能够穿透一切障碍深入问题的根底, 具有似乎是无坚不摧的气势……他又以品格淳朴高尚以及罕见的谦逊精神出众, 使他人品也像他的天才那样受人不同寻常的爱戴." 但数学家另有他法来纪念他们之中的伟人, 因而我们常说阿贝尔积分方程, 阿贝尔积分与阿贝尔函数, 阿贝尔群, 阿贝尔级数, 阿贝尔部分和公式, 幂级数里的阿贝尔极限定理, 以及阿贝尔可和性. 很少几个数学家能使他们的名字同近世数学中的这么多概念和定理联在一起的, 谁也不能想像, 如果他活到正常寿命的话, 该能作出多少贡献来.

第 8 章 多元函数的微分学

前面讨论的函数只有一个自变量,这种函数称为一元函数.但许多实际问题中,涉及多个因素,反映到数学上就是一个变量依赖于多个变量的情形,这就提出了多元函数以及相应的微积分问题.本章的讨论主要以二元函数为主,一方面,二元函数比其他的多元函数更直观.另一方面,两个变量的二元函数已经体现出"多"的特征了,并能有代表性的表现多元函数的情形.二元以上的函数可以类推.

8.1 二元函数的基本概念

1. 平面点集合

设 $P_0(x,y)$ 是平面上任一点,则平面上以 P_0 为中心,以 r 为半径的圆的内部所有点的集合称为 P_0 的 r(**圆形**)**邻域**,记为 $U(P_0,r)$,即

$$U(P_0,r) = \left\{P \mid |P-P_0| < r\right\} = \left\{(x,y) \mid (x-x_0)^2 + (y-y_0)^2 < r^2\right\}.$$

这里 $|P-P_0|$ 指的是 P 与 P_0 的距离,不难理解为什么这个邻域称为圆形邻域.

以 P_0 为中心,以 $2r$ 为边长的正方形内部所有点(正方形的边平行于坐标轴)的集合,称为点 P_0 的 r(**方形**)**邻域**,记作

$$\delta(P_0,r) = \left\{(x,y) \mid |x-x_0| < r, |y-y_0| < r\right\}.$$

r 也称为邻域的半径.

这两种邻域只是形式的不同,没有本质的区别.这是因为,一个点 P 的圆形邻域内必存在点 P 的方形邻域,一个点 P 的方形邻域内也必存在点 P 的圆形邻域(如图 8.1).圆形邻域和方形邻域统称为**邻域**.如果不必指明邻域的半径 r 时,则把 P 的邻域表示为 $U(P)$.

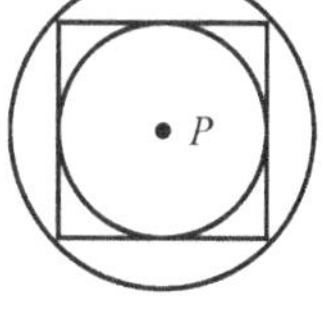

设 E 是平面的一个子集,P 是平面上一点,若存在 $U(P)$,使得 $U(P) \subset E$,则称 P 是 E 的**内点**.若 P 的任何邻域内既有点属于 E,又有点不属于 E,则称 P 是 E 的**界点**.E 的界点的集合,称为 E 的**边界**.

图 8.1

设 D 是平面的一个子集,若 D 的每一点都是内点,则称 D 是平面的一个**开集**.

设 D 是平面的一个子集,若 D 的任意两点都能用含于 D 的折线连接起来,则称 D 是**连通**的.

若 D 既是连通的,又是开集,则称 D 为**开区域**. 常见的平面开区域是由封闭曲线围成的不包含边界的部分.

这里,不严格地给出平面闭区域的概念,将开区域加上它的边界,称为**闭区域**.

若一区域中各点到坐标原点的距离都小于某个正数 M,则称区域是**有界区域**,否则称为**无界区域**. 例如

$$\left\{(x,y)\ \Big|\ 1 < \frac{x^2}{3} + \frac{y^2}{4} \leqslant 5\right\},$$

就是有界区域,而

$$\{(x,y)\ |\ x+y>1\}$$

是无界区域.

2. 空间直角坐标系

(1) 空间点的直角坐标

为了确定空间中一点的位置,需要建立空间的点与数组的关系.

过空间一个定点 O,作三条互相垂直的数轴,它们都以 O 为原点,且一般有相同的度量单位,这三条数轴分别叫做 Ox 轴(横轴),Oy 轴(纵轴),Oz 轴(竖轴),这就建立了**空间直角坐标系**. 点 O 叫做**坐标原点**,数轴 Ox, Oy, Oz 统称为**坐标轴**. 如果将右手的拇指和食指分别指着 Ox 轴和 Oy 轴的正方向,则中指所指的方向为 Oz 轴的正方向,这样的坐标系叫做**右手坐标系**,否则称为**左手坐标系**.

任意两条坐标轴可以确定一个平面,如 x 轴和 y 轴确定 xOy 面,依此类推,y 轴和 z 轴确定 yOz 面,z 轴和 x 轴确定 zOx 面,这三个面统称为**坐标面**. 三个坐标面将空间分成八个部分,每一部分称为一个**卦限**. 把含三个坐标轴正向的那个卦限称为第 Ⅰ 卦限,在 xOy 平面的上部如图 8.2 所示,依反时针顺序得 Ⅰ,Ⅱ,Ⅲ,Ⅳ 四个卦限. 在 xOy 平面下部与第 Ⅰ 卦限相对的为第 Ⅴ 卦限,依反时针顺序得 Ⅵ,Ⅶ,Ⅷ 三个卦限. 取定了空间直角坐标系后,就可以建立起空间的点与数组之间的对应关系.

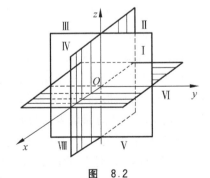

图 8.2

设 M 为空间中一点,过 M 点作三个平面分别垂直于三条坐标轴,它们与 x 轴,y 轴,z 轴的交点依次为 P, Q, R(图 8.3),设 P, Q, R 三点在三个坐标轴的

坐标依次为 x,y,z. 这样,空间一点 M 就惟一地确定了一个有序数组 (x,y,z),称为 M 的**直角坐标**,其中 x 称为点 M 的**横坐标**,y 称为**纵坐标**,z 称为**竖坐标**,记为 $M(x,y,z)$.

反过来,给定了数组 (x,y,z),依次在 x 轴、y 轴、z 轴上取与 x,y,z 相应的点 P,Q,R,然后过点 P,Q,R 各作平面分别垂直于 x 轴、y 轴、z 轴,这三个平面的交点 M,就是以数组 (x,y,z) 为坐标的点.

(2) 两点间的距离

设 $M_1(x_1,y_1,z_1), M_2(x_2,y_2,z_2)$ 为空间两点,可用两点的坐标来表达它们之间的距离 d.

过 M_1, M_2 分别作垂直于三条坐标轴的平面,这六个平面围成的长方体以 $M_1 M_2$ 为对角线(图 8.4),根据勾股定理可以证明长方体对角线的长度的平方,等于它的三条棱长的平方和,即

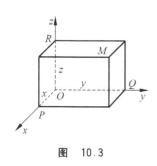

图 10.3

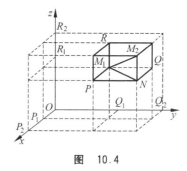

图 10.4

$$d^2 = |M_1 M_2|^2 = |M_1 N|^2 + |NM_2|^2 = |M_1 P|^2 + |M_1 Q|^2 + |M_1 R|^2,$$

由于

$$|M_1 P| = |P_1 P_2| = |x_2 - x_1|,$$
$$|M_1 Q| = |Q_1 Q_2| = |y_2 - y_1|,$$
$$|M_1 R| = |R_1 R_2| = |z_2 - z_1|,$$

所以

$$d = |M_1 M_2| = \sqrt{(x_2 - x_1)^2 + (y_2 - y_1)^2 + (z_2 - z_1)^2},$$

这就是空间中两点间距离的公式. 特殊地,点 $M(x,y,z)$ 与坐标原点 $O(0,0,0)$ 的距离为

$$d = |OM| = \sqrt{x^2 + y^2 + z^2}.$$

3. 二元函数的定义

定义 8.1 设 D 是一平面点集,如果按照某个对应法则 f,对于 D 中的每个点 (x,y),都能得到惟一的实数 z 与这个点对应,则称这个对应法则 f 为定义在 D 上的**二元**

函数，记为
$$z = f(x,y), \quad (x,y) \in D,$$
其中 D 称为函数 $z = f(x,y)$ 的**定义域**. 函数值的集合称为函数的**值域**，记为 $R(f)$，即
$$R(f) = \{f(x,y) \mid (x,y) \in D\}.$$
在空间坐标系中由下面的点组成的集合称为函数 $z = f(x,y)$ 的**图像**，记作 $G(f)$，
$$G(f) = \{(x,y,f(x,y)) \mid (x,y) \in D\}.$$

例 8.1 设三角形底为 x，高为 y，则三角形的面积 z 可表示为 x,y 的函数
$$z = \frac{1}{2}xy.$$
在这个具体问题中，函数的定义域是 $x>0, y>0$，即平面直角坐标系内第一象限的点，函数的值域是大于零的实数，即
$$D(f) = \{(x,y) \mid x>0, y>0\}, \quad R(f) = (0,+\infty).$$
如果抛开函数的具体意义，仅由一个表达式给出函数，则函数的定义域应理解为使解析式有意义的 (x,y) 点组成的集合.

例 8.2 设 $z = x^2 + y^2$，则函数定义域 $D(f)$ 是平面所有点组成的集合，即 $D(f) = \mathbf{R}^2$，易知，该函数的图像是旋转抛物面.

例 8.3 $z = \dfrac{1}{\sqrt{R^2 - x^2 - y^2}}$，其定义域为 $R^2 - x^2 - y^2 > 0$，即 $x^2 + y^2 < R^2$，所以函数定义域为平面上以坐标原点为中心、半径为 R 的圆的内部，即
$$D(f) = \{(x,y) \mid x^2 + y^2 < R^2\},$$
函数的值域是 $\left[\dfrac{1}{R}, +\infty\right)$.

例 8.4 $f(x,y) = \arcsin x$，则函数对 y 没有要求，$x \in [-1,1]$，因此，其定义域是平面上的带形区域：
$$\{(x,y) \mid -1 \leqslant x \leqslant 1, -\infty < y < +\infty\}.$$

习题 8.1

1. 在直角坐标系中，作出下列各点：

$(1,2,3)$; $(-1,0,2)$; $(-1,-3,2)$; $(2,-1,2)$;

$(2,0,0)$; $(0,-1,1)$; $(0,-2,0)$.

2. 点 $M_0(x_0, y_0, z_0)$ 关于坐标轴、坐标面和坐标原点对称的点.

3. 求两点 $A(2,-1,3)$ 和 $B(-3,2,5)$ 之间的距离.

4. 求下列函数的定义域,并指出是哪种类型的区域:

(1) $z=\ln(y^2-2x)$;

(2) $z=\dfrac{\sqrt{y-x}}{\sqrt{x^2+y^2-R^2}}$;

(3) $z=\arcsin\dfrac{1}{\sqrt{x^2+y^2}}$;

(4) $z=\sqrt{y-\sqrt{x}}$;

(5) $z=\dfrac{1}{\sqrt{x+y}}-\dfrac{1}{\sqrt{x-y}}$;

(6) $z=\ln(xy)$.

8.2 二元函数的极限和连续

回忆一下邻域的概念,将 $\mathring{U}(P,r)=U(P,r)\backslash\{P\}$ 称为点 P 的**去心邻域**,这个邻域既可以指圆形邻域,也可以指方形邻域.

仿照一元函数极限的定义,可以给出二元函数极限的定义.

设二元函数 $z=f(x,y)$ 在 D 有定义,点 $P_0(x_0,y_0)$ 是 D 的内点或界点,A 是一个常数,如果对任意的正数 ε,都存在一个正数 δ,使得对于 $\forall P(x,y)\in U(P_0,\delta)\bigcap D$,都有
$$|f(x,y)-A|<\varepsilon,$$
则称 P 趋向 P_0 时 $f(P)$ 以 A 为极限,记作
$$\lim_{P\to P_0}f(P)=A,$$
也可写作 $\lim\limits_{\substack{x\to x_0\\y\to y_0}}f(x,y)=A$,或 $\lim\limits_{(x,y)\to(x_0,y_0)}f(x,y)=A$.

在上述的极限定义中,如果选定圆形区域或方形区域,便有两种等价叙述形式.

第一种形式:圆形邻域的极限形式.

$\forall\varepsilon>0,\exists\delta>0,\forall P(x,y)\in D,$ 当 $0<\sqrt{(x-x_0)^2+(y-y_0)^2}<\delta$ 时,有
$$|f(x,y)-A|<\varepsilon,$$
则称 P 趋向 P_0 时 $f(P)$ 以 A 为极限,记作
$$\lim_{\substack{x\to x_0\\y\to y_0}}f(x,y)=A.$$

第二种形式:方形邻域的极限形式.

$\forall\varepsilon>0,\exists\delta>0,\forall P(x,y)\in D,$ 当 $|x-x_0|<\delta$ 且 $|y-y_0|<\delta,(x,y)\neq(x_0,y_0)$ 时,有
$$|f(x,y)-A|<\varepsilon,$$
则称 P 趋向 P_0 时 $f(P)$ 以 A 为极限,记作
$$\lim_{\substack{x\to x_0\\y\to y_0}}f(x,y)=A.$$

例 8.5 求证:$\lim\limits_{\substack{x\to 2\\y\to 4}}(xy-4x-2y+10)=2$.

证明 分析:要使
$$|xy-4x-2y+10-2|=|(x-2)(y-4)|<\varepsilon,$$
只需$|x-2|<\sqrt{\varepsilon}$,$|y-4|<\sqrt{\varepsilon}$即可.因此$\forall \varepsilon>0$,$\exists \delta=\sqrt{\varepsilon}>0$,当$|x-2|<\delta$,$|y-4|<\delta$时,有
$$|xy-4x-2y+10-2|=|(x-2)(y-4)|<\varepsilon,$$
从而结论成立.

例 8.6 设$f(x,y)=(x^2+y^2)\sin\dfrac{1}{x^2+y^2}$ $((x,y)\neq(0,0))$,求证$\lim\limits_{\substack{x\to 0\\y\to 0}}f(x,y)=0$.

证明 因为
$$\left|(x^2+y^2)\sin\dfrac{1}{x^2+y^2}-0\right|=|x^2+y^2|\cdot\left|\sin\dfrac{1}{x^2+y^2}\right|\leqslant x^2+y^2,$$
可见,对任意给定的$\varepsilon>0$,取$\delta=\sqrt{\varepsilon}$,则当$0<\sqrt{(x-0)^2+(y-0)^2}<\delta$时,有
$$\left|(x^2+y^2)\sin\dfrac{1}{x^2+y^2}-0\right|<\varepsilon$$
成立,所以$\lim\limits_{\substack{x\to 0\\y\to 0}}f(x,y)=0$.

从以上两例可以看出,根据不同的极限类型,选取相应的圆形邻域或方形邻域.

由于一元函数的极限只有两种趋近方式:左极限和右极限.所以一元函数极限比较简单.但二元函数趋向一点的方式有无数种,因而二元函数的极限就比一元函数复杂得多,它要求变量以任意方式趋向(x_0,y_0)时极限都存在并且相等.

例 8.7 函数$f(x,y)=\dfrac{xy}{x^2+y^2}$当$(x,y)\to(0,0)$时极限不存在.

这是因为,当点(x,y)沿直线$y=x$上趋向于$(0,0)$时,
$$f(x,y)=\dfrac{x^2}{2x^2}\to\dfrac{1}{2},$$
而当点(x,y)沿直线$y=2x$趋向于$(0,0)$时,
$$f(x,y)=\dfrac{2x^2}{5x^2}\to\dfrac{2}{5},$$
可见,$\lim\limits_{\substack{x\to 0\\y\to 0}}f(x,y)$不存在(图 8.5).

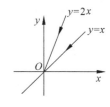

图 8.5

下面给出二元函数连续的定义.

设$f(x,y)$在$P(x_0,y_0)$的某邻域内有定义,如果
$$\lim\limits_{\substack{x\to x_0\\y\to y_0}}f(x,y)=f(x_0,y_0),$$

则称 $f(x,y)$ 在点 (x_0,y_0) **连续**.

二元函数在一点 P_0 连续可以用分析语言描述如下：
$\forall \varepsilon > 0, \exists \delta > 0$，对任意 P：$|P-P_0|<\delta$，有
$$|f(P)-f(P_0)|<\varepsilon.$$

若函数的定义域 D 是由一曲线围成的(见图 8.6)，则在定义域边界上点 P_0 的连续定义为：$\forall \varepsilon > 0, \exists \delta > 0, \forall P: P \in D \bigcap (P_0, \delta)$，有
$$|f(P)-f(P_0)|<\varepsilon.$$

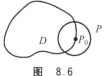

图 8.6

它是一元函数在区间端点处连续概念在平面上的推广.

如果 $Z=f(x,y)$ 在区域 D 内每一点都连续，则称 $Z=f(x,y)$ 在区域 D 上连续.

与闭区间上一元连续函数类似，在闭区域上连续二元函数也有一些好的性质.

性质 1 有界闭区域 D 上的二元连续函数是**有界**的；

性质 2 有界闭区域 D 上的二元连续函数能取得最大值与最小值；

性质 3 有界闭区域 D 上的二元连续函数具有**介值性**.

这三条性质可以概括为：在有界闭区域 D 上的二元连续函数
$$z=f(x,y), \quad (x,y) \in D,$$
它的值域是一个闭区间 $[m,M]$ ($m=M$ 时，值域是一点).

与一元初等函数类似，二元初等函数是可以用一个式子所表示的函数，这个式子由一元基本初等函数经过有限次四则运算及有限次复合所形成，例如
$$f(x,y) = \frac{\sin(x^2+y^2)}{1+x^2} + \sqrt{y}, \quad e^{x+\cos y},$$
等都是二元初等函数. 根据一元初等函数的连续性，不难得出：二元初等函数在其定义域内是连续的.

由上面性质，若已知 $z=f(x,y)$ 是初等函数，而 (x_0,y_0) 是其定义域内的一个点，则
$$\lim_{\substack{x \to x_0 \\ y \to y_0}} f(x,y) = f(x_0,y_0).$$

例 8.8 求 $\lim\limits_{\substack{x \to 2 \\ y \to 4}}(xy-4x-2y+10)$.

解 函数 $f(x,y)=xy-4x-2y+10$ 是初等函数，它的定义域为 $\mathbb{R}^2$. 因此，$f(x,y)$ 在 $\mathbb{R}^2$ 上每一点都连续，于是有
$$\lim_{\substack{x \to 2 \\ y \to 4}}(xy-4x-2y+10) = f(2,4) = 2.$$

例 8.9 求 $\lim\limits_{\substack{x \to 0 \\ y \to 0}} \dfrac{\sqrt{xy+1}-1}{xy}$.

解 $\lim\limits_{\substack{x \to 0 \\ y \to 0}} \dfrac{\sqrt{xy+1}-1}{xy} = \lim\limits_{\substack{x \to 0 \\ y \to 0}} \dfrac{xy}{xy(\sqrt{xy+1}+1)} = \lim\limits_{\substack{x \to 0 \\ y \to 0}} \dfrac{1}{\sqrt{xy+1}+1} = \dfrac{1}{\sqrt{0 \times 0 + 1}+1} = \dfrac{1}{2}.$

习题 8.2

1. 用极限定义证明 $\lim\limits_{\substack{x\to 0\\y\to 0}}\dfrac{xy}{\sqrt{x^2+y^2}}=0$.

2. 证明下列极限不存在：

(1) $\lim\limits_{\substack{x\to 0\\y\to 0}}\dfrac{x+y}{x-y}$；

(2) $\lim\limits_{\substack{x\to 0\\y\to 0}}\dfrac{x^2y^2}{x^2y^2+(x-y)^2}$.

3. 求极限：

(1) $\lim\limits_{\substack{x\to 0\\y\to 0}}\dfrac{\sin(xy)}{\sin x\sin y}$；

(2) $\lim\limits_{\substack{x\to 0\\y\to 0}}\dfrac{1-xy}{x^2+y^2}$；

(3) $\lim\limits_{\substack{x\to 0\\y\to 0}}\dfrac{2-\sqrt{xy+4}}{xy}$；

(4) $\lim\limits_{\substack{x\to\infty\\y\to\infty}}\dfrac{1}{x^2+y^2}$.

8.3 偏导数

定义 8.2 设二元函数 $z=f(x,y)$ 在 $P_0(x_0,y_0)$ 的某邻域内有定义，若把第二个变量固定为 $y=y_0$，一元函数 $z=f(x,y_0)$ 在 $x=x_0$ 可导，即极限

$$\lim_{\Delta x\to 0}\dfrac{f(x_0+\Delta x,y_0)-f(x_0,y_0)}{\Delta x}$$

存在，则称此极限为函数 $f(x,y)$ 在点 $P_0(x_0,y_0)$ **关于 x 的偏导数**，记作

$$f'_x(x_0,y_0),\ \dfrac{\partial f}{\partial x}(x_0,y_0)\quad 或\quad \left.\dfrac{\partial z}{\partial x}\right|_{(x_0,y_0)},\ z'_x(x_0,y_0).$$

类似地，若 $x=x_0$（常数），一元函数 $z=f(x_0,y)$ 在 $y=y_0$ 可导，即极限

$$\lim_{\Delta y\to 0}\dfrac{f(x_0,y_0+\Delta y)-f(x_0,y_0)}{\Delta y}$$

存在，则称此极限为函数 $f(x,y)$ 在点 $P_0(x_0,y_0)$ **关于 y 的偏导数**，记作

$$f'_y(x_0,y_0),\ \dfrac{\partial f}{\partial y}(x_0,y_0)\quad 或\quad \left.\dfrac{\partial z}{\partial y}\right|_{(x_0,y_0)},\ z'_y(x_0,y_0).$$

由偏导数的定义，在已知偏导数存在的前提下，求多元函数对一个量的偏导数时，只需将其他的变量视为常数，用一元函数的微分法即可．

例 8.10 设 $f(x,y)=\sin xy+x^2y^3$，求 $f'_x(x,y)$ 及 $f'_y(x,y)$．

解 $f'_x(x,y)=y\cos xy+2xy^3$，$f'_y(x,y)=x\cos xy+3x^2y^2$．

例 8.11 设 $f(x,y)=e^x\cos y^2+\arctan x$，求 f'_x 及 f'_y．

解 $f'_x(x,y)=e^x\cos y^2+\dfrac{1}{1+x^2}$，$f'_y(x,y)=-2ye^x\sin y^2$．

一般地,如果函数 $z=f(x,y)$ 在区域 D 内的每一点 (x,y),偏导函数 $\frac{\partial z}{\partial x}$ 及 $\frac{\partial z}{\partial y}$ 都存在,则 $\frac{\partial z}{\partial x}$ 及 $\frac{\partial z}{\partial y}$ 还是 x,y 的二元函数,称之为函数 $z=f(x,y)$ 的偏导函数. 若它们偏导数仍存在,则称这些偏导数为二元函数 $z=f(x,y)$ 的**二阶偏导数**,记作

$$\frac{\partial^2 z}{\partial x^2}=\frac{\partial}{\partial x}\left(\frac{\partial z}{\partial x}\right),\quad \frac{\partial^2 z}{\partial x \partial y}=\frac{\partial}{\partial y}\left(\frac{\partial z}{\partial x}\right),\quad \frac{\partial^2 z}{\partial y \partial x}=\frac{\partial}{\partial x}\left(\frac{\partial z}{\partial y}\right),\quad \frac{\partial^2 z}{\partial y^2}=\frac{\partial}{\partial y}\left(\frac{\partial z}{\partial y}\right).$$

仿此可以定义二元函数更高阶的偏导数.

例 8.12 求例 8.10 与例 8.11 中函数的二阶偏导数.

解 对于 $f(x,y)=\sin xy+x^2 y^3$,已求得

$$\frac{\partial f}{\partial x}=y\cos xy+2xy^3,\quad \frac{\partial f}{\partial y}=x\cos xy+3x^2 y^2,$$

于是有

$$\frac{\partial^2 f}{\partial x^2}=\frac{\partial}{\partial x}\left(\frac{\partial f}{\partial x}\right)=-y^2\sin xy+2y^3,$$

$$\frac{\partial^2 f}{\partial x \partial y}=\frac{\partial}{\partial y}\left(\frac{\partial f}{\partial x}\right)=\cos xy-xy\sin xy+6xy^2,$$

$$\frac{\partial^2 f}{\partial y \partial x}=\frac{\partial}{\partial x}\left(\frac{\partial f}{\partial y}\right)=\cos xy-xy\sin xy+6xy^2,$$

$$\frac{\partial^2 f}{\partial y^2}=\frac{\partial}{\partial y}\left(\frac{\partial f}{\partial y}\right)=-x^2\sin xy+6x^2 y;$$

对于 $f(x,y)=e^x\cos y^2+\arctan x$,已求得

$$\frac{\partial f}{\partial x}=e^x\cos y^2+\frac{1}{1+x^2},\quad \frac{\partial f}{\partial y}=-2ye^x\sin y^2,$$

因而有

$$\frac{\partial^2 f}{\partial x^2}=\frac{\partial}{\partial x}\left(\frac{\partial f}{\partial x}\right)=e^x\cos y^2-\frac{2x}{(1+x^2)^2},$$

$$\frac{\partial^2 f}{\partial x \partial y}=\frac{\partial}{\partial y}\left(\frac{\partial f}{\partial x}\right)=-2ye^x\sin y^2,$$

$$\frac{\partial^2 f}{\partial y \partial x}=\frac{\partial}{\partial x}\left(\frac{\partial f}{\partial y}\right)=-2ye^x\sin y^2,$$

$$\frac{\partial^2 f}{\partial y^2}=\frac{\partial}{\partial y}\left(\frac{\partial f}{\partial y}\right)=-2e^x\sin y^2-4y^2 e^x\cos y^2.$$

在二阶偏导数中,$\frac{\partial^2 f}{\partial x \partial y}$ 与 $\frac{\partial^2 f}{\partial y \partial x}$ 称为**混合偏导数**. 在上面例子中,求混合偏导时,与变

量的先后顺序没有关系,但是,并非任何函数的二阶混合偏导数都相等. 一般地,可以证明下面的结论.

定理 8.1 若 $f(x,y)$ 的二阶偏导数 $\dfrac{\partial^2 f}{\partial x \partial y}$ 与 $\dfrac{\partial^2 f}{\partial y \partial x}$ 是关于 (x,y) 的连续函数,则

$$\frac{\partial^2 f}{\partial x \partial y} = \frac{\partial^2 f}{\partial y \partial x}.$$

(证明略.)

习题 8.3

1. 已知函数 $f(x,y)=\begin{cases} \dfrac{xy}{x^2+y^2}, & (x,y)\neq(0,0), \\ 0, & (x,y)=(0,0). \end{cases}$ 证明:

(1) $f'_x(0,0)$ 及 $f'_y(0,0)$ 均存在;

(2) $f(x,y)$ 在 $(0,0)$ 点不连续.

2. 对于二元函数,讨论连续性与偏导数存在之间的关系.

3. 给出多元函数偏导数定义,并计算下面函数的偏导数:

(1) $u=x^{\frac{y}{z}}$; (2) $u=e^{x(x^2+y^2+z^2)}$.

4. 求下列函数的二阶偏导数:

(1) $z=x^4+y^4-4x^2y^2$; (2) $z=\arctan\dfrac{y}{x}$; (3) $z=y^x$.

5. $z=xy+e^{x+y}\cos x$,求 $z'_x, z'_y, z''_{xy}, z''_{xx}, z''_{yy}$.

8.4 全微分

我们知道,一元函数的微分 dy 定义为自变量改变量的线性函数,且当 $\Delta x \to 0$ 时, dy 与 Δy 的差是 Δx 的高阶无穷小,即 $\Delta y = A\Delta x + o(\Delta x)$(其中 A 是 $f(x)$ 在点 x 处的导数).

定义 8.3 设二元函数 $z=f(x,y)$ 在点 (x,y) 的某邻域内有定义,若对于定义域中的另一点 $(x+\Delta x, y+\Delta y)$,函数的全改变量 Δz 可以写成下面的形式:

$$\Delta z = f(x+\Delta x, y+\Delta y) - f(x,y) = A\Delta x + B\Delta y + o(\rho),$$

其中 A,B 是与 $\Delta x, \Delta y$ 无关的常数,$\rho=\sqrt{(\Delta x)^2+(\Delta y)^2}$,则称 $z=f(x,y)$ 在点 (x,y) 处**可微**. Δz 的线性主要部分 $A\Delta x+B\Delta y$ 称为 $f(x,y)$ 在点 (x,y) 的**全微分**,用 dz 或 df 来表示,即

$$dz = A\Delta x + B\Delta y.$$

定理 8.2 若函数 $z=f(x,y)$ 在点 (x,y) 可微分，则 $z=f(x,y)$ 在点 (x,y) 偏导数存在.

证明 由可微定义，存在常数 A,B，使
$$f(x+\Delta x, y+\Delta y) - f(x,y) = A\Delta x + B\Delta y + o(\rho).$$
令 $\Delta y = 0$，便有
$$f(x+\Delta x, y) - f(x,y) = A\Delta x + o(\Delta x),$$
用 Δx 除上式等号两端，再取极限（$\Delta x \to 0$），有
$$\frac{\partial z}{\partial x} = \lim_{\Delta x \to 0} \frac{f(x+\Delta x, y) - f(x,y)}{\Delta x} = A,$$
同样也可以证明 $\frac{\partial z}{\partial y} = B$，因此定理得证.

由定理 8.2，若函数 $z=f(x,y)$ 在点 (x,y) 可微，则
$$\mathrm{d}z = \frac{\partial z}{\partial x}\Delta x + \frac{\partial z}{\partial y}\Delta y.$$

定理 8.3 若函数 $z=f(x,y)$ 在点 (x,y) 的某邻域有连续的偏导数，则 $z=f(x,y)$ 在点 (x,y) 处可微分.

证明 对于点 (x,y) 邻域内的任意点 $(x+\Delta x, y+\Delta y)$，有
$$\begin{aligned}\Delta z &= f(x+\Delta x, y+\Delta y) - f(x,y) \\ &= f(x+\Delta x, y+\Delta y) - f(x+\Delta x, y) + f(x+\Delta x, y) - f(x,y) \\ &= f'_y(x+\Delta x, y+\theta_1\Delta y)\Delta y + f'_x(x+\theta_2\Delta x, y)\Delta x, \quad 0 < \theta_i < 1, i=1,2.\end{aligned}$$
由偏导函数 $f'_x(x,y)$ 及 $f'_y(x,y)$ 的连续性，可知当 $\Delta x \to 0, \Delta y \to 0$ 时，
$$f'_x(x+\theta_2\Delta x, y) \to f'_x(x,y),$$
$$f'_y(x+\Delta x, y+\theta_1\Delta y) \to f'_y(x,y),$$
因而
$$f'_x(x+\theta_2\Delta x, y) = f'_x(x,y) + \alpha,$$
$$f'_y(x+\Delta x, y+\theta_1\Delta y) = f'_y(x,y) + \beta,$$
其中 $\alpha, \beta \to 0$（当 $\rho \to 0$ 时）. 因此
$$\alpha\Delta x + \beta\Delta y = o(\rho),$$
从而
$$\Delta z = f'_x(x,y)\Delta x + f'_y(x,y)\Delta y + o(\rho),$$
即 $z=f(x,y)$ 在点 (x,y) 处可微分，且
$$\mathrm{d}z = f'_x(x,y)\Delta x + f'_y(x,y)\Delta y.$$

例 8.13 求 $z=f(x,y)=x$ 与 $z=g(x,y)=y$ 的全微分.

解 由于 $\frac{\partial f}{\partial x}=1, \frac{\partial f}{\partial y}=0$，因此

$$dx = \Delta x.$$

同理可得
$$dy = \Delta y.$$

因此,在以后的全微分表达式中,可以写成下面形式
$$dz = f'_x(x,y)dx + f'_y(x,y)dy.$$

例 8.14 求 $z = e^{\sqrt{x^2+y^2}}$ 的全微分.

解 $\dfrac{\partial z}{\partial x} = \dfrac{x}{\sqrt{x^2+y^2}} e^{\sqrt{x^2+y^2}}$, $\dfrac{\partial z}{\partial y} = \dfrac{y}{\sqrt{x^2+y^2}} e^{\sqrt{x^2+y^2}}$,所以

$$dz = \frac{e^{\sqrt{x^2+y^2}}}{\sqrt{x^2+y^2}}(xdx + ydy).$$

例 8.15 已知 $f(x,y) = \sqrt{|xy|}$,研究函数 $f(x,y)$ 在 $(0,0)$ 点的(1)连续性;(2)偏导数存在性;(3)可微性.

解 (1) $f(x,y) = \sqrt{|xy|} = (x^2 y^2)^{\frac{1}{4}}$ 是初等函数,在 $(0,0)$ 有定义,因此,在 $(0,0)$ 点连续.

(2) 因为
$$\lim_{\Delta x \to 0} \frac{f(\Delta x, 0) - f(0,0)}{\Delta x} = \lim_{\Delta x \to 0} \frac{0}{\Delta x} = 0,$$

所以,$f(x,y)$ 在点 $(0,0)$ 关于 x 的偏导数存在并且 $f'_x(0,0) = 0$. 同理可知 $f(x,y)$ 在点 $(0,0)$ 处关于 y 的偏导数也存在并且 $f'_y(0,0) = 0$.

(3) 若 $f(x,y)$ 在 $(0,0)$ 可微分,必有
$$\Delta f = f(\Delta x, \Delta y) - f(0,0) = f'_x \Delta x + f'_y \Delta y + o(\rho),$$

即
$$\sqrt{|\Delta x \Delta y|} = o(\sqrt{(\Delta x)^2 + (\Delta y)^2}),$$

但 $(\Delta x, \Delta y)$ 沿 $\Delta x = \Delta y$ 趋向于 $(0,0)$ 时,极限
$$\lim_{\substack{\Delta x \to 0 \\ \Delta y \to 0}} \frac{\sqrt{|\Delta x \Delta y|}}{\sqrt{(\Delta x)^2 + (\Delta y)^2}} = \frac{1}{\sqrt{2}},$$

因此
$$\lim_{\substack{\Delta x \to 0 \\ \Delta y \to 0}} \frac{\sqrt{\Delta x + \Delta y}}{\sqrt{(\Delta x)^2 + (\Delta y)^2}} \neq 0,$$

矛盾. 于是 $f(x,y) = \sqrt{|xy|}$ 在 $(0,0)$ 点不可微.

习题 8.4

1. 已知函数
$$f(x,y) = \begin{cases} \dfrac{\sqrt{|xy|}}{x^2+y^2}\sin(x^2+y^2), & (x,y) \neq (0,0), \\ 0, & (x,y) = (0,0). \end{cases}$$

(1) 求证 $f(x,y)$ 在 $(0,0)$ 处两个偏导数都存在；

(2) 证明 $f(x,y)$ 在 $(0,0)$ 处不可微.

$\left(\text{提示：证明在点}(0,0)\text{处} \dfrac{\Delta f - (f'_x \Delta x + f'_y \Delta y)}{\rho} \to 0 \text{ 不成立.}\right)$

(3) 以上结论说明了什么？

2. 对于一元函数来说，有：(1)可导必连续；(2)可导等价于可微. 对于二元函数，讨论"连续"，"偏导数存在"，"可微"，"偏导数连续"之间的关系.

3. 如果定义在 $\mathbb{R}^2$ 上的二元函数 $f(x,y)$ 满足下面条件，则称 $z=f(x,y)$ 是线性函数：

(1) $f(\lambda x, \lambda y) = \lambda f(x,y), \lambda \in \mathbb{R}$；

(2) $f(x_1+x_2, y_1+y_2) = f(x_1,y_1) + f(x_2,y_2)$.

试证明：$z=f(x,y)$ 是线性函数，当且仅当存在常数 A,B，使
$$f(x,y) = Ax + By.$$

4. 计算 $1.04^{2.02}$ 的近似值.（提示：用全微分近似代替全增量.）

8.5 复合函数和隐函数的偏导数

1. 复合函数的偏导数公式

设函数 $z=f(u,v)$，而 u 和 v 又是变量 (x,y) 的函数：$u=\varphi(x,y), v=\psi(x,y)$，因此
$$z = f[\varphi(x,y), \psi(x,y)]$$
是 (x,y) 的复合函数，复合时，要求内函数的"值域"含于外函数的定义域，即
$$R(\varphi,\psi) \subset Df(u,v),$$
其中
$$R(\varphi,\psi) = \{(\varphi(x,y), \psi(x,y)) \mid (x,y) \in D\}.$$

定理 8.4 如果函数 $u=\varphi(x)$ 及 $v=\psi(x)$ 在 x 可导，而 $z=f(u,v)$ 在相应的点 (u,v) 可微，则复合函数 $z=f[\varphi(x),\psi(x)]$ 在 x 也可导，且

$$\frac{\mathrm{d}z}{\mathrm{d}x} = \frac{\partial z}{\partial u}\frac{\mathrm{d}u}{\mathrm{d}x} + \frac{\partial z}{\partial v}\frac{\mathrm{d}v}{\mathrm{d}x}. \tag{8.1}$$

证明 给自变量 x 一个改变量 Δx,相应地 u 和 v 有改变量 Δu 和 Δv,从而 z 有改变量 Δz. 由可微定义,有
$$\Delta z = f'_u(u,v)\Delta u + f'_v(u,v)\Delta v + \alpha\rho,$$
其中 $\rho = \sqrt{(\Delta u)^2 + (\Delta v)^2}$, $\lim\limits_{\rho \to 0}\alpha = 0$.

上面等式两端用 Δx 除,有
$$\frac{\Delta z}{\Delta x} = f'_u(u,v)\frac{\Delta u}{\Delta x} + f'_v(u,v)\frac{\Delta v}{\Delta x} + \alpha\frac{\rho}{\Delta x}.$$

等号两端取极限($\Delta x \to 0$),有
$$\lim_{\Delta x \to 0}\frac{\Delta z}{\Delta x} = f'_u(u,v)\lim_{\Delta x \to 0}\frac{\Delta u}{\Delta x} + f'_v(u,v)\lim_{\Delta x \to 0}\frac{\Delta v}{\Delta x} + \lim_{\Delta x \to 0}\alpha\frac{\rho}{\Delta x}.$$

因为 $u = \varphi(x)$ 及 $v = \psi(x)$ 在 x 可导,并且
$$\lim_{\Delta x \to 0}\alpha\frac{\rho}{\Delta x} = \lim_{\Delta x \to 0}\alpha\sqrt{\left(\frac{\Delta u}{\Delta x}\right)^2 + \left(\frac{\Delta v}{\Delta x}\right)^2} = 0,$$

因此
$$\frac{\mathrm{d}z}{\mathrm{d}x} = \frac{\partial z}{\partial u}\frac{\mathrm{d}u}{\mathrm{d}x} + \frac{\partial z}{\partial v}\frac{\mathrm{d}v}{\mathrm{d}x}.$$

推论 如果函数 $u = \varphi(x,y)$ 及 $v = \psi(x,y)$ 偏导数存在,而 $z = f(u,v)$ 关于 u,v 可微,则复合函数 $z = f[\varphi(x,y),\psi(x,y)]$ 偏导数存在,且
$$\frac{\partial z}{\partial x} = \frac{\partial z}{\partial u}\frac{\partial u}{\partial x} + \frac{\partial z}{\partial v}\frac{\partial v}{\partial x}, \tag{8.2}$$

$$\frac{\partial z}{\partial y} = \frac{\partial z}{\partial u}\frac{\partial u}{\partial y} + \frac{\partial z}{\partial v}\frac{\partial v}{\partial y}. \tag{8.3}$$

证明 将 y 看作常数,应用定理 8.4,得(8.2)式. 将 x 看作常数,再应用定理 8.4,得(8.3)式.

注 对于常见的函数,都是可导的,因此,在应用上很少去验证定理 8.4 的条件.

例 8.16 求 $z = (x^2 + y^2)^{(x^2 - y^2)}$ 的偏导数.

解 设 $u = x^2 + y^2, v = x^2 - y^2$,则 $z = u^v$. 可得
$$\frac{\partial z}{\partial u} = vu^{v-1} = \frac{v}{u}z, \quad \frac{\partial z}{\partial v} = u^v \ln u = z \ln u,$$

因此
$$\frac{\partial z}{\partial x} = \frac{\partial z}{\partial u}\frac{\partial u}{\partial x} + \frac{\partial z}{\partial v}\frac{\partial v}{\partial x} = z\left(2x\frac{v}{u} + 2x\ln u\right)$$
$$= 2xz\left(\frac{v}{u} + \ln u\right) = 2x(x^2+y^2)^{x^2-y^2}\left(\frac{x^2-y^2}{x^2+y^2} + \ln(x^2+y^2)\right),$$

$$\frac{\partial z}{\partial y} = \frac{\partial z}{\partial u}\frac{\partial u}{\partial y} + \frac{\partial z}{\partial v}\frac{\partial v}{\partial y} = z\left(\frac{v}{u}2y - 2y\ln u\right)$$
$$= 2yz\left(\frac{x^2-y^2}{x^2+y^2} - \ln(x^2+y^2)\right)$$
$$= 2y(x^2+y^2)^{(x^2-y^2)}\left(\frac{x^2-y^2}{x^2+y^2} - \ln(x^2+y^2)\right).$$

例 8.17 $y = x^{\sin x}$，求 y'。

解 设 $y = u^v, u = x, v = \sin x$，则

$$\frac{\partial y}{\partial u} = vu^{v-1}, \quad \frac{\partial y}{\partial v} = u^v\ln u,$$

因此

$$y' = \frac{\partial y}{\partial u}\frac{\partial u}{\partial x} + \frac{\partial y}{\partial v}\frac{\partial v}{\partial x} = u^v\left(\frac{v}{u}\cdot 1 + \ln u\cos x\right) = x^{\sin x}\left(\frac{\sin x}{x} + \cos x\ln x\right).$$

复合函数的求导公式不难推广到任意有限多个中间变量或自变量的情况。

例如，设 $w = f(u,v,s,t)$，而 u,v,s,t 都是 x,y 与 z 的函数

$$u = u(x,y,z), \quad v = v(x,y,z), \quad s = s(x,y,z), \quad t = t(x,y,z).$$

则复合函数 $w = f[u(x,y,z), v(x,y,z), s(x,y,z), t(x,y,z)]$ 对三个自变量 x,y,z 的偏导数为

$$\frac{\partial w}{\partial x} = \frac{\partial w}{\partial u}\frac{\partial u}{\partial x} + \frac{\partial w}{\partial v}\frac{\partial v}{\partial x} + \frac{\partial w}{\partial s}\frac{\partial s}{\partial x} + \frac{\partial w}{\partial t}\frac{\partial t}{\partial x},$$

$$\frac{\partial w}{\partial y} = \frac{\partial w}{\partial u}\frac{\partial u}{\partial y} + \frac{\partial w}{\partial v}\frac{\partial v}{\partial y} + \frac{\partial w}{\partial s}\frac{\partial s}{\partial y} + \frac{\partial w}{\partial t}\frac{\partial t}{\partial y},$$

$$\frac{\partial w}{\partial z} = \frac{\partial w}{\partial u}\frac{\partial u}{\partial z} + \frac{\partial w}{\partial v}\frac{\partial v}{\partial z} + \frac{\partial w}{\partial s}\frac{\partial s}{\partial z} + \frac{\partial w}{\partial t}\frac{\partial t}{\partial z}.$$

多元函数的复合函数求导公式比较复杂，必须特别注意在复合函数中哪些是自变量，哪些是中间变量。一般说来，复合函数对某一变量求偏导数时，若与该变量有关的中间变量有 n 个，则复合函数求导公式的右端包含 n 项之和，其中每一项是因变量对一个中间变量的偏导数与这个中间变量对该自变量的偏导数的乘积。

例 8.18 设 $F = f(x, xy, xyz)$，求 $\frac{\partial F}{\partial x}, \frac{\partial F}{\partial y}, \frac{\partial F}{\partial z}$。

解 设 $u = x, v = xy, w = xyz$，有 $F = f(u,v,w)$，并且用 f'_1, f'_2, f'_3 分别代替 $\frac{\partial f}{\partial u}, \frac{\partial f}{\partial v}, \frac{\partial f}{\partial w}$。于是

$$\frac{\partial F}{\partial x} = \frac{\partial f}{\partial u}\frac{\partial u}{\partial x} + \frac{\partial f}{\partial v}\frac{\partial v}{\partial x} + \frac{\partial f}{\partial w}\frac{\partial w}{\partial x} = f'_1 + f'_2 y + f'_3 yz;$$

$$\frac{\partial F}{\partial y} = \frac{\partial f}{\partial v}\frac{\partial v}{\partial y} + \frac{\partial f}{\partial w}\frac{\partial w}{\partial y} = f'_2 x + f'_3 xz;$$

$$\frac{\partial F}{\partial z} = \frac{\partial f}{\partial w}\frac{\partial w}{\partial z} = f'_3 xy.$$

例 8.19 设 $z = uv + \sin t$,而 $u = e^t$,$v = \cos t$,求全导数 $\dfrac{dz}{dt}$.

解 $\dfrac{dz}{dt} = \dfrac{\partial z}{\partial u}\dfrac{du}{dt} + \dfrac{\partial z}{\partial v}\dfrac{dv}{dt} + \dfrac{\partial z}{\partial t} = ve^t - u\sin t + \cos t$

$= e^t \cos t - e^t \sin t + \cos t = e^t(\cos t - \sin t) + \cos t.$

2. 隐函数的导数和偏导数公式

在一元函数微分学中,讨论了隐函数的求导方法.现在利用偏导数来推导出隐函数的导数和偏导数公式.

(1) 若因变量 y 和自变量 x 之间的函数关系由方程

$$F(x, y) = 0$$

确定,则称函数 $y = y(x)$ 为由方程 $F(x,y) = 0$ 确定的**隐函数**.显然,隐函数 $y(x)$ 满足恒等式

$$F(x, y(x)) \equiv 0. \tag{8.4}$$

由(8.4)式两边对 x 求导数,得

$$\frac{\partial F}{\partial x} + \frac{\partial F}{\partial y}\frac{dy}{dx} = 0,$$

当 $\dfrac{\partial F}{\partial y} \neq 0$ 时,有

$$\frac{dy}{dx} = -\frac{\dfrac{\partial F}{\partial x}}{\dfrac{\partial F}{\partial y}}. \tag{8.5}$$

这就是由方程 $F(x,y) = 0$ 确定的隐函数 $y(x)$ 的求导公式.

(2) 若因变量 z 和自变量 x,y 之间的函数关系由方程

$$F(x, y, z) = 0$$

确定,则称函数 $z = z(x,y)$ 为由方程 $F(x,y,z) = 0$ 确定的隐函数.显然,隐函数 $z(x,y)$ 满足恒等式

$$F(x, y, z(x, y)) \equiv 0. \tag{8.6}$$

由(8.6)式两边对 x,y 求偏导数,得

$$\frac{\partial F}{\partial x}+\frac{\partial F}{\partial z}\frac{\partial z}{\partial x}=0, \quad \frac{\partial F}{\partial y}+\frac{\partial F}{\partial z}\frac{\partial z}{\partial y}=0,$$

当 $\frac{\partial F}{\partial z}\neq 0$ 时,有

$$\frac{\partial z}{\partial x}=-\frac{\frac{\partial F}{\partial x}}{\frac{\partial F}{\partial z}}, \quad \frac{\partial z}{\partial y}=-\frac{\frac{\partial F}{\partial y}}{\frac{\partial F}{\partial z}}. \tag{8.7}$$

这就是由方程 $F(x,y,z)=0$ 确定的隐函数 $z(x,y)$ 的求偏导数公式.

例 8.20 求由方程 $\frac{x^2}{a^2}+\frac{y^2}{b^2}+\frac{z^2}{c^2}=1$ 确定函数 z 的偏导数.

解法 1 两边先对 x 求偏导数,记住 z 是 x 的函数,得

$$\frac{2x}{a^2}+\frac{2z}{c^2}\frac{\partial z}{\partial x}=0,$$

解得

$$\frac{\partial z}{\partial x}=-\frac{c^2 x}{a^2 z}.$$

两边对 y 求偏导数,有

$$\frac{2y}{b^2}+\frac{2z}{c^2}\frac{\partial z}{\partial y}=0,$$

解得

$$\frac{\partial z}{\partial y}=-\frac{c^2 y}{b^2 z}.$$

解法 2 设 $F(x,y,z)=\frac{x^2}{a^2}+\frac{y^2}{b^2}+\frac{z^2}{c^2}-1$,则

$$\frac{\partial F}{\partial x}=\frac{2x}{a^2}, \quad \frac{\partial F}{\partial y}=\frac{2y}{b^2}, \quad \frac{\partial F}{\partial z}=\frac{2z}{c^2}.$$

由公式(8.7),有

$$\frac{\partial z}{\partial x}=-\frac{c^2 x}{a^2 z}, \quad \frac{\partial z}{\partial y}=-\frac{c^2 y}{b^2 z}.$$

习题 8.5

1. 求下列复合函数的导数或偏导数：

(1) $u=e^{x-2y}$,其中 $x=\sin t, y=t^3$,求 $\frac{du}{dt}$；

(2) $z=x^2 y-xy^2$,其中 $x=u\cos v, y=u\sin v$,求 $\frac{\partial z}{\partial u},\frac{\partial z}{\partial v}$；

(3) $w = f(u,v)$，其中 $u = x+y+z, v = x^2+y^2+z^2$，求 $\dfrac{\partial w}{\partial x}, \dfrac{\partial w}{\partial y}, \dfrac{\partial w}{\partial z}$；

(4) $w = \tan(3x+2y^2-z)$，其中 $y = \dfrac{1}{x}, z = x^2$，求 $\dfrac{\mathrm{d}w}{\mathrm{d}x}$；

(5) $z = f(x,y)$，其中 $x = r\cos\theta, y = r\sin\theta$，求 z_r', z_θ'．

2．求下列方程确定的函数 $y(x)$ 的导数 $\dfrac{\mathrm{d}y}{\mathrm{d}x}$：

(1) $x^2 + 2xy - y^2 = a^2$；   (2) $x^y = y^x$；   (3) $\ln\sqrt{x^2+y^2} = \arctan\dfrac{y}{x}$．

3．求由下列方程确定的函数 $z(x,y)$ 的偏导数 $\dfrac{\partial z}{\partial x}, \dfrac{\partial z}{\partial y}$：

(1) $\mathrm{e}^z - xyz = 0$；   (2) $\cos^2 x + \cos^2 y + \cos^2 z = 1$；

(3) $x^3 + y^3 + z^3 - 3axyz = 0$．

4．设 $z = f(xy, x^2+y^2)$，其中 f 具有二阶连续偏导数，求 $\dfrac{\partial^2 z}{\partial x^2}, \dfrac{\partial^2 z}{\partial y^2}$．

5．求由方程
$$x^2 - 2y^2 + z^2 - 4x + 2z - 5 = 0$$
确定的函数 $z(x,y)$ 的全微分．

6．设 $u = f(x-y, y-z, z-x)$，证明：$\dfrac{\partial u}{\partial x} + \dfrac{\partial u}{\partial y} + \dfrac{\partial u}{\partial z} = 0$．

8.6 二元函数的极值

1. 普通极值

在实际问题中，不仅需要一元函数的极值，而且还需要多元函数的极值．下面是关于二元函数极值的讨论，其结果可以推广到二元以上的函数．

定义 8.4 设二元函数 $z = f(x,y)$ 在 (x_0, y_0) 的某邻域 U 内有定义，若对 $\forall (x,y) \in U$，有
$$f(x,y) \leqslant f(x_0, y_0) \quad (f(x,y) \geqslant f(x_0, y_0)),$$
则称 $z = f(x,y)$ 在点 (x_0, y_0) 处取得**极大值**（**极小值**）$f(x_0, y_0)$，点 (x_0, y_0) 称为函数 $z = f(x,y)$ 的**极大点**（**极小点**）．极大值和极小值统称为**极值**，极大点和极小点统称为**极值点**．

例如，旋转抛物面 $z = x^2 + y^2$ 在点 $(0,0)$ 处有极小值 0，而半球面 $z = \sqrt{1-x^2-y^2}$ 在点 $(0,0)$ 处有极大值 1．

在研究极值中，偏导数起着很大的作用．

定理 8.5（二元函数极值的必要条件） 如果函数 $z = f(x,y)$ 在点 (x_0, y_0) 处有极值，

且存在偏导数,则有
$$f'_x(x_0,y_0)=f'_y(x_0,y_0)=0.$$

证明 固定 y 使 $y=y_0$,则 $z=f(x,y_0)$ 是关于 x 的一元函数,显然此函数在 x_0 处取得极值并且可导,因此 z 关于 x 的导数是 0,即 $f'_x(x_0,y_0)=0$. 同样地,也有 $f'_y(x_0,y_0)=0$.

使两个偏导数都是 0 的点 (x_0,y_0) 称为函数的**驻点**.

由定理 8.5,对于可导函数来说,极值点一定是驻点. 但对于不可导函数,或函数在其不可导的点,也可能有极值,例如:函数 $z=\sqrt{x^2+y^2}$ 在点 $(0,0)$ 有极小值 0,但是易证明在点 $(0,0)$ 函数的两个偏导数都不存在.

函数的驻点和偏导数不存在的点统称为二元函数的**临界点**. 由定理 8.5 可知,极值点一定是临界点.

例 8.21 讨论函数 $f(x,y)=y^2-x^2$ 的极值.

解 令 $f'_x(x,y)=f'_y(x,y)=0$,求得驻点是 $(0,0)$.

当 x 固定为 0 时,$\forall y\neq 0, f(0,y)=y^2>0$;

当 y 固定为 0 时,$\forall x\neq 0, f(x,0)=-x^2<0$.

因此在 $(0,0)$ 点既不能取得极大值也不能取得极小值,即 $(0,0)$ 不是极值点.

注 $(0,0,0)$ 是马鞍面 $z=y^2-x^2$ 的鞍点.

由上面的讨论可知,偏导数存在的函数的极值点一定是驻点,但驻点未必是极值点. 那么,驻点在什么条件下一定是极值点呢?

定理 8.6(二元函数极值的充分条件) 设 $z=f(x,y)$ 在 (x_0,y_0) 的邻域内有连续的二阶偏导数,且 (x_0,y_0) 点是函数的驻点,设
$$A=f''_{xx}(x_0,y_0),\quad B=f''_{xy}(x_0,y_0)=f''_{yx}(x_0,y_0),\quad C=f''_{yy}(x_0,y_0),$$
则

(1) 若 $B^2-AC<0$,$f(x,y)$ 在点 (x_0,y_0) 取得极值,并且

① A(或 C)为正号,(x_0,y_0) 是极小点;

② A(或 C)为负号,(x_0,y_0) 是极大点.

(2) 若 $B^2-AC>0$,(x_0,y_0) 不是极值点.

(3) 若 $B^2-AC=0$,(x_0,y_0) 可能是极值点,也可能不是极值点.

定理的证明从略.

例 8.22 求函数 $z=x^2-xy+y^2+9x-6y$ 的极值.

解 $f'_x=2x-y+9, f'_y=-x+2y-6$,令 $f'_x=f'_y=0$,解得 $x=-4,y=1$,所以 $(-4,1)$ 是驻点. 又求得 $f''_{xx}=2, f''_{xy}=-1, f''_{yy}=2$,可知 $B^2-AC=-3<0$. 于是 $(-4,1)$ 是极小点,且极小值为 $f(-4,1)=-21$.

例 8.23 求周长为 l 的所有三角形的最大面积.

解 由秦九韶-海伦(Helen)公式,三角形面积与三边之间的关系式为

$$s = \sqrt{p(p-a)(p-b)(p-c)},$$

其中 a,b,c 是三边长,p 为周长的一半. 由于面积的表达式带根号,因此,先求面积的平方 A 的极值.

设三角形有两条边长是 x 与 y,则第三边长是 $l-x-y$,因此,面积的平方 A 可表示为

$$A = \frac{l}{2}\left(\frac{l}{2}-x\right)\left(\frac{l}{2}-y\right)\left(x+y-\frac{l}{2}\right)$$

$$= \frac{l}{2}\left[x^2y + xy^2 - \frac{l}{2}(x+y)^2 - \frac{l}{2}xy + \frac{l^2}{2}(x+y) - \frac{l^3}{8}\right].$$

求得

$$\frac{\partial A}{\partial x} = \frac{l}{2}\left[2xy + y^2 - l(x+y) + \frac{l^2}{2} - \frac{l}{2}y\right], \tag{8.8}$$

$$\frac{\partial A}{\partial y} = \frac{l}{2}\left[x^2 + 2xy - l(x+y) + \frac{l^2}{2} - \frac{l}{2}x\right]. \tag{8.9}$$

令

$$\frac{\partial A}{\partial x} = \frac{\partial A}{\partial y} = 0,$$

得

$$\begin{cases} 2xy + y^2 - l(x+y) + \dfrac{l^2}{2} - \dfrac{l}{2}y = 0, \\ x^2 + 2xy - l(x+y) + \dfrac{l^2}{2} - \dfrac{l}{2}x = 0, \end{cases}$$

两式相减,得

$$(x-y)\left(x+y-\frac{l}{2}\right) = 0,$$

由三边不等式关系,只有 $x=y$,代入原方程,求得 $x=y=\dfrac{l}{3}$. 由于此实际问题的最大值一定存在,因此当三角形是等边三角形时,面积最大,且此时最大面积是 $\dfrac{\sqrt{3}}{36}l^2$.

2. 条件极值

在求极值中,经常会出现自变量满足一定条件的极值问题,如上面的例子便可以看作是求三元函数

$$A = \frac{l}{2}\left(\frac{l}{2}-x\right)\left(\frac{l}{2}-y\right)\left(\frac{l}{2}-z\right)$$

在条件 $x+y+z=l$ 下的极值问题. 这类附有条件的极值问题称为**条件极值问题**.

同样可以定义 n 元函数带有 m 个附加条件的条件极值问题.

下面以三元函数带有两个附加条件的条件极值为例,来介绍求这类条件极值的一般方法——**拉格朗日乘数方法**.

在条件 $g_1(x,y,z)=0$ 和 $g_2(x,y,z)=0$ 下,求函数 $u=f(x,y,z)$ 的极值.

首先假定函数 $g_1(x,y,z),g_2(x,y,z),f(x,y,z)$ 在所考虑的区域内有连续的偏导数.

第 1 步 引入辅助函数
$$F(x,y,z,\lambda_1,\lambda_2) = f(x,y,z) + \lambda_1 g_1(x,y,z) + \lambda_2 g_2(x,y,z),$$
这里把 λ_1 与 λ_2 都看作变量.

第 2 步 令 F 关于 5 个变量的偏导数都是 0,求出相应的驻点.

第 3 步 根据实际问题判断驻点是否是极值点.

例 8.24 求 (x_0,y_0,z_0) 到平面 $Ax+By+Cz+D=0$ 的距离.

解 点到平面上的距离指的是点到平面上各点距离的最小值. 因为当距离取得最小值时,距离的平方也取得最小值,所以求函数
$$f(x,y,z) = (x-x_0)^2 + (y-y_0)^2 + (z-z_0)^2$$
在条件
$$Ax + By + Cz + D = 0$$
下的最小值.

因此,作辅助函数
$$F(x,y,z,\lambda) = (x-x_0)^2 + (y-y_0)^2 + (z-z_0)^2 + \lambda(Ax+By+Cz+D).$$
求 F 对 4 个变量的偏导数,可得方程组
$$\begin{cases} 2(x-x_0) + \lambda A = 0, \\ 2(y-y_0) + \lambda B = 0, \\ 2(z-z_0) + \lambda C = 0, \\ Ax + By + Cz + D = 0, \end{cases}$$
易求出
$$x = x_0 - \frac{\lambda A}{2}, \quad y = y_0 - \frac{\lambda B}{2}, \quad z = z_0 - \frac{\lambda C}{2},$$
$$\lambda = \frac{2(Ax_0 + By_0 + Cz_0 + D)}{A^2 + B^2 + C^2},$$
于是,方程组只有惟一一组解
$$x = x_0 - \frac{A(Ax_0 + By_0 + Cz_0 + D)}{A^2 + B^2 + C^2},$$
$$y = y_0 - \frac{B(Ax_0 + By_0 + Cz_0 + D)}{A^2 + B^2 + C^2},$$

$$z = z_0 - \frac{C(Ax_0 + By_0 + Cz_0 + D)}{A^2 + B^2 + C^2}.$$

$$(x - x_0)^2 + (y - y_0)^2 + (z - z_0)^2 = \frac{\lambda^2}{4}(A^2 + B^2 + C^2).$$

显然,这个问题存在最小值. 因此求得 $f(x,y,z)$ 的最小值为

$$\frac{(Ax_0 + By_0 + Cz_0 + D)^2}{A^2 + B^2 + C^2},$$

而点(x_0, y_0, z_0)到平面 $Ax + By + Cz + D = 0$ 的距离为

$$d = \frac{|Ax_0 + By_0 + Cz_0 + D|}{\sqrt{A^2 + B^2 + C^2}}.$$

3. 多元函数的最大值与最小值问题

已知有界闭区域上的连续函数在该区域上必有最大值和最小值. 设函数在区域内只有有限个临界点,且最大值、最小值在区域的内部取得,那么它一定是函数的极大值或极小值. 所以欲求多元函数的最大值、最小值,可以先求出函数在定义域内部所有临界点处的值以及函数在区域边界上的最大值和最小值,这些值中最大的一个就是最大值,最小的一个就是最小值.

例 8.25 求函数 $f(x,y) = xy - x^2$ 在正方形闭区域 $D = [0,1; 0,1]$上的最大值和最小值.

解 $f'_x(x,y) = y - 2x, f'_y(x,y) = x$. 令 $f'_x(x,y) = 0, f'_y(x,y) = 0$,解得驻点$(0,0)$,它恰好在区域的边界上(如图 8.7),函数在 D 的内部无临界点. 所以函数的最大值和最小值只能在 D 的边界上取得. 边界由 4 条直线段组成. 在 OA 上, $f(x,0) = -x^2$,因此,$f(x,y)$在 OA 上的最大值为 0,最小值为 -1;在 AB 上,$f(1,y) = y - 1 (0 \leqslant y \leqslant 1)$,因此,$f(x,y)$在 AB 上的最大值为 0,最小值为 -1;在 BC 上,$f(x,1) = x - x^2 (0 \leqslant x \leqslant 1)$,因此,$f(x,y)$在 BC 上的最大值为 $\frac{1}{4}$,最小值为 0;在 OC 上,恒有 $f(0,y) = 0$.

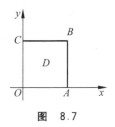

图 8.7

综上所述,$f(x,y)$在 D 上的最大值为 $\frac{1}{4}$,最小值为 -1.

例 8.26 求函数 $f(x,y) = x^2 - y^2$ 在闭区域 $D = \{(x,y) | 2x^2 + y^2 \leqslant 1\}$上的最大值与最小值.

解 在区域的内部,函数 $f(x,y) = x^2 - y^2$ 有惟一的驻点$(0,0)$,$f(0,0) = 0$. 在边界曲线 $2x^2 + y^2 = 1$ 上,$f(x,y) = 3x^2 - 1, -\frac{1}{\sqrt{2}} \leqslant x \leqslant \frac{1}{\sqrt{2}}$. 函数 $f(x,y)$在边界上的最大值

为 $f\left(\frac{1}{\sqrt{2}},0\right)=\frac{1}{2}$,最小值为 $f(0,1)=-1$. 所以函数 $f(x,y)$ 在 D 上的最大值为 $\frac{1}{2}$,最小值为 -1.

注 函数 $f(x,y)=x^2-y^2$ 在边界曲线 $2x^2+y^2=1$ 上最大值与最小值问题,实际上是条件极值问题,在例 8.26 中是把条件极值化为普通极值来解决的.

习题 8.6

1. 求函数的极值:
   (1) $f(x,y)=4(x-y)-x^2-y^2$;
   (2) $f(x,y)=xy+x^3+y^3$;
   (3) $f(x,y)=xy(a-x-y)$;
   (4) $f(x,y)=e^x(x+y^2+2y)$.

2. 求内接于半径为 a 的球且有最大体积的长方体的边长.

3. 要制造一个无盖的圆柱形容器,其容积为 V,要求表面积 A 最小,问该容器的高度 H 和半径 R 应是多少?

4. 设 n 个正数 $a_1,a_2,\cdots,a_n$ 的和为定值 a,求 $\sqrt[n]{a_1 a_2 \cdots a_n}$ 的最大值,并由此推得不等式
$$\sqrt[n]{a_1 a_2 \cdots a_n} \leqslant \frac{a_1+a_2+\cdots+a_n}{n}.$$

5. 求函数 $f(x,y)=x^2 y(4-x-y)$ 在由 x 轴,y 轴和直线 $x+y=6$ 所围成的闭区域 D 上的最大值与最小值.

第 9 章 重 积 分

9.1 简单的曲面与空间曲线

1. 常见的二次曲面

在空间几何中,任何曲面都看作点的几何轨迹. 在这样的意义下,如果曲面 S 与三元方程
$$F(x,y,z) = 0, \tag{9.1}$$
有如下关系:

① 曲面 S 上任一点的坐标都满足方程(9.1);

② 不在曲面上的点的坐标都不满足方程(9.1).

那么,就称方程(9.1)为曲面 S 的方程,而称曲面 S 为方程(9.1)的图形(图 9.1).

如果方程对 x,y,z 是一次的,所表示的曲面称为一次曲面,平面是一次曲面. 如果方程是二次的,所表示曲面称为二次曲面. 以下讨论几种常见的二次曲面.

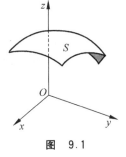

图 9.1

(1) 球面

空间中与一个定点有等距离的点的集合叫做**球面**,定点叫做**球心**,定距离叫做**半径**. 若球心为 $Q(a,b,c)$,半径为 R,设点 $P(x,y,z)$ 为球面上任一点,则由于 $|PQ|=R$,则有
$$\sqrt{(x-a)^2 + (y-b)^2 + (z-c)^2} = R,$$
消去根式,得球面方程
$$(x-a)^2 + (y-b)^2 + (z-c)^2 = R^2. \tag{9.2}$$
若球心在原点 $O(0,0,0)$,则球面方程为
$$x^2 + y^2 + z^2 = R^2.$$
将球面方程(9.2)展开得
$$x^2 + y^2 + z^2 - 2ax - 2by - 2cz + (a^2 + b^2 + c^2 - R^2) = 0,$$
即方程具有

$$x^2 + y^2 + z^2 + 2Ax + 2By + 2Cz + D = 0 \tag{9.2}'$$

的形式.

反过来,方程(9.2)′经过配方,可化为

$$(x+A)^2 + (y+B)^2 + (z+C)^2 + D - (A^2 + B^2 + C^2) = 0.$$

当 $A^2 + B^2 + C^2 - D > 0$ 时,方程(9.2)′表示球心在 $(-A, -B, -C)$,半径为 $\sqrt{A^2+B^2+C^2-D}$ 的球面;

当 $A^2 + B^2 + C^2 - D = 0$ 时,方程(9.2)′表示一点;

当 $A^2 + B^2 + C^2 - D < 0$ 时,没有轨迹.

(2) 柱面

设空间有任意一条曲线 L,过 L 上的一点引一条直线 b,直线 b 沿 L 作平行移动所形成的曲面叫做**柱面**. 曲线 L 叫做**准线**. 动直线的每一位置,叫做柱面的**一条母线**(图 9.2).

准线 L 是直线的柱面为平面,准线 L 是圆的柱面叫做圆柱面. 若母线 b 与准线圆所在的平面垂直,这个柱面叫做**正圆柱面**. 这里主要是讨论母线平行于坐标轴的柱面方程.

如果柱面的母线平行于 z 轴,并且柱面与坐标面 xOy 的交线 L 方程为 $f(x, y) = 0$,曲线 L 上点的坐标满足这个方程,柱面上的其他点也满足这个方程,因为柱面上其他点的横坐标和纵坐标分别与曲线 L 上某一点的坐标相等. 因此,以 L 为准线,母线平行于 z 轴的柱面的方程就是 $f(x, y) = 0$(图 9.3).

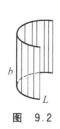

图 9.2

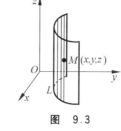

图 9.3

同理,$g(y, z) = 0$ 和 $h(z, x) = 0$ 分别表示母线平行于 x 轴和 y 轴的柱面. 一般说来,空间中点的直角坐标 x, y, z 间的一个方程中若是缺少一个坐标,则这个方程所表示的轨迹是一个柱面,它的母线平行于所缺少的那个坐标的坐标轴,它的准线就是与母线垂直的坐标平面上原方程所表示的平面曲线.

例如 $x^2 + z^2 = 1$ 在 zOx 平面上表示一个圆,而在空间中则表示一个以此圆为准线,母线平行于 y 轴的柱面(图 9.4);又如 $y - x^2 = 0$ 在 xOy 平面上表示一条以 y 轴为轴的抛物线,而在空间中则表示以此抛物线为准线,母线平行于 z 轴的抛物柱面(图 9.5).

(3) 锥面

设 L 为一条已知平面曲线,B 为 L 所在平面外的一个固定点,过点 B 引直线 b 与 L

相交,直线 b 绕点 B 沿 L 移动所构成的曲面叫做**锥面**,点 B 称为**顶点**,动直线称为**锥面的母线**,L 称为**准线**. 准线 L 是圆的锥面称为**圆锥面**(图 9.6). 若圆锥顶点 B 与准线的中心 O 的连线 OB 与准线所在的平面垂直,这个圆锥面就称为**正圆锥面**.

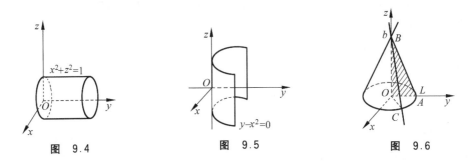

图 9.4　　　　　图 9.5　　　　　图 9.6

设 AOB 为一直角三角形,O 为直角顶点,若以直角边 OB 为轴,将斜边 AB 绕轴旋转,则可得到以 B 为顶点的一个正圆锥面. 取 OB 作 z 轴,OA 为 y 轴,建立一个直角坐标系,设 $OB=b$,$OA=R$,则点 B 坐标为 $(0,0,b)$,设 $P(x,y,z)$ 为母线 BC 上任一点,并且 C 点的坐标为 $(\alpha,\beta,0)$,因 C 点在 xOy 平面上,故 C 点的坐标应满足 $\alpha^2+\beta^2=R^2$. 因 $\overrightarrow{BP}\parallel\overrightarrow{BC}$,所以 $\{x-0,y-0,z-b\}$ 与 $\{\alpha-0,\beta-0,0-b\}$ 成比例,故有

$$\frac{x}{\alpha}=\frac{y}{\beta}=\frac{z-b}{-b},$$

因

$$\alpha^2+\beta^2=R^2,$$

得

$$\frac{x^2+y^2}{R^2}=\frac{(z-b)^2}{b^2},$$

即

$$b^2(x^2+y^2)-R^2(z-b)^2=0.$$

这就是正圆锥面的方程.

下面讨论由方程

$$\frac{x^2}{a^2}+\frac{y^2}{b^2}-\frac{z^2}{c^2}=0 \tag{9.3}$$

所确定的曲面.

由方程(9.3)确定的曲面有下面的特征.

① 坐标原点在曲面上,并且,如果点 $M_0(x_0,y_0,z_0)$ 在曲面上,则对任意的 t,点 (tx_0,ty_0,tz_0) 也在曲面上,因为当 t 取遍一切实数时,点 (tx_0,ty_0,tz_0) 取遍原点与点 $M_0(x_0,y_0,z_0)$ 的连线上的一切点,即 OM_0 上的任何点都在曲面上,因此曲面(9.3)由通

过原点 O 的直线构成.

由于方程(9.3)是二次齐次方程,所以方程(9.3)确定的曲面叫做**二次锥面**.

② 用平行于坐标面 xOy 的平面 $z=h(h=0$ 时为坐标面 xOy)截曲面(9.3),平面 $z=0$ 截曲面(9.3)于原点 O. 平面 $z=h(h\neq 0)$ 截曲面(9.3),截痕为一椭圆

$$\begin{cases} \dfrac{x^2}{a^2}+\dfrac{y^2}{b^2}=\dfrac{h^2}{c^2}, \\ z=h, \end{cases}$$

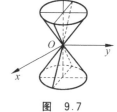

图 9.7

半轴为 $\dfrac{a|h|}{c}$, $\dfrac{b|h|}{c}$, 中心在 z 轴上, 半轴随 $|h|$ 的增大而增大 (图 9.7), 当 $a=b$ 时, 锥面为正圆锥面.

(4) 旋转曲面

一条已知平面曲线 l 绕平面上一定直线旋转所成的曲面称为**旋转曲面**, 定直线称为**旋转曲面的轴**, 曲线 l 的每一位置称为这旋转曲面的一条**母线**.

把一条直线绕与它平行的定直线旋转成的曲面是正圆柱面, 绕与它相交的定直线旋转而成的曲面是正圆锥面. 一个圆绕它的一条直径旋转成的曲面是球面(图 9.8).

  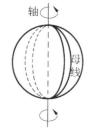

图 9.8

设 yOz 平面上一条已知曲线 L, 它的方程为

$$\begin{cases} f(y,z)=0, \\ x=0, \end{cases}$$

把这条曲线绕 z 轴旋转, 就得到一个以 z 轴为轴的旋转曲面.

设 $P_1(0,y_1,z_1)$ 为曲线 L 上任一点(图 9.9), 则

$$f(y_1,z_1)=0,$$

当曲线 L 绕 z 轴旋转时, 点 P_1 也绕 z 轴旋转到另一点 $P(x,y,z)$, 这时 $z=z_1$ 保持不变, 且 P 与 z 轴的距离恒等于 $|y_1|$, 即

$$\sqrt{x^2+y^2}=|y_1|,$$

因此,
$$f(\pm\sqrt{x^2+y^2}, z) = 0.$$
这就是所求的旋转曲面的方程.

于是可知,在曲线 L 的方程 $f(y,z)=0$ 中,将 y 以 $\pm\sqrt{x^2+y^2}$ 代替,就得到 L 绕 z 轴旋转所成的旋转曲面的方程.

同理,曲线 L 绕 y 轴旋转所成的旋转曲面的方程为
$$f(y, \pm\sqrt{x^2+z^2}) = 0.$$

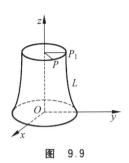

图 9.9

例 9.1 椭圆
$$\begin{cases} \dfrac{x^2}{a^2} + \dfrac{z^2}{b^2} = 1, \\ z = 0 \end{cases}$$

绕 x 轴旋转所成的曲面方程为
$$\frac{x^2}{a^2} + \frac{y^2+z^2}{b^2} = 1.$$

若以同一椭圆绕 z 轴旋转,则所成的曲面方程为
$$\frac{x^2+y^2}{a^2} + \frac{z^2}{b^2} = 1.$$

这两种曲面都称为**旋转椭球面**.

例 9.2 双曲线 $\begin{cases} \dfrac{x^2}{a^2} - \dfrac{z^2}{b^2} = 1, \\ y = 0 \end{cases}$ 绕 x 轴旋转,所成曲面的方程是
$$\frac{x^2}{a^2} - \frac{y^2+z^2}{b^2} = 1.$$

若将同一双曲线绕 z 轴旋转,则所成的曲面方程为
$$\frac{x^2+y^2}{a^2} - \frac{z^2}{b^2} = 1.$$

这两种曲面都称为**旋转双曲面**.

例 9.3 抛物线 $\begin{cases} y^2 = 2pz, \\ x = 0 \end{cases}$ 绕 z 轴旋转所成的曲面的方程是
$$x^2 + y^2 = 2pz.$$

这个曲面称为**旋转抛物面**.

(5) 椭球面

由方程
$$\frac{x^2}{a^2} + \frac{y^2}{b^2} + \frac{z^2}{c^2} = 1 \tag{9.4}$$

所确定的曲面称为**椭球面**. 这里 a,b,c 都是正数(图 9.10).

显然,方程(9.4)左端的每一项都不能大于 1,从而有
$$|x| \leqslant a, \quad |y| \leqslant b, \quad |z| \leqslant c.$$
这说明椭球面上的所有点,都在由六个平面 $x=\pm a, y=\pm b$, $z=\pm c$ 所围成的长方体内,a,b,c 称为椭球面的半轴.

现在来研究椭球面的性质.

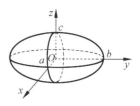

图 9.10

① 对称性:椭球面对于坐标平面、坐标轴和坐标原点都对称;

② 椭球面被三个坐标面 xOy, yOz, zOx 所截的截痕各为椭圆:
$$\begin{cases} \dfrac{x^2}{a^2} + \dfrac{y^2}{b^2} = 1, \\ z = 0; \end{cases} \begin{cases} \dfrac{y^2}{b^2} + \dfrac{z^2}{c^2} = 1, \\ x = 0; \end{cases} \begin{cases} \dfrac{x^2}{a^2} + \dfrac{z^2}{c^2} = 1, \\ y = 0. \end{cases}$$

用平行于坐标面 xOy 的平面 $z=h(|h|<c)$ 截椭球面,截痕为椭圆
$$\begin{cases} \dfrac{x^2}{a^2} + \dfrac{y^2}{b^2} = 1 - \dfrac{h^2}{c^2}, \\ z = h \end{cases}$$

或写为
$$\begin{cases} \dfrac{x^2}{a^2\left(1-\dfrac{h^2}{c^2}\right)} + \dfrac{y^2}{b^2\left(1-\dfrac{h^2}{c^2}\right)} = 1, \\ z = h, \end{cases}$$

此椭圆的半轴为
$$\dfrac{a}{c}\sqrt{c^2-h^2}, \quad \dfrac{b}{c}\sqrt{c^2-h^2},$$

如果 $h=\pm c$,则截痕缩为两点:$(0,0,c)$ 与 $(0,0,-c)$.

至于平行于其他两个坐标面的平面截此椭球面时,所得到的结果完全类似.

③ 如果 $a=b=c\neq 0$,则方程(9.4)表示一个球面.

如果 a,b,c 三个数中有两个相等时,例如 $a=b\neq c$,则方程(9.4)变为
$$\dfrac{x^2+y^2}{a^2} + \dfrac{z^2}{c^2} = 1,$$

这是一个旋转椭球面,它由椭圆
$$\begin{cases} \dfrac{x^2}{a^2} + \dfrac{z^2}{c^2} = 1, \\ y = 0, \end{cases}$$

绕 z 轴旋转而成.

(6) 单叶双曲面

由方程
$$\frac{x^2}{a^2} + \frac{y^2}{b^2} - \frac{z^2}{c^2} = 1,$$
或
$$\frac{x^2}{a^2} - \frac{y^2}{b^2} + \frac{z^2}{c^2} = 1,$$
或
$$-\frac{x^2}{a^2} + \frac{y^2}{b^2} + \frac{z^2}{c^2} = 1,$$

所确定的曲面称为**单叶双曲面**,其中 a,b,c 均为正数,称为双曲面的**半轴**. 现以

$$\frac{x^2}{a^2} + \frac{y^2}{b^2} - \frac{z^2}{c^2} = 1 \tag{9.5}$$

为例,来考察曲面被坐标面及其平行平面所截得的截痕(图 9.11).

显然,它对于坐标面、坐标轴和坐标原点都是对称的.

① 用平行于坐标面 xOy 的平面 $z=h$ 截曲面(9.5),其截痕是椭圆

$$\begin{cases} \dfrac{x^2}{a^2} + \dfrac{y^2}{b^2} = 1 + \dfrac{h^2}{c^2}, \\ z = h, \end{cases}$$

半轴为 $\dfrac{a}{c}\sqrt{c^2+h^2}, \dfrac{b}{c}\sqrt{c^2+h^2}$. 当 $h=0$ 时(xOy 面),半轴最小.

② 坐标面 xOz 截曲面(9.5)的截痕是双曲线

$$\begin{cases} \dfrac{x^2}{a^2} - \dfrac{z^2}{c^2} = 1, \\ y = 0, \end{cases}$$

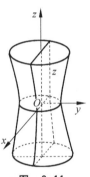

图 9.11

它的实轴与 x 轴重合,虚轴与 z 轴重合,半轴为 a 和 c. 用平行于坐标面 xOz 的平面 $y=h$ 截曲面(9.5)的截痕是

$$\begin{cases} \dfrac{x^2}{a^2} - \dfrac{z^2}{c^2} = 1 - \dfrac{h^2}{b^2}, \\ y = h. \end{cases}$$

若 $|h|<b$,则为实轴平行于 x 轴,虚轴平行于 z 轴的双曲线;

若 $|h|>b$,则为实轴平行于 z 轴,虚轴平行于 x 轴的双曲线;

若 $|h|=b$,则上述截痕方程变成

$$\begin{cases} \left(\dfrac{x}{a} + \dfrac{z}{c}\right)\left(\dfrac{x}{a} - \dfrac{z}{c}\right) = 0, \\ y = h, \end{cases}$$

这表示平面 $y=\pm b$ 与单叶双曲面的截痕是一对相交的直线,交点为 $(0,b,0)$ 和 $(0,-b,0)$.

③ 坐标面 yOz 和平行于 yOz 的平面截曲面 (9.5) 的截痕与球面方程 (9.2) 类似.

④ 若 $a=b$,则曲面 (9.5) 变成**单叶旋转双曲面**.

(7) 双叶双曲面

由方程

$$-\frac{x^2}{a^2}+\frac{y^2}{b^2}+\frac{z^2}{c^2}=-1,$$

或

$$\frac{x^2}{a^2}-\frac{y^2}{b^2}+\frac{z^2}{c^2}=-1,$$

或

$$\frac{x^2}{a^2}+\frac{y^2}{b^2}-\frac{z^2}{c^2}=-1,$$

确定的曲面称为**双叶双曲面**,这里 a,b,c 为正数.

这里只讨论

$$\frac{x^2}{a^2}+\frac{y^2}{b^2}-\frac{z^2}{c^2}=-1. \tag{9.6}$$

① 对于坐标面、坐标轴和原点都对称,它与 xOz 面和 yOz 面的交线分别是双曲线

$$\begin{cases}\dfrac{x^2}{a^2}-\dfrac{z^2}{c^2}=-1,\\ y=0\end{cases} \quad \text{和} \quad \begin{cases}\dfrac{y^2}{b^2}-\dfrac{z^2}{c^2}=-1,\\ x=0,\end{cases}$$

这两条双曲线有共同的实轴,实轴的长度也相等,它与 xOy 面不相交.

② 用平行于 xOy 面的平面 $z=h(|h|\geqslant c)$ 去截它,当 $|h|>c$ 时,截痕是椭圆

$$\begin{cases}\dfrac{x^2}{a^2}+\dfrac{y^2}{b^2}=\dfrac{h^2}{c^2}-1,\\ z=h,\end{cases}$$

它的半轴随 $|h|$ 的增大而增大,当 $|h|=c$ 时,截痕是一个点;$|h|<c$ 时,没有交点.显然双叶双曲面有两支,位于坐标面 xOy 两侧,无限延伸(图 9.12).

(8) 椭圆抛物面

由方程

$$\frac{x^2}{a^2}+\frac{y^2}{b^2}=z \tag{9.7}$$

确定的曲面称为**椭圆抛物面**.它对于坐标面 xOz 和坐标面 yOz 对称,对于 z 轴也对称,但是它没有对称中心,它与对称轴的交点称为顶点,因 $z\geqslant 0$,故整个曲面在 xOy 面的上侧,它与坐标面 xOz 和坐标面 yOz 的交线是抛物线

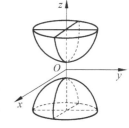

图 9.12

$$\begin{cases} x^2 = a^2 z, \\ y = 0 \end{cases} \text{和} \quad \begin{cases} y^2 = b^2 z, \\ x = 0, \end{cases}$$

这两条抛物线有共同的顶点和轴.

用平行于 xOy 面的平面 $z=h(h>0)$ 去截它,截痕是椭圆

$$\begin{cases} \dfrac{x^2}{a^2} + \dfrac{y^2}{b^2} = h, \\ z = h, \end{cases}$$

这个椭圆的半轴随 h 增大而增大(图 9.13).

(9) 双曲抛物面

由方程

$$-\dfrac{x^2}{a^2} + \dfrac{y^2}{b^2} = z \tag{9.8}$$

确定的曲面称为**双曲抛物面**.

它对于坐标面 xOz 和 yOz 是对称的,对 z 轴也是对称的,但是它没有对称中心,它与坐标面 xOz 和坐标面 yOz 的截痕分别是抛物线(图 9.14)

$$\begin{cases} x^2 = -a^2 z, \\ y = 0 \end{cases} \text{和} \quad \begin{cases} y^2 = b^2 z, \\ x = 0, \end{cases}$$

这两条抛物线有共同的顶点和轴,但轴的方向相反.用平行于 xOy 面的平面 $z=h$ 去截它,截痕是

$$\begin{cases} -\dfrac{x^2}{a^2} + \dfrac{y^2}{b^2} = h, \\ z = h. \end{cases}$$

当 $h \neq 0$ 时,截痕总是双曲线:若 $h>0$,双曲线的实轴平行于 y 轴;若 $h<0$,双曲线的实轴平行于 x 轴.

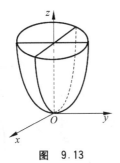

图 9.13

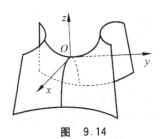

图 9.14

2. 空间曲线

(1) 空间曲线的一般方程

设有两个相交曲面 S_1 与 S_2,它们的方程分别为
$$F(x,y,z) = 0, \quad G(x,y,z) = 0.$$
又设它们的交线为 C(图 9.15).

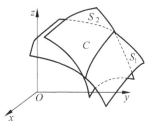

图 9.15

若 $P(x,y,z)$ 是曲线 C 上的点,则点 P 必同时为两个曲面 S_1 和 S_2 上的点,因而其坐标同时满足这两个曲面方程.反之,若 P 的坐标同时满足这两个曲面方程,则点 P 必同时在两个曲面 S_1 和 S_2 上,因而它一定在曲面的交线 C 上.因此,联立方程组

$$\begin{cases} F(x,y,z) = 0, \\ G(x,y,z) = 0 \end{cases} \tag{9.9}$$

是空间曲线 C 的方程.方程组 (9.9) 称为空间曲线的**一般方程**.

例 9.4 方程组
$$\begin{cases} x^2 + y^2 = 1, \\ 2x + 3y + 3z = 6 \end{cases}$$
表示怎样的曲线?

解 第一个方程表示母线平行于 z 轴的圆柱面,第二个方程表示一个平面,因此,方程组表示上述圆柱面与平面的交线(图 9.16).

例 9.5 方程组
$$\begin{cases} z = \sqrt{a^2 - x^2 - y^2}, \\ \left(x - \dfrac{a}{2}\right)^2 + y^2 = \left(\dfrac{a}{2}\right)^2 \end{cases}$$
表示怎样的曲线?

解 第一个方程表示球心在坐标原点、半径为 a 的上半球面,第二个方程表示母线平行于 z 轴的圆柱面,因此方程组就表示上述半球面与圆柱面的交线(图 9.17).

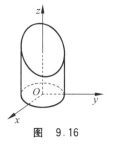

图 9.16

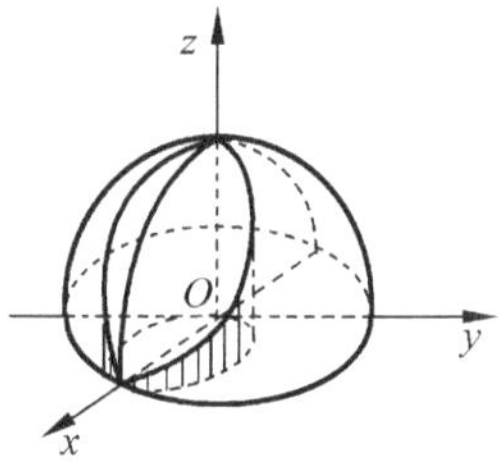

图 9.17

(2) 空间曲线的参数方程

上节介绍了空间直线的参数方程,一般地,空间曲线 C 上动点 P 的坐标 x,y,z 也可表示为参数 t 的函数

$$\begin{cases} x = x(t), \\ y = y(t), \\ z = z(t), \end{cases} \tag{9.10}$$

其中 t 为参数,当参数 t 取定一个值 t_1,就得到 $x_1 = x(t_1), y_1 = y(t_1), z_1 = z(t_1)$,从而确定曲线 C 上的一个点 $P_1(x_1, y_1, z_1)$,随着 t 的变动便可得到曲线 C 上的全部点. 方程组 (9.10) 称为**空间曲线的参数方程**.

例 9.6 空间一动点 P 在圆柱面 $x^2 + y^2 = a^2$ 上以角速度 ω 绕 z 轴旋转,同时又以线速度 v 沿平行于 z 轴的方向上升(这里 ω 与 v 都是常数),动点 P 运动的轨迹称为螺线(图 9.18),试建立其参数方程.

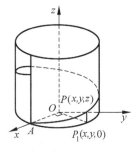

图 9.18

解 取时间 t 为参数,当 $t=0$ 时,设动点在 x 轴的点 $A(a, 0, 0)$ 上,经过时间 t,动点 A 运动到点 $P(x, y, z)$,从点 P 作坐标平面 xOy 的垂线与坐标面 xOy 相交于点 P_1,坐标为 $(x, y, 0)$,因为动点在圆柱面上以角速度 ω 绕 z 轴旋转,所以 $\angle AOP_1 = \omega t$,从而,

$$\begin{cases} x = OP_1 \cos \angle AOP_1 = a\cos \omega t, \\ y = OP_1 \sin \angle AOP_1 = a\sin \omega t. \end{cases}$$

又因为动点同时以线速度 v 沿平行于 z 轴的方向上升,所以

$$z = P_1 P = vt,$$

因此,螺旋线的参数方程为

$$\begin{cases} x = a\cos \omega t, \\ y = a\sin \omega t, \\ z = vt. \end{cases}$$

若取 $\theta = \angle AOP_1 = \omega t$ 作为参数,则螺旋线的参数方程写为

$$\begin{cases} x = a\cos \theta, \\ y = a\sin \theta, \\ z = b\theta, \end{cases}$$

其中 $b = \dfrac{v}{\omega}$.

(3) 空间曲线在坐标平面上的投影

设已知空间曲线 C 和平面 π,若从空间曲线 C 上每一点作平面 π 的垂线,所有垂线所

构成的投影曲面称为空间曲线 C 到平面 π 的**投影柱面**(图 9.19).

设空间曲线 C 的方程为

$$\begin{cases} F(x,y,z) = 0, \\ G(x,y,z) = 0. \end{cases} \quad (9.11)$$

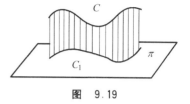

图 9.19

求曲线 C 在坐标平面 xOy 上的投影曲线 C_1 的方程. 从方程组(9.11)中消去 z,得到一个不含变量 z 的方程

$$\Phi(x,y) = 0,$$

它表示母线平行于 z 轴的柱面,而且由于曲线 C 上的点的坐标满足方程组(9.11),因而也必然满足方程 $\Phi(x,y)=0$. 这就是说,柱面 $\Phi(x,y)=0$ 过曲线 C. 因此它就是空间曲线 C 到坐标柱面 xOy 的投影柱面. 于是曲线 C 在 xOy 平面上的投影曲线 C_1 的方程为

$$C_1: \begin{cases} \Phi(x,y) = 0, \\ z = 0. \end{cases}$$

同理,从方程组(9.11)中消去 x(或 y),也可以得到曲线 C 在坐标面 yOz(或 zOx)上的投影曲线的方程.

例 9.7 求曲线

$$C: \begin{cases} x^2 + y^2 = z^2, \\ z^2 = y \end{cases}$$

在坐标面 xOy 和 yOz 上的投影曲线的方程.

解 曲线 C 是圆锥面和母线平行于 x 轴的柱面的交线. 由曲线方程组中消去 z,得到

$$x^2 + y^2 = y, \quad 即 \quad x^2 + \left(y - \frac{1}{2}\right)^2 = \frac{1}{4},$$

它是曲线 C 在坐标面 xOy 的投影柱面的方程,因此曲线 C 在坐标面 xOy 上的投影曲线方程为

$$\begin{cases} x^2 + \left(y - \frac{1}{2}\right)^2 = \frac{1}{4}, \\ z = 0, \end{cases}$$

这是以 $\left(0, \frac{1}{2}, 0\right)$ 为圆心,$\frac{1}{2}$ 为半径的圆.

因为曲面 $z^2 = y$ 是过曲线 C 且母线平行于 x 轴的柱面,所以它就是曲线 C 在坐标平面 yOz 上的投影柱面,因而曲线 C 在坐标平面 yOz 上的投影曲线的方程为

$$\begin{cases} z^2 = y, \\ x = 0, \end{cases}$$

这是一条抛物线.

习题 9.1

1. 写出以点 $C(1,3,-2)$ 为球心并通过坐标原点的球的方程.
2. 一球过点 $(0,0,0),(1,-1,1),(1,2,-1)$ 和 $(2,3,0)$, 求此球的方程.
3. 在空间直角坐标系下, 下列方程的图形是什么?
   (1) $x^2+4y^2-4=0$;   (2) $y^2+z^2=-z$;   (3) $z^2=x^2-2x+1$.
4. 在直角坐标系下, 求通过点 $(2,0,-1)$ 并与坐标面 yOz 成 $30°$ 角的直线的轨迹方程.
5. 旋转椭球面 $\dfrac{x^2+y^2}{12}+\dfrac{z^2}{9}=1$ 被平面 $z=2$ 截得一圆, 求这个圆的周长.
6. 求圆 $\begin{cases}(x-4)^2+(y-7)^2+(z+1)^2=36 \\ 3x+y-z-9=0\end{cases}$ 的圆心和半径.
7. 指出下列方程表示什么曲线, 并画出略图:
   (1) $x^2+y^2+z^2=2az$;   (2) $x^2+y^2=2az$;
   (3) $x^2+z^2=2az$;   (4) $x^2-y^2=z^2$;
   (5) $x^2=2az$;   (6) $z=2+x^2+y^2$.
8. 画出下列各曲(平)面所围成的立体图形:
   (1) $x=0, y=0, z=0, 3x+2y+z=6$;
   (2) $x=0, y=0, z=0, x=2, y=1, 3x+4y+2z-12=0$;
   (3) $x=0, y=0, z=0, x+y=1, z=x^2+y^2+4$;
   (4) $y=\sqrt{x}, y=2\sqrt{x}, z=0, x+z=4$.
9. 方程组 $\begin{cases}x^2+y^2=1 \\ y^2+z^2=1\end{cases}$, 表示怎样的曲线?
10. 方程组 $\begin{cases}x^2+y^2+z^2=25 \\ y^2+z^2=16\end{cases}$, 表示怎样的曲线? 并求出这曲线与 xOy 平面的交点的坐标(4 个交点).
11. 求曲线 $\begin{cases}x^2+y^2+z^2=a^2 \\ x^2+y^2-ax=0\end{cases}$, 在坐标面 xOy 和 yOz 上的投影曲线的方程.
12. 求曲线 $\begin{cases}x^2+y^2+9z^2=1 \\ z^2=x^2+y^2\end{cases}$, 在 xOy 平面上投影曲线的方程.

9.2 二重积分的概念和性质

在一元函数微积分中, 为了求解变力做功问题和曲边梯形的面积问题, 引入了定积分的概念. 在数学和物理中, 也有涉及二元函数的类似的问题.

1. 曲顶柱体的体积

设有一立体,它的底是 xOy 平面上的闭区域 D,它的侧面是以 D 的边界为准线、母线平行于 z 轴的柱面,它的顶是曲面 $z=f(x,y)$. 这里, $f(x,y) \geqslant 0$,且在 D 上连续. 这种立体叫**曲顶柱体**. 如图 9.20.

现在来讨论如何计算曲顶柱体的体积 V.

已知若此柱体的顶为平行于坐标面 xOy 的平面,即 $z=c$,则此曲顶柱体的体积为 $V=cS(D)$,这里 $S(D)$ 是指 D 的面积. 对于一般的曲顶柱体,用一些平顶柱体的面积近似地代替它,具体的方法是:

(1) 用一组曲线网把区域 D 分成 n 个小闭区域 σ_1, $\sigma_2, \cdots, \sigma_n$,它们的面积记作 $\Delta\sigma_1, \Delta\sigma_2, \cdots, \Delta\sigma_n$,这样曲顶柱被分成了 n 个小曲顶柱体

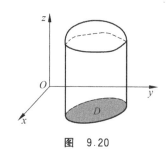

图 9.20

$$\Delta V_1, \Delta V_2, \cdots, \Delta V_n;$$

(2) 在每个小区域上任取一点:

$$(\xi_1, \eta_1) \in \sigma_1, \quad (\xi_2, \eta_2) \in \sigma_2, \cdots, (\xi_n, \eta_n) \in \sigma_n,$$

用 $f(\xi_i, \eta_i)$ 代表第 i 个小曲顶柱体的高,并把所有小柱体的体积用平顶柱体的体积近似表示: $\Delta V_i \approx f(\xi_i, \eta_i)\Delta\sigma_i (i=1,2,\cdots,n)$;

(3) 求和,得曲顶柱体体积的近似值

$$V \approx \sum_{i=1}^{n} f(\xi_i, \eta_i)\Delta\sigma_i.$$

当然,求得的和不能精确地表示曲顶柱体的真实体积,但当把 D 分得越来越细时,所求出的和则越来越接近真实的体积值.

(4) 设 n 个小闭区域的直径最大者是 d,即

$$d = \max\{d(\sigma_1), d(\sigma_2), \cdots, d(\sigma_n)\},$$

当 $d \to 0$ 时, $\sum_{i=1}^{n} f(\xi_i, \eta_i)\Delta\sigma_i$ 的极限就是所要求的体积 V,即

$$V = \lim_{d \to 0} \sum_{i=1}^{n} f(\xi_i, \eta_i)\Delta\sigma_i.$$

2. 二重积分的定义

类似于求曲顶柱体体积的问题还有很多,解决这些问题方法相似,若抛开其具体的意义,在数学上进行抽象,便得出了二重积分的定义.

定义 9.1 设 $z=f(x,y)$ 是有界闭区域 D 上的有界函数,把区域 D 任意分成 n 个小

区域 $\sigma_1, \sigma_2, \cdots, \sigma_n$，第 i 个小区域的面积记作 $\Delta\sigma_i (i=1,2,\cdots,n)$，在每个小区域内任取一点
$$(\xi_i, \eta_i) \in \sigma_i, \quad i=1,2,\cdots,n,$$
作和
$$S = \sum_{i=1}^{n} f(\xi_i, \eta_i) \Delta\sigma_i.$$
设 $d = \max\{d(\sigma_1), d(\sigma_2), \cdots, d(\sigma_n)\}$，若极限
$$\lim_{d \to 0} \sum_{i=1}^{n} f(\xi_i, \eta_i) \Delta\sigma_i$$
存在，则称 $f(x,y)$ 在区域 D 上**可积**，而把极限值称为函数 $z = f(x,y)$ 在闭区域 D 上的**二重积分**，记作 $\iint\limits_D f(x,y) \mathrm{d}\sigma$，即
$$\iint\limits_D f(x,y) \mathrm{d}\sigma = \lim_{d \to 0} \sum_{i=1}^{n} f(\xi_i, \eta_i) \Delta\sigma_i.$$
这里，$f(x,y)$ 称为**被积函数**，$\mathrm{d}\sigma$ 称为**面积元素**，x 和 y 称为**积分变量**，D 称为**积分区域**，$f(x,y)\mathrm{d}\sigma$ 称为**被积表达式**.

在多数情况下，用一些平行于坐标轴的网状直线分割区域 D，那么，除了少数边缘上的小区域外，其余的小区域都是矩形，设它的边长是 Δx_j 和 Δy_k，则 $\Delta\sigma_i = \Delta x_j \Delta y_k$，因此，面积元素 $\mathrm{d}\sigma$ 有时也用 $\mathrm{d}x\mathrm{d}y$ 表示. 于是，二重积分写作
$$\iint\limits_D f(x,y) \mathrm{d}x\mathrm{d}y,$$
其中 $\mathrm{d}x\mathrm{d}y$ 称为直角坐标系中的面积元素.

给出了二重积分的定义，这时自然要提出问题：什么样的函数在有界闭区域 D 上是可积的？结论如下：

(1) 若函数 $f(x,y)$ 在有界闭区域 D 上连续，则函数 $f(x,y)$ 在 D 上二重积分存在.

(2) 若函数 $f(x,y)$ 在有界闭区域 D 上有界且分片连续[①]，则函数 $f(x,y)$ 在 D 上的二重积分存在.

3. 二重积分的性质

与定积分类似，不难得出二重积分的如下性质，这里首先假定所讨论的函数都是可积的.

性质 1（线性性质）
$$\iint\limits_D [af(x,y) + bg(x,y)] \mathrm{d}\sigma = a\iint\limits_D f(x,y) \mathrm{d}\sigma + b\iint\limits_D g(x,y) \mathrm{d}\sigma.$$

---

① 所谓函数在 D 上分片连续，是指可以把 D 分成有限个小区域，函数在每个小区域内都连续.

(a,b 是常数.)

性质 2（区域可加性） 若 $D = D_1 \cup D_2$，且 D_1 与 D_2 公共部分面积是 0，则有
$$\iint_D f(x,y) \mathrm{d}\sigma = \iint_{D_1} f(x,y) \mathrm{d}\sigma + \iint_{D_2} f(x,y) \mathrm{d}\sigma.$$

性质 3 若 $f(x,y) = 1$，则 $\iint_D f(x,y) \mathrm{d}\sigma = \sigma$，这里 σ 是区域 D 的面积.

性质 4 若 $f(x,y) \geqslant 0, (x,y) \in D$，则
$$\iint_D f(x,y) \mathrm{d}\sigma \geqslant 0.$$

性质 5（中值定理） 设函数 $f(x,y)$ 在有界闭区域 D 上连续，σ 是 D 的面积，则在 D 上至少存在一点 (ξ, η) 使
$$\iint_D f(x,y) \mathrm{d}\sigma = f(\xi, \eta) \sigma.$$

（证明留作练习.）

习题 9.2

1. 证明：若在 D 上，$f(x,y) \leqslant g(x,y)$，则有
$$\iint_D f(x,y) \mathrm{d}\sigma \leqslant \iint_D g(x,y) \mathrm{d}\sigma.$$

2. 证明：$\left| \iint_D f(x,y) \mathrm{d}\sigma \right| \leqslant \iint_D |f(x,y)| \mathrm{d}\sigma.$

3. 证明性质 5（中值定理）.

9.3 二重积分的计算

按照二重积分定义来计算二重积分，只对少数被积函数和积分区域都很简单的情形是可行的，对一般的情形，需要另寻他径.

1. 化二重积分为二次积分[①]

（1）积分区域是矩形区域

设 D 是矩形区域：$a \leqslant x \leqslant b, c \leqslant y \leqslant d$，$z = f(x,y)$ 在 D 上连续，则对任意固定的 $x \in [a,b]$，$f(x,y)$ 作为 y 的函数在 $[c,d]$ 上可积，即 $\int_c^d f(x,y) \mathrm{d}y$ 是 x 的函数，记作

---

① 二次积分也称累次积分.

$$F(x) = \int_c^d f(x,y)\,\mathrm{d}y.$$

$F(x)$ 称为由含变量 x 的积分 $\int_c^d f(x,y)\,\mathrm{d}y$ 所确定的函数(以下同).

在区间 $[a,b]$ 及 $[c,d]$ 内分别插入分点
$$a = x_0 < x_1 < \cdots < x_{n-1} < x_n = b,$$
$$c = y_0 < y_1 < \cdots < y_{m-1} < y_m = d,$$

作两组直线 $x = x_i (i=1,2,\cdots,n), y = y_j (j=1,2,\cdots,m)$,将矩形 D 分成 $n \times m$ 个小矩形区域 $\Delta_{ij}: x_{i-1} \leqslant x \leqslant x_i, y_{j-1} \leqslant y \leqslant y_j, \Delta x_i = x_i - x_{i-1}, \Delta y_j = y_j - y_{j-1} (i=1,2,\cdots,n; j=1,2,\cdots,m)$(如图 9.21).

设 $f(x,y)$ 在 Δ_{ij} 上的最大、最小值分别为 M_{ij} 和 m_{ij},在 $[x_{i-1},x_i]$ 中任取一点 ξ_i,则有

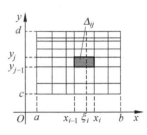

图 9.21

$$m_{ij}\Delta y_j \leqslant \int_{y_{j-1}}^{y_j} f(\xi_i,y)\,\mathrm{d}y \leqslant M_{ij}\Delta y_j,$$

对所有的 j 相加,得
$$\sum_{j=1}^m m_{ij}\Delta y_j \leqslant \int_c^d f(\xi_i,y)\,\mathrm{d}y \leqslant \sum_{j=1}^m M_{ij}\Delta y_j,$$

再乘以 Δx_i,然后对所有的 i 相加,得
$$\sum_{i=1}^n \sum_{j=1}^m m_{ij}\Delta x_i \Delta y_j \leqslant \sum_{i=1}^n F(\xi_i)\Delta x_i \leqslant \sum_{i=1}^n \sum_{j=1}^m M_{ij}\Delta x_i \Delta y_j,$$

记 $d = \max\limits_{i,j}\{\Delta_{ij}$ 的直径$\}$,由于 $f(x,y)$ 在 D 上连续,所以可积,当 $d \to 0$ 时,上述不等式两端趋于同一极限——$f(x,y)$ 在 D 上的二重积分.于是 $F(x)$ 在 $[a,b]$ 上可积,而且
$$\iint\limits_D f(x,y)\,\mathrm{d}x\mathrm{d}y = \int_a^b F(x)\,\mathrm{d}x = \int_a^b \left[\int_c^d f(x,y)\,\mathrm{d}y\right]\mathrm{d}x.$$

这样,二重积分可以化为二次定积分来计算.同样,也可以采用先对 x 后对 y 的次序
$$\iint\limits_D f(x,y)\,\mathrm{d}x\mathrm{d}y = \int_c^d \left[\int_a^b f(x,y)\,\mathrm{d}x\right]\mathrm{d}y.$$

为了书写方便,可将
$$\int_a^b \left[\int_c^d f(x,y)\,\mathrm{d}y\right]\mathrm{d}x \quad 记作 \quad \int_a^b \mathrm{d}x \int_c^d f(x,y)\,\mathrm{d}y,$$
$$\int_c^d \left[\int_a^b f(x,y)\,\mathrm{d}x\right]\mathrm{d}y \quad 记作 \quad \int_c^d \mathrm{d}y \int_a^b f(x,y)\,\mathrm{d}x,$$

则有
$$\iint\limits_D f(x,y)\,\mathrm{d}x\mathrm{d}y = \int_a^b \mathrm{d}x \int_c^d f(x,y)\,\mathrm{d}y = \int_c^d \mathrm{d}y \int_a^b f(x,y)\,\mathrm{d}x.$$

注 可以证明,上述公式当被积函数 $f(x,y)$ 在 D 上可积时也成立.

(2) 积分区域 D 是 x 型区域

所谓 x 型区域,即任何平行于 y 轴的直线与 D 的边界最多交于两点或有一段重合,这时 D 可表示为
$$y_1(x) \leqslant y \leqslant y_2(x), \quad a \leqslant x \leqslant b,$$
其中 $y_1(x)$ 及 $y_2(x)$ 在 $[a,b]$ 上连续(如图 9.22).

这时可作一包含 D 的矩形区域 $D_1:a \leqslant x \leqslant b, c \leqslant y \leqslant d$,并作一辅助函数
$$\bar{f}(x,y) = \begin{cases} f(x,y), & (x,y) \in D, \\ 0, & (x,y) \notin D. \end{cases}$$

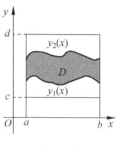

图 9.22

于是,由积分的性质及前面的结果知
$$\iint_D f(x,y) \mathrm{d}x\mathrm{d}y = \iint_{D_1} \bar{f}(x,y) \mathrm{d}x\mathrm{d}y = \int_a^b \mathrm{d}x \int_c^d \bar{f}(x,y) \mathrm{d}y = \int_a^b \mathrm{d}x \int_{y_1(x)}^{y_2(x)} f(x,y) \mathrm{d}y.$$

(3) 积分区域 D 是 y 型区域

所谓 y 型区域,即任何平行于 x 轴的直线与 D 的边界最多交于两点或有一段重合,这时 D 可表示为
$$x_1(y) \leqslant x \leqslant x_2(y), \quad c \leqslant y \leqslant d,$$
其中 $x_1(y)$ 及 $x_2(y)$ 在 $[c,d]$ 上连续(如图 9.23).

完全类似于(2)的情形,可得
$$\iint_D f(x,y) \mathrm{d}x\mathrm{d}y = \int_c^d \mathrm{d}y \int_{x_1(y)}^{x_2(y)} f(x,y) \mathrm{d}x.$$

(4) 对任意有界闭区域 D,如果 D 既不是 x 型区域,也不是 y 型区域,则可以把区域 D 分割成有限个区域,使每个子区域是 x 型的或 y 型的,然后利用二重积分关于区域的可加性进行计算(如图 9.24).

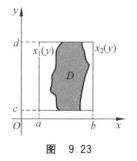

图 9.23

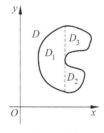

图 9.24

例 9.8 求 $\iint_D e^{x+y} dxdy$，其中 $D: 0 \leqslant x \leqslant 1, 1 \leqslant y \leqslant 2$.

解 区域是矩形区域，有
$$\iint_D e^{x+y} dxdy = \int_0^1 dx \int_1^2 e^{x+y} dy.$$

对于第一次积分，y 是积分变量，x 可以认为是常量，于是
$$\int_1^2 e^{x+y} dy = e^x \int_1^2 e^y dy = e^x(e^2 - e),$$

因此
$$\int_0^1 dx \int_1^2 e^{x+y} dy = \int_0^1 e^x(e^2 - e) dx = e(e-1)^2.$$

例 9.9 求 $\iint_D e^{\frac{x}{y}} dxdy$，其中 D 是由抛物线 $y^2 = x$ 和直线 $y = 1$ 及 y 轴所围成的区域.

解 如图 9.25 所示，区域 D 既是 x 型区域，又是 y 型区域，因此，按不同的积分次序有
$$\iint_D e^{\frac{x}{y}} dxdy = \int_0^1 dx \int_{\sqrt{x}}^1 e^{\frac{x}{y}} dy$$

与

$$\iint_D e^{\frac{x}{y}} dxdy = \int_0^1 dy \int_0^{y^2} e^{\frac{x}{y}} dx.$$

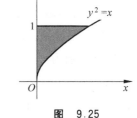

图 9.25

由于不定积分 $\int e^{\frac{x}{y}} dy$ 难以求出，因此，选用先对 x 再对 y 积分比较方便，此时，
$$\iint_D e^{\frac{x}{y}} dxdy = \int_0^1 dy \int_0^{y^2} e^{\frac{x}{y}} dx = \int_0^1 y(e^y - 1) dy = \frac{1}{2}.$$

可见，选取哪种积分次序，对于能否顺利地计算至关重要.

例 9.10 计算积分 $\int_0^1 dy \int_y^1 e^{x^2} dx$.

解 若直接计算，$\int e^{x^2} dx$ 不是初等函数，因此考虑交换积分次序，首先确定积分区域 D 是由下面三条线围成：$y = 0, x = y, x = 1$，如图 9.26 所示. 此区域也可以看成 x 型区域，因此
$$\int_0^1 dy \int_y^1 e^{x^2} dx = \iint_D e^{x^2} dxdy = \int_0^1 dx \int_0^x e^{x^2} dy = \int_0^1 x e^{x^2} dx = \frac{1}{2}(e-1).$$

例 9.11 求两个底圆半径相等的直交圆柱面：$x^2 + y^2 = R^2$ 及 $x^2 + z^2 = R^2$ 所围成的立体的体积.

解 利用立体关于坐标平面的对称性，只需算出它在第一卦限部分的体积即可.

所求第一卦限部分可以看成是一个曲顶柱体，它的底是半径为 R 的圆的四分之一部分，它的顶是曲面 $z=\sqrt{R^2-x^2}$（如图 9.27）. 于是

$$V_1 = \iint\limits_D \sqrt{R^2-x^2}\,\mathrm{d}\sigma,$$

化为累次积分，得

$$V_1 = \iint\limits_D \sqrt{R^2-x^2}\,\mathrm{d}\sigma = \int_0^R \mathrm{d}x \int_0^{\sqrt{R^2-x^2}} \sqrt{R^2-x^2}\,\mathrm{d}y = \int_0^R (R^2-x^2)\,\mathrm{d}x = \frac{2}{3}R^3,$$

从而所求立体体积为

$$V = 8V_1 = \frac{16}{3}R^3.$$

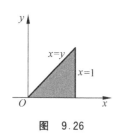
图 9.26

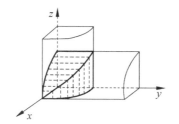
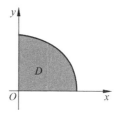
图 9.27

习题 9.3

1. 计算下面二重积分：

(1) $\iint\limits_D (x^2+y^2)\,\mathrm{d}\sigma$, D 是区域，$|x|\leqslant 1, |y|\leqslant 1$；

(2) $\iint\limits_D \mathrm{e}^{x+y}\,\mathrm{d}\sigma$, D 是由 $|x|+|y|\leqslant 1$ 所确定的区域；

(3) $\iint\limits_D x^2 y\,\mathrm{d}x\mathrm{d}y$，其中 D 是圆域 $x^2+y^2\leqslant 1$；

(4) $\iint\limits_D (x^2-y^2)\,\mathrm{d}\sigma$, D 是闭区域，$0\leqslant y\leqslant \sin x, 0\leqslant x\leqslant \pi$.

2. 计算下面二重积分的值 $\iint\limits_D f(x,y)\,\mathrm{d}\sigma$，其中：

(1) $f(x,y)=x+6y$, D: $y=x, y=5x, x=1$ 所围成；

(2) $f(x,y)=\cos(x+y)$, D: $x=0, y=x, y=1$ 所围成；

(3) $f(x,y)=x^2+y^2$, D: $y=x, y=x+a, y=a, y=3a$ 所围成,这里 $a>0$.

3. 求证:如果函数 $F(x,y)=f(x)g(y)$,即函数是变量可分离函数,则 $F(x,y)$ 在矩形区域 D: $a\leqslant x\leqslant b, c\leqslant y\leqslant d$ 上的积分也可分离,即

$$\iint_D F(x,y)\mathrm{d}x = \int_a^b f(x)\mathrm{d}x \int_c^d g(y)\mathrm{d}y.$$

4. 改变下面积分的次序:

(1) $\int_1^e \mathrm{d}x \int_0^{\ln x} f(x,y)\mathrm{d}y$;

(2) $\int_0^4 \mathrm{d}y \int_{-\sqrt{4-y}}^{\frac{1}{2}(y-4)} f(x,y)\mathrm{d}x$;

(3) $\int_1^2 \mathrm{d}x \int_{2-x}^{\sqrt{2x-x^2}} f(x,y)\mathrm{d}y$.

9.4 利用极坐标计算二重积分

在计算二重积分时,如果积分区域的边界曲线或被积函数的表达式用极坐标变量 r, θ 表达比较简单时,可以考虑利用极坐标来计算二重积分 $\iint_D f(x,y)\mathrm{d}\sigma$.

按照二重积分的定义,

$$\iint_D f(x,y)\mathrm{d}\sigma = \lim_{d\to 0} \sum_{i=1}^n f(\xi_i, \eta_i)\Delta\sigma_i.$$

在直角坐标系中,用两组平行于坐标轴的直线把区域 D 分成若干方形小块,因而求得 $\Delta\sigma=\Delta x_i \Delta y_i$. 在极坐标系中,当然用 $r=$ 常数,$\theta=$ 常数的曲线网分割区域 D,如图 9.28,在阴影部分所对应的扇环形区域,圆心角是 $\Delta\theta$,外弧半径是 $r+\Delta r$,内弧半径是 r,因此,阴影部分的面积是

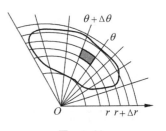

图 9.28

$$\Delta\sigma = \frac{1}{2}(r+\Delta r)^2\Delta\theta - \frac{1}{2}r^2\Delta\theta = r\Delta r\Delta\theta + \frac{1}{2}(\Delta r)^2\Delta\theta,$$

略去高阶无穷小,便有

$$\Delta\sigma \approx r\Delta r\Delta\theta,$$

所以面积元素是

$$\mathrm{d}\sigma = r\mathrm{d}r\mathrm{d}\theta,$$

而被积函数变为

$$f(x,y) = f(r\cos\theta, r\sin\theta),$$

于是在直角坐标系中的二重积分变为在极坐标系中的二重积分

$$\iint\limits_D f(x,y)\mathrm{d}\sigma = \iint\limits_D f(r\cos\theta, r\sin\theta)r\mathrm{d}r\mathrm{d}\theta.$$

计算极坐标系下的二重积分,也要将它化为累次积分.

类似于直角坐标的情形,如果对每条过极点的射线 $\theta=\theta_0$ 与区域的边界至多有两个交点 $r_1(\theta_0)$ 及 $r_2(\theta_0)$, $r_1(\theta_0) \leqslant r_2(\theta_0)$,而 θ 的范围是 $\alpha \leqslant \theta \leqslant \beta$,则区域 D 可表示为(见图 9.29).

$$D = \{(r,\theta) \mid r_1(\theta) \leqslant r \leqslant r_2(\theta), \alpha \leqslant \theta \leqslant \beta\},$$

因此二重积分可化为累次积分

$$\iint\limits_D f(r\cos\theta, r\sin\theta)r\mathrm{d}r\mathrm{d}\theta = \int_\alpha^\beta \mathrm{d}\theta \int_{r_1(\theta)}^{r_2(\theta)} f(r\cos\theta, r\sin\theta)r\mathrm{d}r.$$

如果极点在区域 D 的内部或边界,则 $r_1(\theta)=0$,如图 9.30 所示,此时二重积分可分别表示为

$$\int_0^{2\pi} \mathrm{d}\theta \int_0^{r(\theta)} f(r\cos\theta, r\sin\theta)r\mathrm{d}r,$$

及

$$\int_\alpha^\beta \mathrm{d}\theta \int_0^{r(\theta)} f(r\cos\theta, r\sin\theta)r\mathrm{d}r.$$

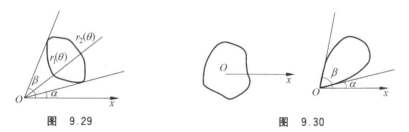

图 9.29   图 9.30

例 9.12 计算半径为 R 的圆的面积.

解 取圆心为极点,则圆的面积 A 可表示为

$$A = \iint\limits_D \mathrm{d}\sigma,$$

其中 D 是圆的内部区域,因此

$$A = \int_0^{2\pi} \mathrm{d}\theta \int_0^R r\mathrm{d}r = \int_0^{2\pi} \frac{R^2}{2} \mathrm{d}\theta = \pi R^2.$$

例 9.13 计算二重积分 $\iint\limits_D \dfrac{\mathrm{d}x\mathrm{d}y}{1+x^2+y^2}$,其中区域 $D = \{(x,y) \mid 1 \leqslant x^2+y^2 \leqslant 4\}$.

解 利用极坐标,区域的边界曲线是

$$r_1(\theta) = 1 \quad 与 \quad r_2(\theta) = 2,$$

因此
$$\iint_D \frac{\mathrm{d}x\mathrm{d}y}{1+x^2+y^2} = \int_0^{2\pi} \mathrm{d}\theta \int_1^2 \frac{r}{1+r^2} \mathrm{d}r = \int_0^{2\pi} \frac{1}{2}\ln\frac{5}{2} \mathrm{d}\theta = \pi\ln\frac{5}{2}.$$

例 9.14 求球体 $x^2+y^2+z^2 \leqslant 4a^2$ 被圆柱面 $x^2+y^2=2ax(a>0)$ 所截得的立体的体积（如图 9.31）．

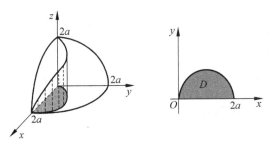

图 9.31

解 由对称性，所截的部分是以 D 为底的曲顶柱体体积的 4 倍，而曲顶柱体顶面的方程是 $z=\sqrt{4a^2-x^2-y^2}$．因此
$$V = 4\iint_D \sqrt{4a^2-x^2-y^2}\,\mathrm{d}x\mathrm{d}y,$$
利用极坐标，便得
$$V = 4\iint_D \sqrt{4a^2-r^2}\,r\mathrm{d}r\mathrm{d}\theta = 4\int_0^{\frac{\pi}{2}} \mathrm{d}\theta \int_0^{2a\cos\theta} \sqrt{4a^2-r^2}\,r\mathrm{d}r$$
$$= \frac{32}{3}a^3 \int_0^{\frac{\pi}{2}} (1-\sin^3\theta)\mathrm{d}\theta = \frac{32}{3}a^3 \left(\frac{\pi}{2}-\frac{2}{3}\right).$$

例 9.15 计算泊松积分 $I = \int_{-\infty}^{+\infty} \mathrm{e}^{-x^2} \mathrm{d}x$．

解 $\int \mathrm{e}^{-x^2}\mathrm{d}x$ 不是初等函数，"积"不出来．先求 $k = \iint_D \mathrm{e}^{-(x^2+y^2)} \mathrm{d}x\mathrm{d}y$，其中 D 是整个平面，显然，这类似于一元函数的广义积分，因此，k 可用累次积分表示为
$$k = \int_{-\infty}^{+\infty} \mathrm{d}x \int_{-\infty}^{+\infty} \mathrm{e}^{-(x^2+y^2)} \mathrm{d}y = \int_{-\infty}^{+\infty} \mathrm{e}^{-x^2} \mathrm{d}x \int_{-\infty}^{+\infty} \mathrm{e}^{-y^2} \mathrm{d}y = I^2,$$
而把上述积分用极坐标表示，便有
$$k = \int_0^{2\pi} \mathrm{d}\theta \int_0^{+\infty} \mathrm{e}^{-r^2} r\mathrm{d}r.$$
又
$$\int_0^{+\infty} \mathrm{e}^{-r^2} r\mathrm{d}r = \left[-\frac{\mathrm{e}^{-r^2}}{2}\right]_0^{+\infty} = \frac{1}{2},$$

所以
$$k = \int_0^{2\pi} \frac{1}{2} d\theta = \pi,$$
于是 $I^2 = \pi, I = \sqrt{\pi}$.

习题 9.4

1. 画出积分区域，把 $\iint\limits_D f(x,y) dx dy$ 表示为极坐标形式的累次积分，其中积分区域 D 是：

   (1) 圆 $x^2 + (y-b)^2 = R^2$ 所围成，其中 $0 < R < b$；
   (2) $D = \{(x,y) \mid a^2 \leqslant x^2 + y^2 \leqslant b^2, 0 < a < b\}$；
   (3) 由 x 轴、y 轴及 $x + y = 1$ 所围成；
   (4) 由 x 轴及 $2y = -x^2 + 1$ 所围成.

2. 计算下面二重积分：

   (1) $\iint\limits_D \sqrt{\dfrac{1 - x^2 - y^2}{1 + x^2 + y^2}} d\sigma$，其中 D 是 $x^2 + y^2 = 1$ 所围成的区域；

   (2) $\iint\limits_D y d\sigma$，其中 D 是 $x^2 + y^2 = a^2$ 所包围的第一象限的区域；

   (3) $\iint\limits_D \sqrt{R^2 - x^2 - y^2} d\sigma$，其中 D 是 $x^2 + y^2 = Rx$ 所围成的区域；

   (4) $\iint\limits_D \arctan \dfrac{y}{x} d\sigma$，其中 D 是 $x^2 + y^2 = 1, x^2 + y^2 = 4, y = x, y = 0$ 所围成的区域.

部分习题答案

第1章 准备知识

习题 1.2

1. (1) $[-1,1]$; (2) $(-\infty,0) \cup (0,+\infty)$; (3) $(-1,2)$; (4) $[-1,2]$; (5) $(-\infty,0)$; (6) $(-1,3]$.

2. $f(x)=x^2-2$.

5. (1) 奇; (2) 非奇非偶; (3) 奇; (4) 奇; (5) 偶.

第2章 极限与连续

习题 2.1

1. (1) 有极限; (2) 有极限; (3) 无极限; (4) 无极限.

习题 2.2

2. $\lim\limits_{x \to 1^-} f(x)=5$, $\lim\limits_{x \to 1^+} f(x)=1$, $\lim\limits_{x \to 1} f(x)$ 不存在.

习题 2.3

(1) 2; (2) 0; (3) $\dfrac{2}{3}$; (4) $\dfrac{4}{3}$; (5) $\dfrac{12}{5}$; (6) 0; (7) $\dfrac{1}{2}$; (8) $-\dfrac{1}{64}$.

习题 2.4

(1) $\dfrac{a}{b}$; (2) 9; (3) 3; (4) e^{-1}; (5) e^x;

(6) $\dfrac{1}{a}$; (7) e^{-1}; (8) $\alpha-\beta$; (9) $\alpha-\beta$; (10) 1.

习题 2.5

1. (1) $1-x=O\left(\dfrac{1}{3}(1-\sqrt[3]{x})\right)$; (2) $1-x=O(1-\sqrt{x})$.

2. (1) 二阶; (2) 4 阶; (3) 一阶.

3. (1) $1+\dfrac{1}{x^3-1}$; (2) $\dfrac{1}{2}-\dfrac{1}{2(2x^2+1)}$; (3) $-1+\dfrac{2}{x^2+1}$.

4. $a=1, b=-1$.

5. $b=2$.

7. (1) 2^x 是比 3^x 低阶的无穷大;

(2) $\sqrt{x^3+x+1}$ 是比 $\sqrt{x+\sin x}$ 高阶的无穷大；$\ln(x+\sqrt{x^2+1})$ 是比 $\sqrt{x^2+x+1}$ 低阶的无穷大.

习题 2.6

3. 在 $x=-5$ 处无穷，在 $x=4$ 处跳跃.

4. (1) $(-\infty,-1)\cup(-1,+\infty)$, $x=-1$ 为可去间断点；

   (2) $\left[2k\pi, 2k\pi+\dfrac{\pi}{2}\right)\cup\left(2k\pi+\dfrac{3}{2}\pi,(2k+1)\pi\right)$, $k\in\mathbb{Z}$；

   (3) $\left(-\dfrac{1}{2},0\right)\cup(0,+\infty)$, $x=0$ 为可去间断点.

5. (1) $f(0)=2$； (2) $f(0)=\dfrac{3}{2}$； $f(0)=1$.

第 3 章 导数与微分

习题 3.1

1. (1) a； (2) $f'(1)=-8, f'(2)=f'(3)=0$； (3) $f'(1)=\dfrac{\pi}{4}$.

2. $y=\dfrac{1}{2}x+\dfrac{1}{2}$.

4. $a=2c$, $b=-c^2$.

习题 3.2

1. (1) $y'=6x+5$；

   (2) $y'=\dfrac{1}{x^4\sqrt{1+x^2}}$；

   (3) $y'=-\dfrac{\sqrt{x}}{2(x-x^2)}\sqrt{\dfrac{1-\sqrt{x}}{1+\sqrt{x}}}$；

   (4) $y'=4\mathrm{e}^{2x}(1-\cos 2x)$；

   (5) $y'=x^5\mathrm{e}^{-x^2}$；

   (6) $y'=\dfrac{\mathrm{e}^{2x}-1+\mathrm{e}^x\sqrt{\mathrm{e}^{2x}-1}}{(\mathrm{e}^x+1)(\mathrm{e}^x+\sqrt{\mathrm{e}^{2x}-1})}$.

2. (1) $y'=\dfrac{1}{2}x^{-\frac{1}{2}}\ln(\sqrt{x}+\sqrt{x+a})$；

   (2) $y'=\sec x$；

   (3) $y'=\dfrac{b}{\sqrt{a^2+b^2x^2}}$；

   (4) $y'=\tan 6x\sec 6x$；

   (5) $y'=\dfrac{\sqrt{1+x^2}-1}{2(x^2-\sqrt{1+x^2}+2)\sqrt{1+x^2}}$；

   (6) $y'=\dfrac{1}{4\sqrt{x}\sqrt{1-x}}$；

   (7) $y'=\dfrac{1}{3+\sin x+2\cos x}$.

习题 3.3

1. (1) $-\dfrac{x}{y}$； (2) $\dfrac{(x-1)y}{x(1-y)}$； (3) $\dfrac{y-1}{x(2-y)}$； (4) $\dfrac{\sqrt{1-y^2}\arcsin y}{1-\sqrt{1-y^2}\arcsin y}$.

2. (1) $2t$； (2) $\dfrac{2t-t^4}{1-2t^3}$； (3) $\dfrac{\sin\theta}{1-\cos\theta}$； (4) $\dfrac{\cos t-\sin t}{\sin t+\cos t}$.

习题 3.4

1. (1) $(1-x+x^2-x^3)\mathrm{d}x$； (2) $\dfrac{2nx^{2n-1}}{(1+x^2)^{n+1}}\mathrm{d}x$；

   (3) $\mathrm{e}^x(\sin(3-x)+\cos(3-x))\mathrm{d}x$； (4) $(a\cos ax\cos bx - b\sin ax\sin bx)\mathrm{d}x$；

   (5) $\sec x\,\mathrm{d}x$.

2. (1) $\dfrac{3}{3x+1}\cos\ln(3x+1)\mathrm{d}x$； (2) $a^{ax+1}\ln a\,\mathrm{d}x$；

   (3) $\dfrac{2\tan x\sec^2 x}{1+\tan^4 x}\mathrm{d}x$； (4) $\dfrac{\mathrm{e}^x}{\sqrt{1+\mathrm{e}^{2x}}}\mathrm{d}x$.

3. (1) ≈ 9.985； (2) ≈ 2.991； (3) ≈ 1.00667.

4. $\Delta S_1 \approx 43.61\ \mathrm{cm}^2$；$\Delta S_2 \approx 105.19\ \mathrm{cm}^2$.

习题 3.5

1. (2) $n=2$ 或 $n=-3$.

2. (1) $2\cos x - 4x\sin x - x^2\cos x$； (2) $\dfrac{x^2-2x+2}{x^3}\mathrm{e}^x$；

   (3) $\dfrac{1}{(1+\cos t)^2}$； (4) $-\dfrac{2a^3 xy}{(y^2-ax)^3}$.

3. (1) $y^{(4)} = \dfrac{-4x^2+16x+8}{(x-1)^4}$； (2) $y'' = \dfrac{4}{(1+x^2)^2}$；

   (3) $y''' = \mathrm{e}^{-x}(2\sin 2x + 11\cos 2x - 4\sin x - 4\cos x)$.

4. (1) $y^{(n)} = 2^{n-1}\left(\sin 2x + \dfrac{(n-1)\pi}{2}\right)$； (2) $y^{(n)} = (-1)^{n-1}\mathrm{e}^{-x}(n-x)$；

   (3) $y^{(n)} = \left(\dfrac{2}{3}\right)^n \sqrt[3]{\mathrm{e}^{2x+1}}$.

第 4 章 中值定理与导数的应用

习题 4.2

(1) $\dfrac{1}{2}$； (2) $-\dfrac{1}{3}$； (3) 1； (4) 2； (5) $-\dfrac{1}{3}$； (6) $\dfrac{1}{2}$；

(7) 1； (8) 0； (9) 3； (10) 0； (11) 1； (12) -2.

习题 4.3

1. (1) $(-\infty,-2)\nearrow,(-2,+\infty)\searrow$；

   (2) $(-\infty,0)\nearrow,(2,+\infty)\nearrow,(0,2)\searrow$；

   (3) $(0,1)\searrow,(1,+\infty)\nearrow$；

   (4) $\left(0,\dfrac{1}{2}\right)\searrow,\left(\dfrac{1}{2},+\infty\right)\nearrow$；

   (5) $[0,1)\nearrow,(1,2]\searrow$.

3. (1) 极大 17，极小 -47； (2) 无极值； (3) 极小 $-\dfrac{2}{\mathrm{e}}$.

4. 当 $a>0$ 时，在 $x=0$ 处取得极大值 2，在 $x=2a$ 处取得极小值 $-4a^3+2$；当 $a<0$ 时，在 $x=0$ 处取

得极小值 2, 在 $x=2a$ 处取得极大值 $-4a^3+2$. 当 $a^3>\dfrac{1}{2}$ 时, 有三个不同的实根. 当 $a^3<\dfrac{1}{2}$ 时, 有惟一的实根.

5. (1) 最小 $-\dfrac{1}{2}$, 最大 $\dfrac{1}{2}$; （2) 最小 0, 最大 5.

习题 4.4

1. (1) $(-\infty,2)\cap,(2,+\infty)\cup,(2,12)$ 为拐点；

   (2) $(-\infty,-6)\cup,(-6,0)\cap,(0,6)\cup,(6,+\infty)\cap,(0,0),\left(\pm 6,\pm\dfrac{9}{2}\right)$ 为拐点；

   (3) $(-\infty,-3)\cup,(-3,-1)\cap,(-1,+\infty)\cup,(-3,10\mathrm{e}^{-3}),(-1,2\mathrm{e}^{-1})$ 为拐点；

   (4) $(-\infty,+\infty)\cap,$ 无拐点.

第 5 章 不定积分

习题 5.1

1. (1) $\dfrac{2}{7}x^{\frac{7}{2}}+C$; (2) $-\dfrac{2}{5}x^{-\frac{5}{2}}+C$;

   (3) $\dfrac{x^4}{2}-x^3-\dfrac{5}{2}x^2+C$; (4) $\dfrac{t^2}{2}+\dfrac{2}{3}t^{\frac{3}{2}}-2t+C$;

   (5) $2\arctan u-\tan u-3\arcsin u+C$; (6) $\dfrac{2}{3}y^{\frac{3}{2}}+y-2\sqrt{y}-\ln y+C$;

   (7) $-4\cot x+C$; (8) $\sin x-\cos x+C$;

   (9) $\tan x-\sec x+C$; (10) $-\cot x-\tan x+C$;

   (11) $\dfrac{\left(\dfrac{2.3}{5}\right)^x}{\ln\dfrac{2.3}{5}}-\dfrac{\left(\dfrac{3.2}{5}\right)^x}{\ln\dfrac{3.2}{5}}+C$; (12) $x^3+\arctan x+C$.

2. (1) $y=\ln|x|+C$; (2) $y=\ln|x|+1$.

习题 5.2

2. (1) $\dfrac{1}{4}\mathrm{e}^{2x^2+1}+C$; (2) $y=-\dfrac{1}{4}\ln|1-4x|+C$;

   (3) $\dfrac{1}{2}\arctan\dfrac{x}{2}+C$; (4) $\mathrm{e}^x-\ln(1+\mathrm{e}^x)+C$;

   (5) $\dfrac{1}{300}(3x+1)^{100}+C$; (6) $-\dfrac{2}{9}(1-t^3)^{\frac{3}{2}}+C$;

   (7) $\dfrac{1}{2}\sin^2 u+C$; (8) $\dfrac{x}{8}-\dfrac{1}{32}\sin 4x+C$;

   (9) $\sin x-\dfrac{1}{3}\sin^3 x+C$; (10) $-\dfrac{1}{16}\cos 8x-\dfrac{1}{8}\cos 4x+C$;

   (11) $\dfrac{1}{3}\sec^3 x-2\sec x-\cos x+C$; (12) $\dfrac{3}{2}x^{\frac{2}{3}}-3x^{\frac{1}{3}}+3\ln\left|1+\sqrt[3]{x}\right|+C$;

   (13) $\dfrac{1}{6}(2x+1)^{\frac{3}{2}}+\dfrac{3}{2}(2x+1)^{\frac{1}{2}}+C$; (14) $\dfrac{1}{a}\left(\ln\left(a-\sqrt{a^2-x^2}\right)-\ln|x|\right)+C$;

(15) $\dfrac{1}{2a^3}\arctan\dfrac{x}{a}+\dfrac{1}{2a^2}\cdot\dfrac{x}{a^2+x^2}+C$;

(16) $-\dfrac{1}{a^2}\dfrac{x}{\sqrt{x^2-a^2}}+C$;

(17) $\dfrac{1}{2}\arcsin\dfrac{2x}{3}+\dfrac{1}{4}\sqrt{9-4x^2}+C$;

(18) $-\dfrac{10^{2\arccos x}}{2\ln 10}+C$;

(19) $\ln|\ln\ln x|+C$;

(20) $-\dfrac{1}{x\ln x}+C$;

(21) $\dfrac{x^2}{2}-\dfrac{9}{2}\ln(x^2+9)+C$;

(22) $2\arctan\sqrt{x}+C$;

(23) $\arcsin x-\dfrac{1}{x}+\dfrac{\sqrt{1-x^2}}{x}+C$.

习题 5.3

(1) $\dfrac{x^2}{2}\ln x-\dfrac{x^2}{4}+C$;

(2) $x\arcsin x+\sqrt{1-x^2}+C$;

(3) $\dfrac{x^3}{3}\arctan x-\dfrac{x^2}{6}+\dfrac{1}{6}\ln(1+x^2)+C$;

(4) $x\tan x-\dfrac{1}{2x^2}+\ln|\cos x|+C$;

(5) $\dfrac{x^3}{6}-\dfrac{x^2}{4}\sin 2x-\dfrac{x}{4}\cos 2x+\dfrac{1}{8}\sin 2x+C$;

(6) $-\dfrac{x}{4}\cos 2x+\dfrac{1}{8}\sin 2x+C$;

(7) $\dfrac{x^2}{2}\ln(x-1)-\dfrac{x^2}{4}-\dfrac{x}{2}-\dfrac{1}{2}\ln(x-1)+C$;

(8) $x(\arcsin x)^2+2\sqrt{1-x^2}\arcsin x-2x+C$;

(9) $\dfrac{x^4}{4}\ln^2 x-\dfrac{x^4}{8}\ln x+\dfrac{x^4}{32}+C$;

(10) $x\ln(1+x^2)-2x+2\arctan x+C$;

(11) $\int e^{ax}\sin bx\,dx=\dfrac{1}{a^2+b^2}e^{ax}(a\sin bx-b\cos bx)+C$;

(12) $\dfrac{e^x}{2}-\dfrac{e^x}{5}\sin 2x-\dfrac{1}{10}e^x\cos 2x+C$;

第 6 章 定 积 分

习题 6.1

3. (1) $e-1$; (2) $\sin b-\sin a$.

习题 6.3

1. (1) $y'=-\sin x\sin(\pi\cos^2 x)-\cos x\sin(\pi\sin^2 x)$; (2) $y'=\dfrac{\sin 2x}{2x^2}$;

(3) $\dfrac{dy}{dx}=-e^{-y}\cos x$; (4) $y'=-\dfrac{2x}{\sqrt{1+x^4}}$.

2. (1) $\dfrac{\pi}{3}$; (2) $\dfrac{\pi}{6}$; (3) -1; (4) 1.

4. (1) $\dfrac{1}{2}e^{-1}$; (2) 0.

习题 6.4

1. (1) $\dfrac{5}{8}\pi a^4$; (2) $4-2\arctan 2$; (3) $4-2\ln 3$; (4) $\dfrac{1}{9}(4-2\sqrt{2})$.

4. 2.

5. $\pi\left(\dfrac{\pi}{2}-1\right)$.

习题 6.5

(1) $326\mathrm{e}^{-1}-44\mathrm{e}$;　　(2) $2\left(1-\dfrac{1}{\mathrm{e}}\right)$;　　(3) $\dfrac{1}{2}\left[\sqrt{2}+\ln\left(\sqrt{2}+1\right)\right]$;

(4) $\dfrac{\pi}{12}+\dfrac{\sqrt{3}}{2}-1$;　　(5) $4(\ln 4-1)$;　　(6) $\dfrac{1}{4}(1-\ln 2)$;

(7) $\dfrac{\pi^2}{4}-2$;　　(8) $\dfrac{1}{2}-\dfrac{3}{8}\ln 3$;

(9) $x\ln\left(x+\sqrt{x^2+a^2}\right)-\sqrt{x^2-a^2}-a\ln a$;　　(10) 1.

习题 6.6

1. (1) $\dfrac{a^2}{3}$;　(2) $\dfrac{9}{2}$;　(3) $\dfrac{1}{2}(1-\ln 2)$;　(4) $\dfrac{\pi}{4}-\dfrac{1}{6}$;　(5) $\mathrm{e}^2+\mathrm{e}^{-2}-2$;

(6) $2-\ln 3$;　(7) 2;　(8) $\dfrac{23}{12}$;　(9) $\dfrac{16}{3}$;　(10) $\dfrac{\pi}{2}-1$.

2. (1) $\dfrac{3}{8}\pi a^2$;　(2) $\dfrac{8}{15}$;　(3) $\dfrac{\pi}{6}+\dfrac{1-\sqrt{3}}{2}$;　(4) $\dfrac{\pi}{2}a^2$;　(5) $6\pi a^2$.

3. $\dfrac{500\sqrt{3}}{3}$.

4. (1) $V_{方}=256$;　(2) $V_{等边}=64\sqrt{3}$;　(3) $V_3=36\sqrt{3}-18\ln(2+\sqrt{3})$.

5. $V_x=4\pi$; $V_y=\dfrac{256}{15}\pi$.

6. 64π.

第 7 章　级　数

习题 7.1

2. (1) 发散;　(2) 发散;　(3) 收敛.

3. (1) $\dfrac{3}{2}$;　(2) $\dfrac{3}{2}$;　(3) $3\dfrac{1}{2}$.

习题 7.2

2. (1) 收敛;　(2) 收敛;　(3) 收敛;　(4) 收敛;　(5) 收敛;

(6) $a>1$ 收敛, $0<a\leqslant 1$ 发散;　(7) 发散;　(8) 收敛;　(9) 收敛.

习题 7.3

3. (1) 条件收敛;　(2) 绝对收敛;　(3) 条件收敛;　(4) 绝对收敛;

(5) 绝对收敛;　(6) 绝对收敛;　(7) 绝对收敛;　(8) 条件收敛;

(9) 发散;　(10) 绝对收敛;　(11) 绝对收敛;　(12) 绝对收敛.

习题 7.4

1. (1) $R=1, x\in(-1,1]$;　　(2) $f'=\sum\limits_{n=1}^{\infty}(-1)^{n-1}x^{2n-2}$;

(3) $f(x)=\arctan x$; (4) $\dfrac{\pi}{4}$.

2. (1) $\left[-\dfrac{1}{2},\dfrac{1}{2}\right)$; (2) $(-4,4)$; (3) $(0,2)$;

   (4) $\left(-\dfrac{\sqrt{2}}{2}-3,\dfrac{\sqrt{2}}{2}-3\right)$; (5) $[-1,1)$; (6) $\left(\dfrac{1}{e},e\right)$.

3. (1) $\dfrac{1}{(x-1)^2}$; (2) $\dfrac{1}{2}\ln\left(\dfrac{1+x}{1-x}\right)$.

第8章 多元函数的微分学

习题 8.1

3. $\sqrt{38}$.

4. (1) $y^2>2x$,无界; (2) $\begin{cases} y\geqslant x, \\ x^2+y^2>R^2, \end{cases}$ 无界; (3) $x^2+y^2\geqslant 1$,无界;

   (4) $y^2\geqslant x, x\geqslant 0$,无界; (5) $x+y>0, x-y>0$,无界; (6) $xy>0$,无界.

习题 8.2

3. (1) 1; (2) $+\infty$; (3) $-\dfrac{1}{4}$; (4) 0.

习题 8.3

3. (1) $\dfrac{\partial u}{\partial x}=\dfrac{y}{z}x^{\frac{y}{z}-1}$, $\dfrac{\partial u}{\partial y}=\dfrac{1}{z}x^{\frac{y}{z}}\ln x$, $\dfrac{\partial u}{\partial z}=-\dfrac{y}{z^2}x^{\frac{y}{z}}\ln x$;

   (2) $\dfrac{\partial u}{\partial x}=2zxe^{z(x^2+y^2+z^2)}$, $\dfrac{\partial u}{\partial y}=2zye^{z(x^2+y^2+z^2)}$, $\dfrac{\partial u}{\partial z}=(x^2+y^2+3z^2)e^{z(x^2+y^2+z^2)}$.

4. (1) $\dfrac{\partial^2 z}{\partial x^2}=12x^2-8y^2$, $\dfrac{\partial^2 z}{\partial y^2}=12y^2-8x^2$, $\dfrac{\partial^2 z}{\partial x\partial y}=\dfrac{\partial^2 z}{\partial y\partial x}=-16xy$;

   (2) $\dfrac{\partial^2 z}{\partial x^2}=\dfrac{2xy}{(x^2+y^2)^2}$, $\dfrac{\partial^2 z}{\partial y^2}=-\dfrac{2xy}{(x^2+y^2)^2}$, $\dfrac{\partial^2 z}{\partial x\partial y}=\dfrac{\partial^2 z}{\partial y\partial x}=\dfrac{y^2-x^2}{(x^2+y^2)^2}$.

   (3) $\dfrac{\partial^2 z}{\partial x^2}=y^x\ln^2 y$, $\dfrac{\partial^2 z}{\partial y^2}=x(x-1)y^{x-2}$, $\dfrac{\partial^2 z}{\partial x\partial y}=\dfrac{\partial^2 z}{\partial y\partial x}=xy^{x-1}\ln y+y^{x-1}$.

5. $z'_x=y+e^{x+y}\cos x-e^{x+y}\sin x$, $z'_y=x+e^{x+y}\cos x$,
   $z''_{xy}=1+e^{x+y}(\cos x-\sin x)$, $z''_{xx}=-2\sin xe^{x+y}$, $z''_{yy}=e^{x+y}\cos x$.

习题 8.4

4. 1.08.

习题 8.5

1. (1) $\dfrac{du}{dt}=e^{\sin t-2t^3}(\cos t-6t^2)$;

   (2) $\dfrac{\partial z}{\partial u}=3u^2\cos v\sin v(\cos v-\sin v)$, $\dfrac{\partial z}{\partial v}=u^3(\cos v+\sin v)(1-3\cos v\sin v)$;

   (3) $\dfrac{\partial w}{\partial x}=\dfrac{\partial f}{\partial u}+2x\dfrac{\partial f}{\partial v}$, $\dfrac{\partial w}{\partial y}=\dfrac{\partial f}{\partial u}+2y\dfrac{\partial f}{\partial v}$, $\dfrac{\partial w}{\partial z}=\dfrac{\partial f}{\partial u}+2z\dfrac{\partial f}{\partial v}$;

   (4) $\dfrac{dw}{dx}=\left(3-\dfrac{4}{x^3}-2x\right)\sec^2(3x+2y^2-z)$;

(5) $\dfrac{\partial z}{\partial r}=\dfrac{\partial f}{\partial x}\cos\theta+\dfrac{\partial f}{\partial y}\sin\theta, \dfrac{\partial z}{\partial \theta}=-\dfrac{\partial f}{\partial x}r\sin\theta+\dfrac{\partial f}{\partial y}r\cos\theta.$

2. (1) $\dfrac{dy}{dx}=\dfrac{x+y}{y-x};$ (2) $\dfrac{dy}{dx}=\dfrac{xy\ln y-y^2}{xy\ln x-x^2};$ (3) $\dfrac{dy}{dx}=\dfrac{x+y}{x-y}.$

3. (1) $\dfrac{\partial z}{\partial x}=\dfrac{yz}{e^z-xy}, \dfrac{\partial z}{\partial y}=\dfrac{xz}{e^z-xy};$ (2) $\dfrac{\partial z}{\partial x}=-\dfrac{\sin 2x}{\sin 2z}, \dfrac{\partial z}{\partial y}=-\dfrac{\sin 2y}{\sin 2z};$

(3) $\dfrac{\partial z}{\partial x}=\dfrac{ayz-x^2}{z^2-axy}, \dfrac{\partial z}{\partial y}=\dfrac{axz-y^2}{z^2-axy}.$

4. $\dfrac{\partial^2 z}{\partial x^2}=y^2 f''_{11}+4xyf''_{12}+4x^2 f''_{22}+2f'_2, \dfrac{\partial^2 z}{\partial y^2}=x^2 f''_{11}+4xyf''_{12}+4y^2 f''_{22}+2f'_2.$

5. $dz=\dfrac{2-x}{z+1}dx+\dfrac{2y}{z+1}dy.$

习题 8.6

1. (1) 极大值 $f(2,-2)=8$; (2) $f_{大}\left(-\dfrac{1}{3},-\dfrac{1}{3}\right)=\dfrac{1}{27};$

(3) $a>0, f_{大}=\dfrac{a^3}{27}; a<0, f_{小}=\dfrac{a^3}{27}; a=0$ 无极值; (4) $f_{小}(0,-1)=-1.$

2. 长、宽、高为 $\dfrac{2\sqrt{3}}{3}a.$

3. $R=H=\sqrt[3]{\dfrac{v}{\pi}}.$

4. $\dfrac{a}{n}.$

第 9 章 重 积 分

习题 9.1

1. $(x-1)^2+(y-3)^2+(z+2)^2=14.$

2. $x^2+y^2+z^2-\dfrac{7}{2}x-2y-\dfrac{3}{2}z=0.$

4. $-3(x-2)^2+y^2+(z+1)^2=0.$

5. $\dfrac{4\sqrt{5}}{\sqrt{3}}\pi.$

6. 圆心为 $(7,8,-2)$,半径 $r=5.$

11. $\begin{cases} x^2+y^2-ax=0, \\ z=0; \end{cases}$ $\begin{cases} \left(\dfrac{a^2-z^2}{a}\right)^2+y^2+z^2=a^2, \\ x=0. \end{cases}$

12. $\begin{cases} x^2+y^2=\dfrac{1}{10}, \\ z=0. \end{cases}$

习题 9.3

1. (1) $\dfrac{8}{3};$ (2) $e-e^{-1};$ (3) $0;$ (4) $\pi^2-\dfrac{40}{9}.$

2. (1) $\dfrac{76}{3}$; (2) $-\dfrac{1}{2}\cos 2+\cos 1-\dfrac{1}{2}$; (3) $14a^4$.

4. (1) $\int_0^1 \mathrm{d}y \int_{e^y}^{e} f(x,y)\mathrm{d}x$; (2) $\int_{-2}^{0} \mathrm{d}x \int_{2x+4}^{4-x^2} f(x,y)\mathrm{d}y$;

  (3) $\int_0^1 \mathrm{d}y \int_{2-y}^{1+\sqrt{1-y^2}} f(x,y)\mathrm{d}x$.

习题 9.4

1. (1) $\iint\limits_{D} f(x,y)\mathrm{d}x\mathrm{d}y = \int_{\arccos\frac{R}{b}}^{\pi-\arccos\frac{R}{b}} \mathrm{d}\theta \int_{b\sin\theta-\sqrt{R^2-b^2\cos^2\theta}}^{b\sin\theta+\sqrt{R^2-b^2\cos^2\theta}} f(r\cos\theta, r\sin\theta)r\mathrm{d}r$.

  (2) $\iint\limits_{D} f(x,y)\mathrm{d}x\mathrm{d}y = \int_0^{2\pi} \mathrm{d}\theta \int_a^b f(r\cos\theta, r\sin\theta)r\mathrm{d}r$;

  (3) $\iint\limits_{D} f(x,y)\mathrm{d}x\mathrm{d}y = \int_0^{\frac{\pi}{2}} \mathrm{d}\theta \int_0^{\frac{1}{\sin\theta+\cos\theta}} f(r\cos\theta, r\sin\theta)r\mathrm{d}r$;

  (4) $\iint\limits_{D} f(x,y)\mathrm{d}x\mathrm{d}y = \int_0^{\pi} \mathrm{d}\theta \int_{\cos^2\theta}^{1-\sin\theta} f(r\cos\theta, r\sin\theta)r\mathrm{d}r$.

2. (1) $\left(\dfrac{\pi}{2}-1\right)\pi$; (2) $\dfrac{a^2}{3}\left(1-\dfrac{1}{\sqrt{2}}\right)$; (3) $\dfrac{1}{3}R^3\left(\pi-\dfrac{4}{3}\right)$; (4) $\dfrac{3}{32}\pi^2$.

附录 A

积 分 表

（一）含有 $ax+b$ 的积分

1. $\int \dfrac{\mathrm{d}x}{ax+b} = \dfrac{1}{a}\ln|ax+b|+C$

2. $\int (ax+b)^\mu \mathrm{d}x = \dfrac{1}{a(\mu+1)}(ax+b)^{\mu+1}+C \ (\mu \neq -1)$

3. $\int \dfrac{x}{ax+b}\mathrm{d}x = \dfrac{1}{a^2}(ax+b-b\ln|ax+b|)+C$

4. $\int \dfrac{x^2}{ax+b}\mathrm{d}x = \dfrac{1}{a^3}\left[\dfrac{1}{2}(ax+b)^2 - 2b(ax+b) + b^2\ln|ax+b|\right]+C$

5. $\int \dfrac{\mathrm{d}x}{x(ax+b)} = -\dfrac{1}{b}\ln\left|\dfrac{ax+b}{x}\right|+C$

6. $\int \dfrac{\mathrm{d}x}{x^2(ax+b)} = -\dfrac{1}{bx} + \dfrac{a}{b^2}\ln\left|\dfrac{ax+b}{x}\right|+C$

7. $\int \dfrac{x\mathrm{d}x}{(ax+b)^2} = \dfrac{1}{a^2}\left(\ln|ax+b| + \dfrac{b}{ax+b}\right)+C$

8. $\int \dfrac{x^2}{(ax+b)^2}\mathrm{d}x = \dfrac{1}{a^3}\left(ax+b-2b\ln|ax+b|-\dfrac{b^2}{ax+b}\right)+C$

9. $\int \dfrac{\mathrm{d}x}{x(ax+b)^2} = \dfrac{1}{b(ax+b)} - \dfrac{1}{b^2}\ln\left|\dfrac{ax+b}{x}\right|+C$

（二）含有 $\sqrt{ax+b}$ 的积分

10. $\int \sqrt{ax+b}\,\mathrm{d}x = \dfrac{2}{3a}\sqrt{(ax+b)^3}+C$

11. $\int x\sqrt{ax+b}\,\mathrm{d}x = \dfrac{2}{15a^2}(3ax-2b)\sqrt{(ax+b)^3}+C$

12. $\int x^2\sqrt{ax+b}\,\mathrm{d}x = \dfrac{2}{105a^3}(15a^2x^2 - 12abx + 8b^2)\sqrt{(ax+b)^3}+C$

13. $\int \dfrac{x}{\sqrt{ax+b}}\mathrm{d}x = \dfrac{2}{3a^2}(ax-2b)\sqrt{ax+b}+C$

14. $\int \dfrac{x^2}{\sqrt{ax+b}}\mathrm{d}x = \dfrac{2}{15a^3}(3a^2x^2 - 4abx + 8b^2)\sqrt{ax+b}+C$

15. $\int \dfrac{\mathrm{d}x}{x\sqrt{ax+b}} = \begin{cases} \dfrac{1}{\sqrt{b}}\ln\left|\dfrac{\sqrt{ax+b}-\sqrt{b}}{\sqrt{ax+b}+\sqrt{b}}\right|+C & (b>0) \\ \dfrac{2}{\sqrt{-b}}\arctan\sqrt{\dfrac{ax+b}{-b}}+C & (b<0) \end{cases}$

16. $\int \dfrac{\mathrm{d}x}{x^2\sqrt{ax+b}} = -\dfrac{\sqrt{ax+b}}{bx} - \dfrac{a}{2b}\int \dfrac{\mathrm{d}x}{x\sqrt{ax+b}}$

17. $\int \dfrac{\sqrt{ax+b}}{x}\mathrm{d}x = 2\sqrt{ax+b} + b\int \dfrac{\mathrm{d}x}{x\sqrt{ax+b}}$

18. $\int \dfrac{\sqrt{ax+b}}{x^2}\mathrm{d}x = -\dfrac{\sqrt{ax+b}}{x} + \dfrac{a}{2}\int \dfrac{\mathrm{d}x}{x\sqrt{ax+b}}$

（三）含有 $x^2 \pm a^2$ 的积分

19. $\int \dfrac{\mathrm{d}x}{x^2+a^2} = \dfrac{1}{a}\arctan\dfrac{x}{a} + C$

20. $\int \dfrac{\mathrm{d}x}{(x^2+a^2)^n} = \dfrac{x}{2(n-1)a^2(x^2+a^2)^{n-1}} + \dfrac{2n-3}{2(n-1)a^2}\int \dfrac{\mathrm{d}x}{(x^2+a^2)^{n-1}}$

21. $\int \dfrac{\mathrm{d}x}{x^2-a^2} = \dfrac{1}{2a}\ln\left|\dfrac{x-a}{x+a}\right| + C$

（四）含有 $ax^2+b(a>0)$ 的积分

22. $\int \dfrac{\mathrm{d}x}{ax^2+b} = \begin{cases} \dfrac{1}{\sqrt{ab}}\arctan\sqrt{\dfrac{a}{b}}x + C & (b>0) \\ \dfrac{1}{2\sqrt{-ab}}\ln\left|\dfrac{\sqrt{a}\,x-\sqrt{-b}}{\sqrt{a}\,x+\sqrt{-b}}\right| + C & (b<0) \end{cases}$

23. $\int \dfrac{x}{ax^2+b}\mathrm{d}x = \dfrac{1}{2a}\ln|ax^2+b| + C$

24. $\int \dfrac{x^2}{ax^2+b}\mathrm{d}x = \dfrac{x}{a} - \dfrac{b}{a}\int \dfrac{\mathrm{d}x}{ax^2+b}$

25. $\int \dfrac{\mathrm{d}x}{x(ax^2+b)} = \dfrac{1}{2b}\ln\dfrac{x^2}{|ax^2+b|} + C$

26. $\int \dfrac{\mathrm{d}x}{x^2(ax^2+b)} = -\dfrac{1}{bx} - \dfrac{a}{b}\int \dfrac{\mathrm{d}x}{ax^2+b}$

27. $\int \dfrac{\mathrm{d}x}{x^3(ax^2+b)} = \dfrac{a}{2b^2}\ln\dfrac{|ax^2+b|}{x^2} - \dfrac{1}{2bx^2} + C$

28. $\int \dfrac{\mathrm{d}x}{(ax^2+b)^2} = \dfrac{x}{2b(ax^2+b)} + \dfrac{1}{2b}\int \dfrac{\mathrm{d}x}{ax^2+b}$

（五）含有 $ax^2+bx+c(a>0)$ 的积分

29. $\int \dfrac{\mathrm{d}x}{ax^2+bx+c} = \begin{cases} \dfrac{2}{\sqrt{4ac-b^2}}\arctan\dfrac{2ax+b}{\sqrt{4ac-b^2}} + C & (b^2<4ac) \\ \dfrac{1}{\sqrt{b^2-4ac}}\ln\left|\dfrac{2ax+b-\sqrt{b^2-4ac}}{2ax+b+\sqrt{b^2-4ac}}\right| + C & (b^2>4ac) \end{cases}$

30. $\int \dfrac{x}{ax^2+bx+c}\mathrm{d}x = \dfrac{1}{2a}\ln|ax^2+bx+c| - \dfrac{b}{2a}\int \dfrac{\mathrm{d}x}{ax^2+bx+c}$

（六）含有 $\sqrt{x^2+a^2}\,(a>0)$ 的积分

31. $\int \dfrac{\mathrm{d}x}{\sqrt{x^2+a^2}} = \operatorname{arsinh}\dfrac{x}{a} + C_1 = \ln(x+\sqrt{x^2+a^2}) + C$

32. $\int \dfrac{\mathrm{d}x}{\sqrt{(x^2+a^2)^3}} = \dfrac{x}{a^2\sqrt{x^2+a^2}} + C$

33. $\int \dfrac{x}{\sqrt{x^2+a^2}}\mathrm{d}x = \sqrt{x^2+a^2} + C$

34. $\int \dfrac{x}{\sqrt{(x^2+a^2)^3}}\mathrm{d}x = -\dfrac{1}{\sqrt{x^2+a^2}} + C$

35. $\int \dfrac{x^2}{\sqrt{x^2+a^2}}\mathrm{d}x = \dfrac{x}{2}\sqrt{x^2+a^2} - \dfrac{a^2}{2}\ln(x+\sqrt{x^2+a^2}) + C$

36. $\int \dfrac{x^2}{\sqrt{(x^2+a^2)^3}}\mathrm{d}x = -\dfrac{x}{\sqrt{x^2+a^2}} + \ln(x+\sqrt{x^2+a^2}) + C$

37. $\int \dfrac{\mathrm{d}x}{x\sqrt{x^2+a^2}} = \dfrac{1}{a}\ln\dfrac{\sqrt{x^2+a^2}-a}{|x|} + C$

38. $\int \dfrac{\mathrm{d}x}{x^2\sqrt{x^2+a^2}} = -\dfrac{\sqrt{x^2+a^2}}{a^2 x} + C$

39. $\int \sqrt{x^2+a^2}\,\mathrm{d}x = \dfrac{x}{2}\sqrt{x^2+a^2} + \dfrac{a^2}{2}\ln(x+\sqrt{x^2+a^2}) + C$

40. $\int \sqrt{(x^2+a^2)^3}\,\mathrm{d}x = \dfrac{x}{8}(2x^2+5a^2)\sqrt{x^2+a^2} + \dfrac{3}{8}a^4\ln(x+\sqrt{x^2+a^2}) + C$

41. $\int x\sqrt{x^2+a^2}\,\mathrm{d}x = \dfrac{1}{3}\sqrt{(x^2+a^2)^3} + C$

42. $\int x^2\sqrt{x^2+a^2}\,\mathrm{d}x = \dfrac{x}{8}(2x^2+a^2)\sqrt{x^2+a^2} - \dfrac{a^4}{8}\ln(x+\sqrt{x^2+a^2}) + C$

43. $\int \dfrac{\sqrt{x^2+a^2}}{x}\mathrm{d}x = \sqrt{x^2+a^2} + a\ln\dfrac{\sqrt{x^2+a^2}-a}{|x|} + C$

44. $\int \dfrac{\sqrt{x^2+a^2}}{x^2}\mathrm{d}x = -\dfrac{\sqrt{x^2+a^2}}{x} + \ln(x+\sqrt{x^2+a^2}) + C$

（七）含有 $\sqrt{x^2-a^2}\,(a>0)$ 的积分

45. $\int \dfrac{\mathrm{d}x}{\sqrt{x^2-a^2}} = \dfrac{x}{|x|}\operatorname{arcosh}\dfrac{|x|}{a} + C_1 = \ln|x+\sqrt{x^2-a^2}| + C$

46. $\int \dfrac{\mathrm{d}x}{\sqrt{(x^2-a^2)^3}} = -\dfrac{x}{a^2\sqrt{x^2-a^2}} + C$

47. $\int \dfrac{x}{\sqrt{x^2-a^2}}\mathrm{d}x = \sqrt{x^2-a^2} + C$

48. $\int \dfrac{x}{\sqrt{(x^2-a^2)^3}}\mathrm{d}x = -\dfrac{1}{\sqrt{x^2-a^2}} + C$

49. $\int \dfrac{x^2}{\sqrt{x^2-a^2}}\mathrm{d}x = \dfrac{x}{2}\sqrt{x^2-a^2} + \dfrac{a^2}{2}\ln\left|x+\sqrt{x^2-a^2}\right| + C$

50. $\int \dfrac{x^2}{\sqrt{(x^2-a^2)^3}}\mathrm{d}x = -\dfrac{x}{\sqrt{x^2-a^2}} + \ln\left|x+\sqrt{x^2-a^2}\right| + C$

51. $\int \dfrac{\mathrm{d}x}{x\sqrt{x^2-a^2}} = \dfrac{1}{a}\arccos\dfrac{a}{|x|} + C$

52. $\int \dfrac{\mathrm{d}x}{x^2\sqrt{x^2-a^2}} = \dfrac{\sqrt{(x^2-a^2)^3}}{a^2 x} + C$

53. $\int \sqrt{x^2-a^2}\,\mathrm{d}x = \dfrac{x}{2}\sqrt{x^2-a^2} - \dfrac{a^2}{2}\ln\left|x+\sqrt{x^2-a^2}\right| + C$

54. $\int \sqrt{(x^2-a^2)^3}\,\mathrm{d}x = \dfrac{x}{8}(2x^2-5a^2)\sqrt{x^2-a^2} + \dfrac{3}{8}a^4\ln\left|x+\sqrt{x^2-a^2}\right| + C$

55. $\int x\sqrt{x^2-a^2}\,\mathrm{d}x = \dfrac{1}{3}\sqrt{(x^2-a^2)^3} + C$

56. $\int x^2\sqrt{x^2-a^2}\,\mathrm{d}x = \dfrac{x}{8}(2x^2-a^2)\sqrt{x^2-a^2} - \dfrac{a^4}{8}\ln\left|x+\sqrt{x^2-a^2}\right| + C$

57. $\int \dfrac{\sqrt{x^2-a^2}}{x}\mathrm{d}x = \sqrt{x^2-a^2} - a\arccos\dfrac{a}{|x|} + C$

58. $\int \dfrac{\sqrt{x^2-a^2}}{x^2}\mathrm{d}x = -\dfrac{\sqrt{x^2-a^2}}{x} + \ln\left|x+\sqrt{x^2-a^2}\right| + C$

（八）含有 $\sqrt{a^2-x^2}\,(a>0)$ 的积分

59. $\int \dfrac{\mathrm{d}x}{\sqrt{a^2-x^2}} = \arcsin\dfrac{x}{a} + C$

60. $\int \dfrac{\mathrm{d}x}{\sqrt{(a^2-x^2)^3}} = \dfrac{x}{a^2\sqrt{a^2-x^2}} + C$

61. $\int \dfrac{x}{\sqrt{a^2-x^2}}\mathrm{d}x = -\sqrt{a^2-x^2} + C$

62. $\int \dfrac{x}{\sqrt{(a^2-x^2)^3}}\mathrm{d}x = \dfrac{1}{\sqrt{a^2-x^2}} + C$

63. $\int \dfrac{x^2}{\sqrt{a^2-x^2}}\mathrm{d}x = -\dfrac{x}{2}\sqrt{a^2-x^2} + \dfrac{a^2}{2}\arcsin\dfrac{x}{a} + C$

64. $\int \dfrac{x^2}{\sqrt{(a^2-x^2)^3}}\mathrm{d}x = \dfrac{x}{\sqrt{a^2-x^2}} - \arcsin\dfrac{x}{a} + C$

65. $\int \dfrac{\mathrm{d}x}{x\sqrt{a^2-x^2}} = \dfrac{1}{a}\ln\dfrac{a-\sqrt{a^2-x^2}}{|x|} + C$

66. $\int \dfrac{\mathrm{d}x}{x^2\sqrt{a^2-x^2}} = -\dfrac{\sqrt{a^2-x^2}}{a^2 x} + C$

67. $\int \sqrt{a^2 - x^2}\,dx = \dfrac{x}{2}\sqrt{a^2 - x^2} + \dfrac{a^2}{2}\arcsin\dfrac{x}{a} + C$

68. $\int \sqrt{(a^2 - x^2)^3}\,dx = \dfrac{x}{8}(5a^2 - 2x^2)\sqrt{a^2 - x^2} + \dfrac{3}{8}a^4\arcsin\dfrac{x}{a} + C$

69. $\int x\sqrt{a^2 - x^2}\,dx = -\dfrac{1}{3}\sqrt{(a^2 - x^2)^3} + C$

70. $\int x^2\sqrt{a^2 - x^2}\,dx = \dfrac{x}{8}(2x^2 - a^2)\sqrt{a^2 - x^2} + \dfrac{a^4}{8}\arcsin\dfrac{x}{a} + C$

71. $\int \dfrac{\sqrt{a^2 - x^2}}{x}\,dx = \sqrt{a^2 - x^2} + a\ln\dfrac{a - \sqrt{a^2 - x^2}}{|x|} + C$

72. $\int \dfrac{\sqrt{a^2 - x^2}}{x^2}\,dx = -\dfrac{\sqrt{a^2 - x^2}}{x} - \arcsin\dfrac{x}{a} + C$

（九）含有 $\sqrt{\pm ax^2 + bx + c}\,(a>0)$ 的积分

73. $\int \dfrac{dx}{\sqrt{ax^2 + bx + c}} = \dfrac{1}{\sqrt{a}}\ln\left|2ax + b + 2\sqrt{a}\sqrt{ax^2 + bx + c}\right| + C$

74. $\int \sqrt{ax^2 + bx + c}\,dx = \dfrac{2ax + b}{4a}\sqrt{ax^2 + bx + c}$
    $\qquad\qquad + \dfrac{4ac - b^2}{8\sqrt{a^3}}\ln\left|2ax + b + 2\sqrt{a}\sqrt{ax^2 + bx + c}\right| + C$

75. $\int \dfrac{x}{\sqrt{ax^2 + bx + c}}\,dx = \dfrac{1}{a}\sqrt{ax^2 + bx + c}$
    $\qquad\qquad - \dfrac{b}{2\sqrt{a^3}}\ln\left|2ax + b + 2\sqrt{a}\sqrt{ax^2 + bx + c}\right| + C$

76. $\int \dfrac{dx}{\sqrt{c + bx - ax^2}} = -\dfrac{1}{\sqrt{a}}\arcsin\dfrac{2ax - b}{\sqrt{b^2 + 4ac}} + C$

77. $\int \sqrt{c + bx - ax^2}\,dx = \dfrac{2ax - b}{4a}\sqrt{c + bx - ax^2}$
    $\qquad\qquad + \dfrac{b^2 + 4ac}{8\sqrt{a^3}}\arcsin\dfrac{2ax - b}{\sqrt{b^2 + 4ac}} + C$

78. $\int \dfrac{x}{\sqrt{c + bx - ax^2}}\,dx = -\dfrac{1}{a}\sqrt{c + bx - ax^2} + \dfrac{b}{2\sqrt{a^3}}\arcsin\dfrac{2ax - b}{\sqrt{b^2 + 4ac}} + C$

（十）含有 $\sqrt{\pm\dfrac{x-a}{x-b}}$ 或 $\sqrt{(x-a)(b-x)}$ 的积分

79. $\int \sqrt{\dfrac{x-a}{x-b}}\,dx = (x-b)\sqrt{\dfrac{x-a}{x-b}} + (b-a)\ln\left(\sqrt{|x-a|} + \sqrt{|x-b|}\right) + C$

80. $\int \sqrt{\dfrac{x-a}{b-x}}\,dx = (x-b)\sqrt{\dfrac{x-a}{b-x}} + (b-a)\arcsin\sqrt{\dfrac{x-a}{b-x}} + C$

81. $\int \dfrac{dx}{\sqrt{(x-a)(b-x)}} = 2\arcsin\sqrt{\dfrac{x-a}{b-x}} + C \quad (a < b)$

82. $\int \sqrt{(x-a)(b-x)}\,dx = \dfrac{2x-a-b}{4}\sqrt{(x-a)(b-x)}$
$+ \dfrac{(b-a)^2}{4}\arcsin\sqrt{\dfrac{x-a}{b-a}} + C \quad (a<b)$

（十一）含有三角函数的积分

83. $\int \sin x\,dx = -\cos x + C$

84. $\int \cos x\,dx = \sin x + C$

85. $\int \tan x\,dx = -\ln|\cos x| + C$

86. $\int \cot x\,dx = \ln|\sin x| + C$

87. $\int \sec x\,dx = \ln\left|\tan\left(\dfrac{\pi}{2}+\dfrac{x}{2}\right)\right| + C = \ln|\sec x + \tan x| + C$

88. $\int \csc x\,dx = \ln\left|\tan\dfrac{x}{2}\right| + C = \ln|\csc x - \cot x| + C$

89. $\int \sec^2 x\,dx = \tan x + C$

90. $\int \csc^2 x\,dx = -\cot x + C$

91. $\int \sec x\tan x\,dx = \sec x + C$

92. $\int \csc x\cot x\,dx = -\csc x + C$

93. $\int \sin^2 x\,dx = \dfrac{x}{2} - \dfrac{1}{4}\sin 2x + C$

94. $\int \cos^2 x\,dx = \dfrac{x}{2} + \dfrac{1}{4}\sin 2x + C$

95. $\int \sin^n x\,dx = -\dfrac{1}{n}\sin^{n-1}x\cos x + \dfrac{n-1}{n}\int \sin^{n-2}x\,dx$

96. $\int \cos^n x\,dx = \dfrac{1}{n}\cos^{n-1}x\sin x + \dfrac{n-1}{n}\int \cos^{n-2}x\,dx$

97. $\int \dfrac{dx}{\sin^n x} = -\dfrac{1}{n-1}\cdot\dfrac{\cos x}{\sin^{n-1}x} + \dfrac{n-2}{n-1}\int \dfrac{dx}{\sin^{n-2}x}$

98. $\int \dfrac{dx}{\cos^n x} = \dfrac{1}{n-1}\cdot\dfrac{\sin x}{\cos^{n-1}x} + \dfrac{n-2}{n-1}\int \dfrac{dx}{\cos^{n-2}x}$

99. $\int \cos^m x\sin^n x\,dx = \dfrac{1}{m+n}\cos^{m-1}x\sin^{n+1}x + \dfrac{m-1}{m+n}\int \cos^{m-2}x\sin^n x\,dx$
$= -\dfrac{1}{m+n}\cos^{m+1}x\sin^{n-1}x + \dfrac{m-1}{m+n}\int \cos^m x\sin^{n-2}x\,dx$

100. $\int \sin ax\cos bx\,dx = -\dfrac{1}{2(a+b)}\cos(a+b)x - \dfrac{1}{2(a-b)}\cos(a-b)x + C$

101. $\int \sin ax \sin bx \, dx = -\dfrac{1}{2(a+b)}\sin(a+b)x + \dfrac{1}{2(a-b)}\sin(a-b)x + C$

102. $\int \cos ax \cos bx \, dx = \dfrac{1}{2(a+b)}\sin(a+b)x + \dfrac{1}{2(a-b)}\sin(a-b)x + C$

103. $\int \dfrac{dx}{a+b\sin x} = \dfrac{2}{\sqrt{a^2-b^2}}\arctan\dfrac{a\tan\dfrac{x}{2}+b}{\sqrt{a^2-b^2}} + C \quad (a^2 > b^2)$

104. $\int \dfrac{dx}{a+b\sin x} = \dfrac{1}{\sqrt{b^2-a^2}}\ln\left|\dfrac{a\tan\dfrac{x}{2}+b-\sqrt{b^2-a^2}}{a\tan\dfrac{x}{2}+b+\sqrt{b^2-a^2}}\right| + C \quad (a^2 < b^2)$

105. $\int \dfrac{dx}{a+b\cos x} = \dfrac{2}{\sqrt{a^2-b^2}}\arctan\left[\sqrt{\dfrac{a-b}{a+b}}\tan\dfrac{x}{2}\right] + C \quad (a^2 > b^2)$

106. $\int \dfrac{dx}{a+b\cos x} = \dfrac{1}{\sqrt{b^2-a^2}}\ln\left|\dfrac{\tan\dfrac{x}{2}+\sqrt{\dfrac{a+b}{a-b}}}{\tan\dfrac{x}{2}-\sqrt{\dfrac{a+b}{a-b}}}\right| + C \quad (a^2 < b^2)$

107. $\int \dfrac{dx}{a^2\cos^2 x + b^2\sin^2 x} = \dfrac{1}{ab}\arctan\left(\dfrac{b}{a}\tan x\right) + C$

108. $\int \dfrac{dx}{a^2\cos^2 x - b^2\sin^2 x} = \dfrac{1}{2ab}\ln\left|\dfrac{b\tan x + a}{b\tan x - a}\right| + C$

109. $\int x\sin ax \, dx = \dfrac{1}{a^2}\sin ax - \dfrac{1}{a}x\cos ax + C$

110. $\int x^2\sin ax \, dx = -\dfrac{1}{a}x^2\cos ax + \dfrac{2}{a^2}x\sin ax + \dfrac{2}{a^3}\cos ax + C$

111. $\int x\cos ax \, dx = \dfrac{1}{a^2}\cos ax + \dfrac{1}{a}x\sin ax + C$

112. $\int x^2\cos ax \, dx = \dfrac{1}{a}x^2\sin ax + \dfrac{2}{a^2}x\cos ax - \dfrac{2}{a^3}\sin ax + C$

（十二）含有反三角函数的积分（其中 $a > 0$）

113. $\int \arcsin\dfrac{x}{a} \, dx = x\arcsin\dfrac{x}{a} + \sqrt{a^2-x^2} + C$

114. $\int x\arcsin\dfrac{x}{a} \, dx = \left(\dfrac{x^2}{2} - \dfrac{a^2}{4}\right)\arcsin\dfrac{x}{a} + \dfrac{x}{4}\sqrt{a^2-x^2} + C$

115. $\int x^2\arcsin\dfrac{x}{a} \, dx = \dfrac{x^3}{3}\arcsin\dfrac{x}{a} + \dfrac{1}{9}(x^2+2a^2)\sqrt{a^2-x^2} + C$

116. $\int \arccos\dfrac{x}{a} \, dx = x\arccos\dfrac{x}{a} - \sqrt{a^2-x^2} + C$

117. $\int x\arccos\dfrac{x}{a} \, dx = \left(\dfrac{x^2}{2} - \dfrac{a^2}{4}\right)\arccos\dfrac{x}{a} - \dfrac{x}{4}\sqrt{a^2-x^2} + C$

118. $\int x^2\arccos\dfrac{x}{a} \, dx = \dfrac{x^3}{3}\arccos\dfrac{x}{a} - \dfrac{1}{9}(x^2+2a^2)\sqrt{a^2-x^2} + C$

119. $\int \arctan \dfrac{x}{a} dx = x\arctan \dfrac{x}{a} - \dfrac{a}{2}\ln(a^2 + x^2) + C$

120. $\int x\arctan \dfrac{x}{a} dx = \dfrac{1}{2}(a^2 + x^2)\arctan \dfrac{x}{a} - \dfrac{a}{2}x + C$

121. $\int x^2 \arctan \dfrac{x}{a} dx = \dfrac{x^3}{3}\arctan \dfrac{x}{a} - \dfrac{a}{6}x^2 + \dfrac{a^3}{6}\ln(a^2 + x^2) + C$

（十三）含有指数函数的积分

122. $\int a^x dx = \dfrac{1}{\ln a} a^x + C$

123. $\int e^{ax} dx = \dfrac{1}{a} e^{ax} + C$

124. $\int x e^{ax} dx = \dfrac{1}{a^2}(ax - 1) e^{ax} + C$

125. $\int x^n e^{ax} dx = \dfrac{1}{a} x^n e^{ax} - \dfrac{n}{a} \int x^{n-1} e^{ax} dx$

126. $\int x a^x dx = \dfrac{x}{\ln a} a^x - \dfrac{1}{(\ln a)^2} a^x + C$

127. $\int x^n a^x dx = \dfrac{1}{\ln a} x^n a^x - \dfrac{n}{\ln a} \int x^{n-1} a^x dx$

128. $\int e^{ax} \sin bx\, dx = \dfrac{1}{a^2 + b^2} e^{ax}(a\sin bx - b\cos bx) + C$

129. $\int e^{ax} \cos bx\, dx = \dfrac{1}{a^2 + b^2} e^{ax}(a\sin bx + b\cos bx) + C$

130. $\int e^{ax} \sin^n bx\, dx = \dfrac{1}{a^2 + b^2 n^2} e^{ax} \sin^{n-1} bx\, (a\sin bx - nb\cos bx)$
$\qquad + \dfrac{n(n-1)b^2}{a^2 + b^2 n^2} \int e^{ax} \sin^{n-2} bx\, dx$

131. $\int e^{ax} \cos^n bx\, dx = \dfrac{1}{a^2 + b^2 n^2} e^{ax} \cos^{n-1} bx\, (a\cos bx + nb\sin bx)$
$\qquad + \dfrac{n(n-1)b^2}{a^2 + b^2 n^2} \int e^{ax} \cos^{n-2} bx\, dx$

（十四）含有对数函数的积分

132. $\int \ln x\, dx = x\ln x - x + C$

133. $\int \dfrac{dx}{x\ln x} = \ln|\ln x| + C$

134. $\int x^n \ln x\, dx = \dfrac{1}{n+1} x^{n+1} \left(\ln x - \dfrac{1}{n+1}\right) + C$

135. $\int (\ln x)^n dx = x(\ln x)^n - n\int (\ln x)^{n-1} dx$

136. $\int x^m (\ln x)^n dx = \dfrac{1}{m+1} x^{m+1} (\ln x)^n - \dfrac{n}{m+1} \int x^m (\ln x)^{n-1} dx$

(十五) 定积分

137. $\int_{-\pi}^{\pi} \cos nx \, dx = \int_{-\pi}^{\pi} \sin nx \, dx = 0$

138. $\int_{-\pi}^{\pi} \cos mx \sin nx \, dx = 0$

139. $\int_{-\pi}^{\pi} \cos mx \cos nx \, dx = \begin{cases} 0, & m \neq n \\ \pi, & m = n \end{cases}$

140. $\int_{-\pi}^{\pi} \sin mx \sin nx \, dx = \begin{cases} 0, & m \neq n \\ \pi, & m = n \end{cases}$

141. $\int_{0}^{\pi} \sin mx \sin nx \, dx = \int_{0}^{\pi} \cos mx \cos nx \, dx = \begin{cases} 0, & m \neq n \\ \dfrac{\pi}{2}, & m = n \end{cases}$

142. $I_n = \int_{0}^{\frac{\pi}{2}} \sin^n x \, dx = \int_{0}^{\frac{\pi}{2}} \cos^n x \, dx$

   $I_n = \dfrac{n-1}{n} I_{n-2}$

   $I_n = \dfrac{n-1}{n} \cdot \dfrac{n-3}{n-2} \cdots \dfrac{4}{5} \cdot \dfrac{2}{3}$ (n 为大于 1 的奇数), $I_1 = 1$

   $I_n = \dfrac{n-1}{n} \cdot \dfrac{n-3}{n-2} \cdots \dfrac{3}{4} \cdot \dfrac{1}{2} \cdot \dfrac{\pi}{2}$ (n 为正偶数), $I_0 = \dfrac{\pi}{2}$

附录 B
极 坐 标

1. 极坐标系

极坐标系是平面上的点与有序实数对的又一种对应关系,它也是常用的坐标系.

在平面上取一定点 O,自 O 出发引一条射线 Ox,并取定长度单位与计算角度的正方向(如无特别声明,均指逆时针方向),这样,在平面上就确定了一个极坐标系,O 点称为极点,Ox 轴称为极轴.

设 M 是平面上的任意一点,它的位置可以用 $\overline{OM}$ 的长度 r 与从 Ox 轴到 $\overline{OM}$ 的角度 θ 来刻画(图 A.1).r 称为点 M 的极径,θ 称为点 M 的极角,有序实数对 (r,θ) 称为 M 在这个坐标系中的极坐标.

在确定的极坐标系中,给定一对实数 $r(r>0)$ 与 θ,那么如图 A.1就有惟一的一点与它对应,这点的极坐标为 (r,θ);反过来,在建立了极坐标系的平面上给定一点,r 可完全确定,但 θ 不是惟一确定的,可以相差 2π 的任意整数倍,也就是说 (r,θ) 与 $(r,\theta+2k\pi)$ 表示同一点(其中 k 是任意整数,如图 A.2),因此在给定的极坐标系中,点与它的坐标的对应不是一一对应,这与直角坐标系是不一样的.

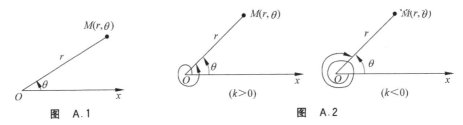

图 A.1　　　　　图 A.2

当 $r=0$ 时,不论 θ 是什么角,$(0,\theta)$ 都表示极点.

为了今后研究问题的方便,我们也允许 r 取负值,当 $r<0$ 时,极坐标为 (r,θ) 的点 M 的位置按下列规则来确定.作射线 OP(图 A.3),使 $\angle xOP=\theta$,在 OP 的反向延长线上取点 M,使 $|OM|=|r|$,那么点 M 就是极坐标为 (r,θ) 的点.例如极坐标为 $\left(-3,\dfrac{\pi}{6}\right)$,$\left(-5,-\dfrac{\pi}{3}\right)$ 的点分别是图 A.4 中的 A,B.平面上的一点的极坐标如果是 $\left(6,\dfrac{\pi}{3}\right)$,那么它

的坐标还可以写成 $\left(6,\dfrac{7\pi}{3}\right)$ 或 $\left(-6,\dfrac{4\pi}{3}\right)$ 或 $\left(-6,-\dfrac{2\pi}{3}\right)$. 一般地说,如果 (r,θ) 是一点的极坐标,那么 $(r,\theta+2k\pi)$,$(-r,\theta+(2k+1)\pi)$ 都可以作为它的极坐标,其中 k 为整数.

图 A.3　　　　　　　　　图 A.4

2. 曲线的极坐标方程

和直角坐标系的情况一样,在极坐标系中,平面上点的轨迹可以用含有 r,θ 这两个变量的方程来表示,这个方程叫做这条曲线的极坐标方程. 下面介绍几种轨迹的极坐标方程.

(1) 直线

设直线 l 离极点 O 的距离为 $p(p\neq 0)$,从 O 到这条直线的垂线与极轴所成的角为 α (图 A.5),那么任意点 $M(r,\theta)$ 在直线 l 上的充要条件为

$$r\cos(\theta-\alpha) = p. \qquad ①$$

这就是直线 l 的极坐标方程.

当 $\alpha=0$ 时,直线 l 垂直于极轴,这时的直线方程可由图 A.6 直接导出,或由①式中令 $\alpha=0$ 得出,直线 l 的方程为 $r\cos\theta=p$.

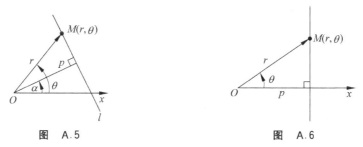

图 A.5　　　　　　　　　图 A.6

当 $\alpha=\dfrac{\pi}{2}$ 时,那么直线 l 平行于极轴,这时的直线方程可由图 A.7 直接导出,或者也可由①式中令 $\alpha=\dfrac{\pi}{2}$ 得出,这时直线 l 的方程为 $r\sin\theta=p$.

如果 $p=0$,直线通过极点(图 A.8),那么这时直线 l 上点的极角都可以等于 l 对极轴 Ox 的倾角 θ_0,所以直线 l 的方程为

$$\theta = \theta_0.$$

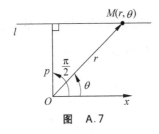

图 A.7

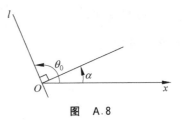

图 A.8

如果我们把①式作代数的推广，允许 $p=0$，这样①式就变成
$$r\cos(\theta-\alpha)=0,$$
所以 $\cos(\theta-\alpha)=0$，从而 $\theta-\alpha=\dfrac{\pi}{2}$，即
$$\theta=\alpha+\dfrac{\pi}{2} \quad \text{或} \quad \theta=\theta_0.$$
因此，如果在①式中允许取 $p=0$，那么①包含了直线的各种情况.

(2) 圆

设圆心 C 不是极点且它的极坐标为 $(b,\alpha)(b\neq 0)$，半径为 r_0，圆上任一点 P 的极坐标为 (r,θ)（图 A.9），那么根据余弦定理有
$$r^2+b^2-2br\cos(\theta-\alpha)=r_0^2. \qquad ②$$

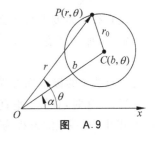

图 A.9

这就是圆心为 C 半径是 r_0 的圆的方程.

如果圆通过极点，那么 $b=r_0$，由②式或由图 A.10 直接导出圆的方程为 $r=2r_0\cos(\theta-\alpha)$.

如果圆通过极点且圆心在极轴上，那么这时 $b=r_0$，$\alpha=0$，由②式或直接由图 A.11 导出圆的方程为 $r=2r_0\cos\theta$.

图 A.10　　　　　图 A.11

如果极轴与圆在极点相切，这时 $b=r_0$，$\alpha=\dfrac{\pi}{2}$ 或 $\dfrac{3\pi}{2}$，那么由②式或直接由图 A.12 导出圆的方程为
$$r=2r_0\sin\theta \quad \text{或} \quad r=-2r_0\sin\theta,$$
如果极点是圆心（图 A.13），那么这时的圆方程显然为 $r=r_0$.

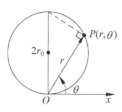
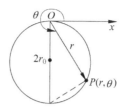

图 A.12

如果把②式作代数的推广,允许取 $b=0$,那么由②式也能得出 $r=r_0$,所以②式包含了圆的各种情况.

(3) 圆锥曲线

根据定义,圆锥曲线是平面内到一定点 F(焦点)的距离与到一条不通过定点 F 的定直线 l(准线)的距离的比等于一个常数 e(离心率)的动点的轨迹.根据这个定义,我们来建立圆锥曲线的方程.

取焦点 F 为极点,经过 F 作准线的垂线与准线 l 相交于点 N,设 F 到 l 的距离是 p,取 FN 的反向延长线为极轴 Fx(图 A.14).设 $M(r,\theta)$ 是圆锥曲线上的任意一点,连接 FM,作 $MP \perp Fx, MQ \perp l$,那么 $\dfrac{|FM|}{|QM|}=e$.因为 $|FM|=|r|$,$|QM|=|p+r\cos\theta|$,所以

$$\frac{|r|}{|p+r\cos\theta|}=e,$$

于是

$$\frac{r}{p+r\cos\theta}=\pm e,$$

从而得

$$r=\frac{ep}{1-e\cos\theta}, \qquad ③$$

与

$$r=-\frac{ep}{1+e\cos\theta}.$$

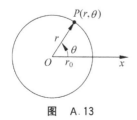

图 A.13

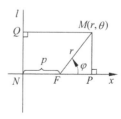

图 A.14

因为这两个方程代表同一条曲线,所以取圆锥曲线的极坐标方程为③式.

对于某些问题,利用极坐标系建立轨迹的方程要比直角坐标更容易得到解决,而且方程的表达式也比较简单,特别是对于那些绕定点运动的点的轨迹,或与定点有关的一些问题,我们往往选取极坐标系.

例 1 设直线 l 绕其上一点 O 作等速转动,同时有一点 M 从点 O 出发沿直线 l 作等速移动,求动点 M 的轨迹.

解 取 O 为极点,l 的初始位置为极轴 Ox,建立极坐标系(图 A.15).设 l 绕点 O 转动的角速度为 $\omega(\text{rad/s})$,动点 $M(r,\theta)$ 沿 l 移动的速度为 $v(\text{m/s})$,那么过了一段时间 t 后,点 M 的极坐标为

$$r = vt, \quad \theta = \omega t,$$

所以 $\dfrac{r}{\theta} = \dfrac{v}{\omega}$. 设 $\dfrac{v}{\omega} = a$,那么有

$$r = a\theta.$$

这就是所求的轨迹方程,这个轨迹叫做等速螺线或称阿基米德螺线. 当 $\theta = 0$ 时,$r = 0$;当 θ 增大,r 按比例增大. 直线每转过角度 2π 就回到原位,但这时点 M 已向前移了一段距离 $2\pi a$. 图 A.15 表示 $r > 0$ 时的情况.

例 2 有一直径为 a 的圆,O 为圆上的一定点,过 O 作圆的任意弦 OP,并在它所在的直线上取点 M,使 $\overline{|PM|} = b$,试建立适当的坐标系,求点 M 的轨迹方程.

解 取 O 为极点,过 O 的直径所在的直线为极轴建立极坐标系(图 A.16),设 $M(r,\theta)$,$P(r',\theta')$,那么圆的方程为 $r' = a\cos\theta'$. 显然有 $r = r' + b$,而 $\theta' = \theta$,所以

$$r = a\cos\theta + b.$$

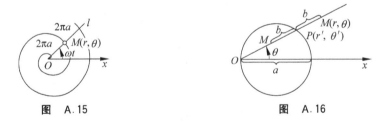

图 A.15   图 A.16

这就是所求的轨迹方程,这条曲线叫做帕斯卡蜗线,曲线的图形如图 A.17 所示.

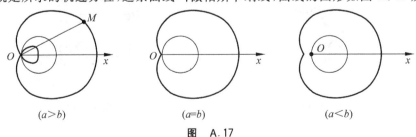

(a>b)   (a=b)   (a<b)

图 A.17

3. 极坐标方程的图形

描绘极坐标方程的图形与描绘直角坐标方程的图形一样,它的基本方法仍然是描点法,就是把极坐标方程写成 $r=f(\theta)$,在 θ 的允许值范围内给 θ 以一系列的值,求出 r 的对应值,就得曲线上一系列的点,然后画点描图. 为了能比较正确而迅速作出极坐标方程的图形,和直角坐标方程一样,先对方程进行适当的讨论,掌握图形的一些性质,然后再用描点法画图. 下面举例说明极坐标方程的作图.

例 3 作方程 $r=a(1+\cos\theta)(a>0)$ 的图形.

解 (1) 求曲线与极轴的焦点. 设 $\theta=0$,那么 $r=2a$;设 $\theta=\pi$,那么 $r=0$. 所以曲线交极轴于点 $(2a,0)$ 且通过极点.

(2) 确定曲线的对称性. 方程中的 θ 用 $-\theta$ 代替,得
$$r'=a[1+\cos(-\theta)]=a(1+\cos\theta)=r,$$
所以如果点 (r,θ) 是曲线上一点,那么它关于极轴的对称点 $(r,-\theta)$ 也一定在曲线上,因此曲线关于极轴对称.

(3) 了解曲线的存在范围与变化趋势. 对于所有的 θ 值,对应的 r 的值都是实数,当 θ 从 0 逐渐增大时,r 的值从 $2a$ 逐渐减小;当 θ 增大到 π 时,r 减小到 0,当 θ 从 π 增至 2π 时,r 从 0 增至 $2a$,所以曲线是封闭的.

(4) 描点绘图. 求出 r,θ 的对应值,根据(2),曲线对称于极轴,所以我们只要描出曲线从 $\theta=0$ 到 $\theta=\pi$ 的一部分,其余根据对称性画出来(图 A.18).

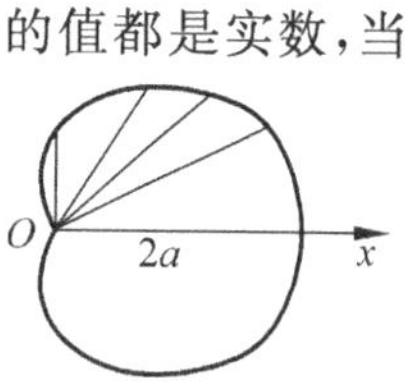

图 A.18

θ	0	$\dfrac{\pi}{6}$	$\dfrac{\pi}{4}$	$\dfrac{\pi}{3}$	$\dfrac{\pi}{2}$	$\dfrac{2\pi}{3}$	$\dfrac{3\pi}{4}$	$\dfrac{5\pi}{6}$	π
r	$2a$	$1.87a$	$1.71a$	$1.5a$	a	$0.5a$	$0.29a$	$0.13a$	0

这个图形叫做心形线,机器上的凸轮的外廓曲线,有时用心形线.

例 4 作方程 $r=a\cos 3\theta(a>0)$ 的图形.

解 (1) 求曲线与极轴的交点. 设 $\theta=0$,那么 $r=a$;设 $\theta=\pi$,那么 $r=-a$,而由极坐标 $(a,0)$ 与 $(-a,\pi)$ 所代表的点是同一点,所以曲线与极轴交于点 $(a,0)$.

(2) 确定曲线的对称性. 方程中的 θ 用 $-\theta$ 代替,得
$$r'=a\cos(-3\theta)=a\cos 3\theta=r,$$
所以如果 (r,θ) 在曲线上,那么它关于极轴的对称点 $(r,-\theta)$ 也在曲线上,因此曲线关于极轴对称.

(3) 了解曲线的存在范围与变化趋势. 对于所有的 θ 值,r 的值都是实数. 当 $|\cos 3\theta|=1$ 时,$|r|=a$ 为极大值. 此时 $\theta=0,\dfrac{\pi}{3},\dfrac{2\pi}{3}$ 及 π. 当 $\cos 3\theta=0$ 时,$r=0$,也就是当 $\theta=\dfrac{\pi}{6},\dfrac{\pi}{2}$ 和

$\dfrac{5\pi}{6}$ 时 $r=0$,曲线三次通过极点.从而可知,当 θ 从 0 增至 $\dfrac{\pi}{6}$,r 从 a 减至 0;当 θ 从 $\dfrac{\pi}{6}$ 增至 $\dfrac{\pi}{3}$ 时,r 从 0 减至 $-a$;当 θ 从 $\dfrac{\pi}{3}$ 增至 $\dfrac{\pi}{2}$ 时,r 从 $-a$ 增至 0;当 θ 从 $\dfrac{\pi}{2}$ 增至 $\dfrac{2\pi}{3}$ 时,r 从 0 增至 a;当 θ 从 $\dfrac{2\pi}{3}$ 增至 $\dfrac{5\pi}{6}$ 时,r 从 a 减至 0;当 θ 从 $\dfrac{5\pi}{6}$ 增至 π 时,r 从 0 减至 $-a$.因为 $(-a,\pi)$ 与 $(a,0)$ 表示同一点,所以当动点的 θ 从 0 增至 π,动点就回到原位,曲线为一条封闭曲线.

(4) 描点绘图.求出 r,θ 的对应值,根据(3),我们只要考虑 $0\leqslant\theta\leqslant\pi$,再根据(2),曲线关于极轴对称,所以只要描出曲线从 $\theta=0$ 到 $\theta=\dfrac{\pi}{2}$ 的一部分,其余根据对称性画出来(图 A.19).这个图形叫做三叶玫瑰线.

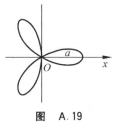

图 A.19

θ	0	$\dfrac{\pi}{12}$	$\dfrac{\pi}{6}$	$\dfrac{5\pi}{18}$	$\dfrac{\pi}{3}$	$\dfrac{4\pi}{9}$	$\dfrac{\pi}{2}$
r	a	$0.71a$	0	$-0.86a$	$-a$	$-0.5a$	0

4. 极坐标与直角坐标的互化

极坐标系与直角坐标系虽然都是用有序实数对来确定平面内的点的位置,但是它们是两种很不相同的坐标系,同一条曲线,例如直线与圆,在两种坐标系中的方程完全不同;反过来,同一形式的方程,在两种坐标系中也代表着不同的曲线.例如直角坐标系下的方程 $y=ax$ 与极坐标系下的方程 $r=a\theta$,从代数的观点来看是完全一样的,只是用来代表变量的符号不同而已,但是它们的图形,在两种坐标系中完全两样,$y=ax$ 在直角坐标系下是一条过原点的直线,而 $r=a\theta$ 在极坐标系下是一条等速螺线,即阿基米德螺线.

为了研究问题的方便,有时需要把一种坐标系下的方程化为另一种坐标系下的方程.现在我们来建立两种坐标系的关系,以便彼此互化.

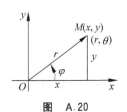

图 A.20

把直角坐标系的原点作为极点,x 轴的正半轴作为极轴,并在两种坐标系中取相同的长度单位(图 A.20).设 M 是平面上的一点,它的直角坐标为 (x,y),极坐标为 (r,θ),于是从图 A.20 可以得出它们之间的关系是

$$\begin{cases} x = r\cos\theta, \\ y = r\sin\theta. \end{cases} \quad ④$$

利用图 A.3,可证当 $r<0$ 时,上面两个等式仍成立.从④式可以解得

$$\begin{cases} r = \pm\sqrt{x^2+y^2}, \\ \cos\theta = \dfrac{x}{\pm\sqrt{x^2+y^2}}, \\ \sin\theta = \dfrac{y}{\pm\sqrt{x^2+y^2}}. \end{cases} \quad ⑤$$

利用④式或⑤式，我们可以由已知点的极坐标化为直角坐标，或由已知点的直角坐标化为极坐标；并且可以把曲线的直角坐标方程化为极坐标方程，或把它的极坐标方程化为直角坐标方程．

例 5 点 P 的极坐标为 $(7,\pi)$，求它的直角坐标．

解 由④式得点 P 的直角坐标为
$$x = 7\cos\pi = -7, \quad y = 7\sin\pi = 0,$$
即点 P 的直角坐标为 $(7,0)$．

例 6 点 P 的直角坐标为 $(0,4)$，求它的极坐标．

解 利用⑤式，得 $r=\pm 4$，$\cos\theta=0$，$\sin\theta=\dfrac{4}{\pm 4}=\pm 1$，如果取 $r=4$，那么 $\cos\theta=0$，$\sin\theta=1$，所以 $\theta=\dfrac{\pi}{2}$；如果取 $r=-4$，那么 $\cos\theta=0$，$\sin\theta=-1$，所以 $\theta=\dfrac{3\pi}{2}$，于是点 P 的极坐标为 $\left(4,\dfrac{\pi}{2}\right)$ 或 $\left(-4,\dfrac{3\pi}{2}\right)$．

例 7 化圆锥曲线的极坐标方程 $r=\dfrac{ep}{1-e\cos\theta}$ 为直角坐标方程．

解 用⑤式代入 $r=\dfrac{ep}{1-e\cos\theta}$，得
$$\pm\sqrt{x^2+y^2} - ex = ep,$$
从而有
$$x^2+y^2 = e^2(p+x)^2,$$
于是得
$$(1-e^2)x^2 + y^2 - 2e^2 px - e^2 p^2 = 0.$$
这就是圆锥曲线在直角坐标系下的方程，焦点为原点，通过焦点的对称轴为 x 轴．

例 8 化双纽线的直角坐标方程 $(x^2+y^2)^2 = a^2(x^2-y^2)$ 为极坐标方程．

解 将④式代入 $(x^2+y^2)^2 = a^2(x^2-y^2)$，得
$$r^4 = a^2 r^2(\cos^2\theta - \sin^2\theta),$$
所以 $r^4 = a^2 r^2 \cos 2\theta$，于是得
$$r = 0, \quad r^2 = a^2 \cos 2\theta,$$
因为 $r^2 = a^2\cos 2\theta$ 包含了 $r=0$，所以双纽线的极坐标方程为
$$r^2 = a^2 \cos 2\theta.$$

附录 C
常用曲线

半立方抛物线 $y=ax^{3/2}$ 或 $\begin{cases} x=t^2 \\ y=at^3 \end{cases}$	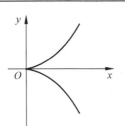	抛物线 $\sqrt{x}+\sqrt{y}=\sqrt{a}$ $(a>0)$ 或 $\begin{cases} x=a\cos^4 t \\ y=a\sin^4 t \end{cases}$	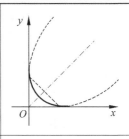
蔓叶线 $y^2=\dfrac{x^3}{a-x}$ 或 $\begin{cases} x=\dfrac{at^2}{1+t^2} \\ y=\dfrac{at^3}{1+t^2} \end{cases}$	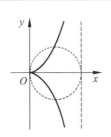	环索线 $y^2=x^2\dfrac{a-x}{a+x}$ 或 $\begin{cases} x=a\dfrac{1-t^2}{1+t^2} \\ y=at\dfrac{1-t^2}{1+t^2} \end{cases}$	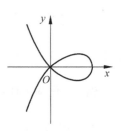
概率曲线 $y^2=ae^{-k^2x^2}$ $(a>0, k>0)$	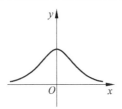	箕舌线 $y^2=\dfrac{a^3}{a+x^2}$ 或 $\begin{cases} x=a\tan t \\ y=a\cos^2 t \end{cases}$	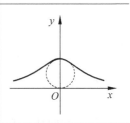
笛卡儿叶线 $x^3+y^3=3axy$ 或 $\begin{cases} x=\dfrac{3at}{1+t^3} \\ y=\dfrac{3at^2}{1+t^3} \end{cases}$	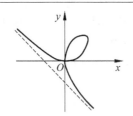	星形线 $x^{2/3}+y^{2/3}=a^{2/3}$ $(a>0)$ 或 $\begin{cases} x=a\cos^3 t \\ y=a\sin^3 t \end{cases}$	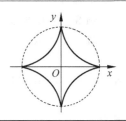

续表

摆线 $x + \sqrt{y(2a-y)}$ $= a\arccos\dfrac{a-y}{a}$ 或 $\begin{cases} x = a(t-\sin t) \\ y = a(1-\cos t) \end{cases}$		圆的渐开线 $\begin{cases} x = a(\cos t + t\sin t) \\ y = a(\sin t - t\cos t) \end{cases}$	
心形线 $x^2 + y^2 + ax$ $= a\sqrt{x^2 + y^2}$ 或 $r = a(1-\cos\theta)$		阿基米德螺线 $r = a\theta$ $(a>0)$	
对数螺线或 等角螺线 $r = e^{a\theta}$ $(a>0)$		双曲螺线或 倒数螺线 $r\theta = a$ $(a>0)$	
双纽线 $(x^2+y^2)^2$ $= a^2(x^2-y^2)$ 或 $r^2 = a^2\cos 2\theta$		双纽线 $(x^2+y^2)^2$ $= 2a^2 xy$ 或 $r^2 = a^2\sin 2\theta$	
三叶玫瑰线 $r = a\cos 3\theta$		三叶玫瑰线 $r = a\sin 3\theta$	
四叶玫瑰线 $r = a\cos 2\theta$		四叶玫瑰线 $r = a\sin 2\theta$	

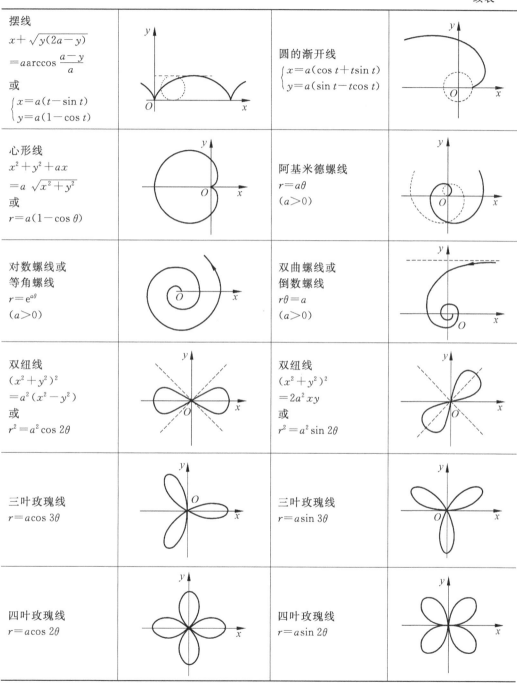

附录 D 常用公式

1. 指数函数

(1) $a^{\frac{m}{n}} = \sqrt[n]{a^m}$ ($a>0, m,n\in \mathbb{N}^+$,且 $n>1$).

(2) $a^{-\frac{m}{n}} = \dfrac{1}{a^{\frac{m}{n}}}$ ($a>0, m,n\in \mathbb{N}^+$,且 $n>1$).

(3) $a^r \cdot a^s = a^{r+s}$ ($a>0, r,s\in \mathbb{Q}$).

(4) $(a^r)^s = a^{rs}$ ($a>0, r,s\in \mathbb{Q}$).

(5) $(ab)^r = a^r b^r$ ($a>0, b>0, r\in \mathbb{Q}$).

注 若 $a>0$,p 是一个无理数,则 a^p 表示一个确定的实数.上述有理指数幂的运算性质,对于无理数指数幂都适用.

2. 对数函数

(1) $\log_a N = \dfrac{\log_m N}{\log_m a}$ ($a>0$,且 $a\neq 1, m>0$,且 $m\neq 1, N>0$).

若 $a>0, a\neq 1, M>0, N>0$,则:

(2) $\log_a(MN) = \log_a M + \log_a N$;

(3) $\log_a \dfrac{M}{N} = \log_a M - \log_a N$;

(4) $\log_a M^n = n\log_a M$ ($n\in \mathbb{R}$).

3. 指数式与对数式的互化

$$\log_a N = b \Leftrightarrow a^b = N \quad (a>0, a\neq 1, N>0).$$

4. 数列的通项公式与前 n 项和的关系

$$a_n = \begin{cases} s_1, & n=1 \\ s_n - s_{n-1}, & n\geqslant 2 \end{cases}$$

(数列 $\{a_n\}$ 的前 n 项和为 $s_n = a_1 + a_2 + \cdots + a_n$).

(1) 等差数列的通项公式
$$a_n = a_1 + (n-1)d = dn + a_1 - d \quad (n \in \mathbb{Z}^+);$$
其前 n 项和公式为
$$s_n = \frac{n(a_1+a_n)}{2} = na_1 + \frac{n(n-1)}{2}d = \frac{d}{2}n^2 + \left(a_1 - \frac{1}{2}d\right)n.$$
(2) 等比数列的通项公式
$$a_n = a_1 q^{n-1} = \frac{a_1}{q} \cdot q^n \quad (n \in \mathbb{Z}^+);$$
其前 n 项和公式为
$$s_n = \begin{cases} \dfrac{a_1(1-q^n)}{1-q}, & q \neq 1, \\ na_1, & q = 1, \end{cases} \quad \text{或} \quad s_n = \begin{cases} \dfrac{a_1 - a_n q}{1-q}, & q \neq 1, \\ na_1, & q = 1. \end{cases}$$

5. 常见三角不等式

(1) 若 $x \in \left(0, \dfrac{\pi}{2}\right)$,则 $\sin x < x < \tan x$.

(2) 若 $x \in \left(0, \dfrac{\pi}{2}\right)$,则 $1 < \sin x + \cos x \leqslant \sqrt{2}$.

(3) $|\sin x| + |\cos x| \geqslant 1$.

6. 常用的三角函数公式

(1) $\sin^2\theta + \cos^2\theta = 1$,$1 + \tan^2\theta = \sec^2\theta$,$1 + \cot^2\theta = \csc^2\theta$.

(2) 正弦、余弦的诱导公式
$$\sin\left(\frac{n\pi}{2} + \alpha\right) = \begin{cases} (-1)^{\frac{n}{2}} \sin\alpha, & n \text{ 为偶数}, \\ (-1)^{\frac{n-1}{2}} \cos\alpha, & n \text{ 为奇数}; \end{cases}$$
$$\cos\left(\frac{n\pi}{2} + \alpha\right) = \begin{cases} (-1)^{\frac{n}{2}} \cos\alpha, & n \text{ 为偶数}, \\ (-1)^{\frac{n+1}{2}} \sin\alpha, & n \text{ 为奇数}. \end{cases}$$

(3) 和角与差角公式
$$\sin(\alpha \pm \beta) = \sin\alpha\cos\beta \pm \cos\alpha\sin\beta;$$
$$\cos(\alpha \pm \beta) = \cos\alpha\cos\beta \mp \sin\alpha\sin\beta;$$
$$\tan(\alpha \pm \beta) = \frac{\tan\alpha \pm \tan\beta}{1 \mp \tan\alpha\tan\beta};$$
$$\sin(\alpha+\beta)\sin(\alpha-\beta) = \sin^2\alpha - \sin^2\beta \text{(平方正弦公式)};$$
$$\cos(\alpha+\beta)\cos(\alpha-\beta) = \cos^2\alpha - \sin^2\beta;$$
$$a\sin\alpha + b\cos\alpha = \sqrt{a^2+b^2}\sin(\alpha+\varphi)$$

$$\left(\text{辅助角 } \varphi \text{ 所在象限由点}(a,b)\text{ 的象限决定}, \tan\varphi = \frac{b}{a}\right).$$

(4) 二倍角公式

$$\sin 2\alpha = 2\sin\alpha\cos\alpha;$$
$$\cos 2\alpha = \cos^2\alpha - \sin^2\alpha = 2\cos^2\alpha - 1 = 1 - 2\sin^2\alpha;$$
$$\tan 2\alpha = \frac{2\tan\alpha}{1-\tan^2\alpha}.$$

(5) 三角函数和差化积公式

$$\sin a \pm \sin b = 2\sin\frac{a\pm b}{2}\cos\frac{a\mp b}{2};$$
$$\cos a + \cos b = 2\cos\frac{a+b}{2}\sin\frac{a-b}{2};$$
$$\cos a - \cos b = 2\sin\frac{a+b}{2}\sin\frac{a-b}{2}.$$

7. 正、余弦定理

$$\frac{a}{\sin A} = \frac{b}{\sin B} = \frac{c}{\sin C} = 2R.$$
$$c^2 = a^2 + b^2 - 2ab\cos C.$$

8. 面积定理

(1) $S = \frac{1}{2}ah_a = \frac{1}{2}bh_b = \frac{1}{2}ch_c$ (h_a, h_b, h_c 分别表示 a, b, c 边上的高).

(2) $S = \frac{1}{2}ab\sin C = \frac{1}{2}bc\sin A = \frac{1}{2}ca\sin B.$

9. 基本公式

(1) $1 + 2 + 3 + \cdots + n = \dfrac{n(n+1)}{2}.$

(2) $1^2 + 2^2 + 3^2 + \cdots + n^2 = \dfrac{n(n+1)(2n+1)}{6}.$

(3) $1^3 + 2^3 + 3^3 + \cdots + n^3 = \left(\dfrac{n(n+1)}{2}\right)^2.$

(4) $(a+b)^n = a^n + a^{n-1}b + a^{n-2}b^2 + \cdots + ab^{n-1} + b^n.$

(5) $n! = n(n-1)(n-2)\cdots 2 \cdot 1.$

(6) $(2n)!! = 2n(2n-2)(2n-4)\cdots 2.$